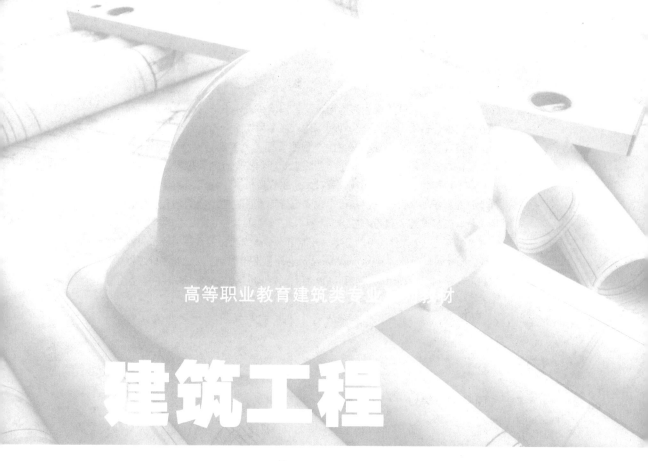

高等职业教育建筑类专业系列教材

建筑工程
安全管理

主编　杨建华

参编　朱　平　王　生

U0241035

机械工业出版社

本书按照高等职业教育土建类专业对本课程的有关要求，以国家现行建筑工程标准、规范、规程为依据，注重知识在工作中的实践与应用。本书主要内容包括施工现场安全管理概述、施工现场安全教育管理、施工现场安全检查管理、施工现场安全生产预控管理、施工现场安全生产管理、施工机械与安全用电管理、安全文明施工管理和安全资料管理。

本书可作为高职高专建筑工程技术、工程造价、工程监理、建设管理等专业的教学用书，也可供建设单位安全管理人员、建筑施工企业安全管理人员、工程监理人员学习参考。

本书配套电子课件和习题答案，凡使用本书作为教材的教师可登录机械工业出版社教育服务网 www.cmpedu.com 注册下载。教师也可加入"机工社职教建筑 QQ 群：221010660"索取相关资料，咨询电话：010-88379934。

图书在版编目（CIP）数据

建筑工程安全管理/杨建华主编．—北京：机械工业出版社，2019.2（2025.1 重印）
高等职业教育建筑类专业系列教材
ISBN 978-7-111-61572-9

Ⅰ．①建…　Ⅱ．①杨…　Ⅲ．①建筑工程-安全管理-高等职业教育-教材　Ⅳ．①TU714

中国版本图书馆 CIP 数据核字（2018）第 289990 号

机械工业出版社（北京市百万庄大街22号　邮政编码100037）
策划编辑：沈百琦　责任编辑：沈百琦
责任校对：陈　越　封面设计：鞠　杨
责任印制：单爱军
北京虎彩文化传播有限公司印刷
2025 年 1 月第 1 版第 5 次印刷
184mm×260mm·12.75 印张·309 千字
标准书号：ISBN 978-7-111-61572-9
定价：35.00 元

电话服务　　　　　　　　网络服务
客服电话：010-88361066　机 工 官 网：www.cmpbook.com
　　　　　010-88379833　机 工 官 博：weibo.com/cmp1952
　　　　　010-68326294　金 书 网：www.golden-book.com
封底无防伪标均为盗版　机工教育服务网：www.cmpedu.com

前言

　　本书根据教育部《国家中长期教育改革和发展规划纲要》（2010—2020 年）和《教育部关于加强高职高专教育人才培养工作的意见》等文件要求，以培养高质量的高等工程技术应用型人才为目标，紧紧围绕高职高专土建类专业的人才培养方案，以及国家现行建筑工程标准、规范、规程，同时按照建筑工程安全员职业标准，结合编者多年的工作经验和教学实践编写而成。

　　本书坚持以"素质为本、能力为主、够用为度"为原则进行编写。在内容上，采用新规范、新技术、新知识与新方法，突出针对性与实用性，各课题以案例导入为开篇，结合实际生产活动，针对性地讲述理论知识；在编写时，既强调知识的实用性，又强调技能的培养，同时每单元编入"基础与技能训练"作为知识与技能的巩固与提升。同时，力求语言通俗易懂，图示直观有效。为便于学习，各单元均附有学习目标、能力目标和基础与技能训练。

　　本书由江苏城乡建设职业学院杨建华任主编，江苏城乡建设职业学院朱平、王生任参编，具体编写分工如下：杨建华编写单元 1、单元 3、单元 4、单元 5 和单元 7，朱平编写单元 2，王生编写单元 6 和单元 8。

　　由于编者水平有限，加之时间仓促，书中难免存在不足之处，诚恳地希望读者批评指正。

编　者

目录

施工现场安全管理概述

单元 1

【学习目标】

1. 了解施工现场安全管理的基本要求、主要方式。

2. 熟悉安全生产管理各方责任、安全生产管理主要内容、施工安全生产相关法律、法规及规章。

3. 掌握安全生产管理机构的构成。

【能力目标】

1. 能结合工程实际分析安全管理各方的责任。

2. 能根据工程实际组建施工安全管理机构。

3. 能分析某一工程项目是否符合有关安全生产法律、法规和规章的情况。

课题 1　施工现场安全管理知识

【导入案例】

2002 年 12 月 14 日,大连金州 QF 厂(以下简称 QF 厂),为企业发展生产的需要,经区政府有关部门批准在区西海工业小区新建 1800m² 厂房。

2003 年 5 月初,QF 厂杨某某将新厂房的施工图纸交给杜某某(无建筑施工资质的个人包工队)委托其负责新建厂房工程的土建施工,并委托大连 DM 建筑安装工程有限公司(以下简称安装公司)为其工地打基础桩(无书面合同)。

2003 年 5 月 14 日,杜某某与大连某建科院地基所副所长葛某某达成口头协议,由 JY 建科院为 QF 厂在区西海工业小区新建厂房工地已完工的地基桩进行检测。15 日早晨建科院地基所葛某某又租借安装公司 50 吨汽车吊到工地为其吊装检测架。9 时左右,安装公司调度丁某某安排李某某驾驶汽车进行吊装并带领力工陈某某、张某某到工地协助建科院做地基桩检测工作。李某某根据建科院检测地桩的需要把吊车停放好，在建科院刘某某的具体安排下开始吊装作业，10时20分左右，在起吊第二钩时建科院刘某某感觉检测架调放的位置不合适，示意李某某再起，当检测架离地200mm时，刘某某手握吊装钢丝绳向西拽（靠近高压线的方向），同时安装公司的力工张某某、陈某某配合刘某某向西推检测架，致使吊装检测架的钢丝绳与10kV高压线接触，造成刘某某、张某某被电击倒地，后立即送往区人民医院救治，经医生诊断两人已死亡。

事故原因分析：

经过事故调查组的现场勘察取证，调阅相关材料，询问有关人员，认定此起起重伤害事故是由于违规组织施工、违章作业、安全管理不善等原因造成的生产安全责任事故，发生的具体原因如下：

（1）安装公司吊车司机李某某安全意识淡薄，在驾车到达施工现场后，对作业现场的周边环境观察不细，吊车臂升举的位置违反了《起重机械安全规程》（GB 6067—2010）"起重作业时，臂架、吊具、辅具、钢丝绳等与1～35kV输电线路的最小距离不得小于3m"的规定。在吊装人员向西推检测架时，致使吊装检测架的钢丝绳与10kV高压线接触，是造成刘某某、张某某触电致死的直接原因。

（2）建科院刘某某安全知识贫乏，在从事吊装检测架作业时，对吊装检测架的钢丝绳可能与10kV高压线接触造成触电的危害认识不足，擅自将吊装检测架的钢丝绳向西拽，也是造成触电致死的直接原因。

（3）QF厂杨某某法律观念及安全意识淡薄，违反《安全生产法》和《建筑法》"新建工程的建筑施工必须交给具有建设行政部门和安全监督行政部门核发的建筑资质和安全资格许可证的建筑施工企业承担"的规定，自行组织新建厂房的建筑施工；在将基础桩施工工程发包给安装公司时，没有签订书面合同；委托建科院为其新建厂房工地已完工的地基桩进行检测时，也未签订书面合同，是造成此次事故发生的间接原因。

（4）杜某某在组织QF厂新建厂房的建筑施工中，对作业现场的安全管理不善，对施工单位缺乏安全协调和指导，是造成此次事故发生的间接原因。

（5）建科院地基所葛某某在承担QF厂新建厂房工地已完工的地基桩进行检测任务和租借安装安装公司50吨汽车吊到工地为其吊装检测架时，未签订书面合同。对在10kV高压输电线路附近作业，没有制定具体有针对性的安全防范措施，对作业人员缺乏具体的安全技术交底，缺乏对吊装检测架作业的指导与监护，是造成此次事故发生的间接原因。

（6）安装公司安全管理不到位，对施工合同管理不严；对从事起重作业人员的安全教育不够，在安排李某某驾驶汽车吊到工地协助建科院做地基桩检测工作时，未对其进行具体的安全教育和安全交底，也是造成此起事故发生的重要原因。

根据建筑施工的特点，建筑施工现场安全生产管理是建筑施工企业安全生产管理的核心，是建筑施工安全生产管理工作的基础。

建筑施工企业安全生产管理主要在施工现场，施工现场承担着施工企业安全生产的重要任务，施工现场是建筑施工安全生产管理体系是否完善的重要评价依据。建筑施工企业的安全生产管理体系运转的目的是确保施工现场安全生产体系的正常运转。

完善的企业安全生产管理体系应是包括施工现场在内的安全生产管理体系，企业的安全生产管理制度是指导施工现场安全生产管理的依据，没有好的企业安全生产管理制度，就难有好的施工现场安全生产管理。施工现场安全生产管理应遵循企业安全生产管理制度的要求，反过来，通过施工现场安全生产管理体制的不断完善和提高，认真总结经验，不断完善企业各项安全生产管理制度，促进企业安全生产管理水平的提高。

1.1.1 施工现场安全管理的基本要求

1. 树立明确的安全管理目标

《中华人民共和国安全生产法》第三条规定，安全生产应当以人为本，坚持安全发展，坚持安全第一、预防为主、综合治理的方针。项目部应秉承企业的安全生产管理理念，完成企业分配的安全生产管理目标，尽可能地减少施工现场的事故风险，将由于发生生产安全事故而造成人员伤亡、财产损失的风险降到最低。

2. 建立完善的施工现场安全管理组织体系

《建设工程安全生产管理条例》规定，施工单位应当设立安全生产管理机构，配备专职安全生产管理人员。安全生产管理机构是指建筑施工企业及其在建设工程项目中设置的负责安全生产管理工作的独立职能部门，不具体承担其他生产任务或完成生产经营活动中的经济考核指标。

3. 建立健全各项安全规章制度

各种规章制度和操作规程应符合安全生产法律法规、标准规范要求，满足施工现场安全生产需要。包括：安全生产责任制度、安全生产资金保障制度、安全生产教育培训制度、安全生产检查制度、施工单位负责人施工现场带班制度、重大事故隐患治理督办制度、安全生产技术措施、施工现场安全防护措施、消防安全措施、工伤保险和意外伤害保险制度、施工安全事故应急救援制度、生产安全事故报告和调查处理制度等。

4. 确保项目部安全生产资金的有效使用

《安全生产法》规定，生产经营单位应当具备的安全生产条件所必需的资金投入，由生产经营单位的决策机构、主要负责人或者个人经营的投资人予以保证，并对由于安全生产所必需的资金投入不足导致的后果承担责任。

有关生产经营单位应当按照规定提取和使用安全生产费用，专门用于改善安全生产条件。安全生产费用在成本中据实列支。项目负责人是保证施工企业投入的安全生产资金在项目能够得到有效使用的主要负责人，必须履行安全生产资金投入和有效使用的管理职责。

5. 确保施工现场人员的安全

安全生产的首要任务就是要保证生产经营活动中，劳动者的生命安全和身体健康。人既是生产的重要因素，又是安全生产的主要保护对象。

为保证生产活动中人的安全，应当制定一系列制度、采取有效的措施来加以实现。目前常用的制度和措施有安全生产教育培训制度、关键岗位持证上岗制度、劳动保护措施、对现场作业人员的作业环境采取安全防护措施。为现场作业人员提供符合国家标准的劳保用品并监督其正确使用，采取有效的职业危害防治措施。

6. 保证施工现场使用的机械设备、施工机具及配件和安全防护用具的安全

《建设工程安全生产管理条例》规定，施工单位采购、租赁的安全防护用具、机械设备、施工机具及配件，应当具有生产（制造）许可证、产品合格证，并在进入施工现场前进行查验。

7. 制定安全生产技术措施，对危险性较大的分部分项工程，应制定专项施工方案

《建筑法》规定，建筑施工企业在编制施工组织设计时，应当根据建筑工程的特点制定相应的安全技术措施；对专业性较强的工程项目，应当编制专项安全施工组织设计，并采取安全技术措施。

建设工程施工前，施工单位负责项目管理的技术人员应当对有关安全施工的技术要求向施工作业班组、作业人员做出详细说明，并由双方签字确认。

8. 保证施工现场的办公区、生活区、作业现场以及周边环境的安全

具体的措施有：危险部位设置安全警示标志，不同施工阶段和暂停施工时应采取安全施工措施，施工现场临时设施满足安全卫生要求，对施工现场周边环境进行安全防护，加强危险作业的安全管理等。

9. 针对可能发生的生产安全事故，制定应急救援预案，并建立应急救援体系

施工生产安全事故多具有突发性、群体性等特点，施工项目部应根据施工现场的安全管理、工程特点、环境特征和危险等级，针对可能发生事故的类别、性质、特点和范围等，事先制定生产安全事故应急救援预案，一旦发生事故，可以迅速、有效地开展应急行动，将可能发生的事故损失和不利影响尽量减少到最低。

10. 发生生产安全事故后，按照有关法律、行政法规的规定报告并处理事故

施工单位发生生产安全事故的，应当按照国家有关伤亡事故报告和调查处理的规定，及时、如实地向负责安全生产监督管理的部门、建设行政主管部门或者其他有关部门报告，接到报告的部门应当按照国家有关规定，如实上报。实行施工总承包的建设工程，由总承包单位负责上报事故。

11. 施工单位取得相应资质，方可从事施工活动

根据《安全生产许可证条例》《建筑施工企业安全生产许可证管理规定》等法律法规对安全生产条件的规定，施工单位应当具备安全生产条件。不具备安全生产条件，未取得安全生产许可证的建筑施工企业，不得从事生产经营活动；已取得安全生产许可证的建筑施工企业，应当继续保持和完善安全生产条件，接受安全生产许可证颁发管理机关和工程所在地建设行政主管部门的监督管理。

1.1.2 施工现场安全管理的主要内容

根据施工现场安全管理要求，施工现场安全管理的主要内容包括以下几方面：

1. 制定项目安全管理目标，建立安全生产管理体系，实施安全生产责任考核

树立"零事故、零伤亡"的思想，贯彻"安全第一"的方针，实现项目部及企业的安全生产目标。

建立安全生产管理体系。明确项目经理是施工现场安全生产第一责任人，对施工现场的安全生产全面负责。由项目经理领导的安全生产领导小组是施工现场安全生产管理机构。企业应当对以项目经理为首的施工项目部实行安全生产责任考核。

2. 建立健全符合安全生产法律法规、标准规范要求，满足施工现场安全生产需要的各种规章制度

建筑施工现场应贯彻落实企业的各项安全生产管理制度，同时结合项目部特点，制定按照法律法规规定、符合企业要求、满足施工安全生产需要的规章制度和操作规程。具体包括以下几点：

（1）安全生产责任制度。施工现场安全生产责任制度应贯彻落实企业安全生产责任制度。安全生产责任制是指企业中各级领导、各个部门、各类人员在各自职责范围内对安全生产应负相应责任的制度。其内容应充分体现责、权、利相统一的原则。建立以安全生产责任制为中心的各项安全管理制度，是保障安全生产的重要手段。安全生产责任制应根据"管生产必须管安全""安全生产，人人有责"的原则，明确各级领导，各职能部门和各类人员在施工生产活动中应负的安全责任。

（2）安全生产资金保障制度。建设工程项目中使用的安全生产资金应当包括两个组成部分：一是指建筑施工企业按照规定标准提取在成本中列支，专门用于完善和改进企业或者项目安全生产条件的资金，称为安全生产费用；二是指建设单位在编制工程概算时，所确定的建设工程安全作业环境及安全施工措施所需费用，亦称之为安全措施费用。

1）安全生产费用。依据《企业安全生产费用提取和使用管理办法》规定，建设工程施工企业以建筑安装工程造价为计提依据。各建设工程类别安全费用提取标准如下：矿山工程为 2.5%；房屋建筑工程、水利水电工程、电力工程、铁路工程、城市轨道交通工程为 2.0%；市政公用工程、冶炼工程、机电安装工程、化工石油工程、港口与航道工程、公路工程、通信工程为 1.5%。建设工程施工企业提取的安全费用列入工程造价，在竞标时，不得删减，列入标外管理。国家对基本建设投资概算另有规定的，从其规定。总承包单位应当将安全费用按比例直接支付分包单位并监督使用，分包单位不再重复提取。

2）安全生产措施费用。《建设工程安全生产管理条例》规定，施工单位对列入建设工程概算的安全作业环境及安全施工措施所需费用，应当用于施工安全防护用具及设施的采购和更新、安全施工措施的落实、安全生产条件的改善，不得挪作他用。

根据《建筑安装工程费用项目组成》（建标〔2013〕44 号）文件的规定，安全生产措施费用包括：①环境保护费，是指施工现场为达到环保部门要求所需要的各项费用；②文明施工费，是指施工现场文明施工所需要的各项费用；③安全施工费，是指施工现场安全施工所需要的各项费用，具体包括临边、洞口、交叉、高处作业安全防护费，危险性较大工程安全措施费及其他费用；④临时设施费，是指施工企业为进行建设工程施工所必须搭设的生活和生产用的临时建筑物、构筑物和其他临时设施费用，包括临时设施的搭设、维修、拆除、清理费或摊销费等。

建设单位与施工单位应当在施工合同中明确安全防护、文明施工措施项目总费用，以及费用预付、支付计划、使用要求、调整方式等条款。建设单位与施工单位在施工合同中对安全防护、文明施工措施费用预付、支付计划未作约定或约定不明的，合同工期在一年以内的，建设单位预付安全防护、文明施工措施项目费用不得低于该费用总额的 50%；合同工

期在一年以上的（含一年），预付安全防护、文明施工措施费用不得低于该费用总额的30%，其余费用应当按照施工进度支付。

（3）安全生产教育培训制度。 安全生产教育培训制度是指对从业人员进行安全生产的教育和安全生产技能的培训，并将这种教育和培训制度化、规范化，以提高全体人员的安全意识和安全生产的管理水平，减少、防止生产安全事故的发生。安全教育的内容主要包括安全思想意识教育、安全生产知识教育、安全生产技能教育、安全生产法制教育、企业安全生产规章制度和操作规程等方面的教育。安全生产教育的方式可多种多样，面授、讲座、橱窗展示、黑板报、竞赛、表演、每天的班前安全会议等各种方式均可灵活使用。

（4）建立安全生产检查制度。 加强隐患管理，"检查"是现代管理方法"PDCA"（计划、实施、检查、处理）中的关键环节。安全生产检查制度是落实安全生产责任、全面提高安全生产管理水平和操作水平的重要管理制度。施工现场安全生产检查的要求是在企业安全生产检查制度的框架下，根据施工现场的实际情况，建立施工现场的安全生产检查制度，落实企业的安全生产检查相关要求。

通过安全生产检查可以随时掌握施工现场的安全生产状况，及时发现各种不安全因素，最终目的是消除安全隐患，做到防患于未然。

施工现场安全生产检查的第一责任人是项目经理。对施工现场的安全生产状况进行经常性检查是专职安全生产管理人员的基本工作任务，对检查中发现的安全问题，应当立即处理；不能处理的，应当及时报告项目经理，项目经理应当及时处理。发现违章指挥、违章操作行为的，应当当场向当事人指出，立即制止。检查及处理情况应当如实记录在案。专职安全生产管理人员在检查中发现重大事故隐患，应按规定向项目经理及施工单位安全生产管理机构报告。

安全生产检查的内容包括查思想、查制度、查安全措施的实施、查作业人员安全行为、查机械设备和施工机具、查环境安全等所有与安全有关的事项。安全生产检查有日常检查、定期检查、专项检查、抽查以及季节性检查等多种形式。

（5）生产安全事故报告和调查处理制度。 事故发生后，事故现场有关人员应当立即向本单位负责人报告；单位负责人接到报告后，应当在1小时内向事故发生地县级以上人民政府安全生产监督管理部门和负有安全生产监督管理职责的有关部门报告。事故报告应当及时、准确、完整，任何单位和个人对事故不得迟报、漏报、谎报或者瞒报。

报告事故应当包括下列内容：事故发生单位概况；事故发生的时间、地点以及事故现场情况；事故的简要经过；事故已经造成或者可能造成的伤亡人数（包括下落不明的人数）和初步估计的直接经济损失；已经采取的措施；其他应当报告的情况。

自事故发生之日起30日内，事故造成的伤亡人数发生变化的，应当及时补报。道路交通事故、火灾事故自发生之日起7日内，事故造成的伤亡人数发生变化的，应当及时补报。

事故发生单位负责人接到事故报告后，应当立即启动事故应急预案，或者采取有效措施，组织抢救，防止事故扩大，减少人员伤亡和财产损失。有关单位和人员应当妥善保护事故现场以及相关证据，任何单位和个人不得破坏事故现场、毁灭相关证据。因抢救人员、防止事故扩大以及疏通交通等原因，需要移动事故现场物件的，应当做出标志，绘制现场简图并做出书面记录，妥善保存现场重要痕迹、物证。

3. 制定安全生产技术措施

《建设工程安全生产管理条例》规定，施工单位应当在施工组织设计中编制安全技术措施和施工现场临时用电方案。

施工组织设计是规划和指导施工全过程的综合性技术经济文件。安全技术措施是为了实现施工安全生产，在安全防护及技术、管理等方面采取的措施。安全技术措施可分为防止事故发生的安全技术措施和减少事故损失的安全技术措施。

《施工现场临时用电安全技术规范》（JGJ 46—2005）规定，施工现场临时用电设备在 5 台及以上或设备总容量在 50kW 及以上的，应编制临时用电组织设计。施工现场临时用电设备在 5 台以下或设备总容量在 50kW 以下的，应制定安全用电和电气防火措施。

对达到一定规模的危险性较大的分部分项工程还应单独编制专项施工方案，并附安全验算结果，经施工单位技术负责人、总监理工程师签字后实施，由专职安全生产管理人员进行现场监督。

4. 落实施工现场的各项安全防护措施

建筑施工企业应当在施工现场采取维护安全、防范危险、预防火灾等措施；有条件的，应当对施工现场实行封闭管理。施工现场对毗邻的建筑物、构筑物和特殊作业环境可能造成损害的，建筑施工企业应当采取安全防护措施。常用的安全防护措施主要有以下几点：

（1）在施工现场危险部位设置安全警示标志。 施工单位应当在施工现场入口处、施工起重机械、临时用电设施、脚手架、出入通道口、楼梯口、电梯井口、孔洞口、桥梁口、隧道口、基坑边沿、爆破物及有害危险气体和液体存放处等危险部位，设置明显的安全警示标志。安全警示标志必须符合国家标准。

（2）根据不同的施工阶段和环境、季节的变化，以及暂停施工时应采取安全施工措施。 施工单位应当根据不同施工阶段和周围环境及季节、气候的变化，在施工现场采取相应的安全施工措施。施工现场暂时停止施工的，施工单位应当做好现场防护，所需费用由责任方承担或者按照合同约定执行。

（3）施工现场临时设施的安全卫生要求。 施工单位应当将施工现场的办公区、生活区与作业区分开设置，并保持安全距离；办公区、生活区的选址应当符合安全性要求。职工的膳食、饮水、休息场所等应当符合卫生标准。施工单位不得在尚未竣工的建筑物内设置员工集体宿舍。施工现场临时搭建的建筑物应当符合安全使用要求。施工现场使用的装配式活动房屋应当具有产品合格证。

（4）对施工现场周边环境设施的安全防护措施。 建设单位应当向施工单位提供施工现场及毗邻区域内供水、排水、供电、供气、供热、通信、广播电视等地下管线资料，气象和水文观测资料，相邻建筑物和构筑物、地下工程的有关资料，并保证资料的真实、准确、完整。

（5）危险作业的施工现场安全管理。 建筑施工单位进行爆破、起重吊装、模板脚手架等的搭设拆除以及相关部门规定的其他危险作业时，应当安排专门人员进行现场安全管理，确保安全措施的落实，作业人员遵守相应的安全操作规程。

（6）安全防护设备、机械设备等的安全管理。 《建设工程安全生产管理条例》规定，施工单位采购、租赁的安全防护用具、机械设备、施工机具及配件，应当具有生产（制造）许可证、产品合格证，并在进入施工现场前进行查验。施工现场的安全防护用具、机械设备、施工机具及配件必须由专人管理,定期进行检查、维修和保养,建立相应的资料档案,并按照国家有关规定及时报废。决不能让不合格的产品流入施工现场,并要加强日常的检查、维修和保养,保障这些设备和产品的正常使用和运转。

(7) 施工起重机械设备等的安全使用管理。施工单位在使用施工起重机械和整体提升脚手架、模板等自升式架设设施前,应当组织有关单位进行验收,也可以委托具有相应资质的检验检测机构进行验收;使用承租的机械设备和施工机具及配件的,由施工总承包单位、分包单位、出租单位和安装单位共同进行验收。验收合格的方可使用。施工单位应当自施工起重机械和整体提升脚手架、模板等自升式架设设施验收合格之日起 30 日内,向建设行政主管部门或者其他有关部门登记。登记标志应当置于或者附着于该设备的显著位置。

5. 加强施工现场消防安全管理,采取消防安全措施

施工单位应当在施工现场建立消防安全责任制度,确定消防安全责任人,制定用火、用电、使用易燃易爆材料等各项消防安全管理制度和操作规程,设置消防通道、消防水源,配备消防设施和灭火器材,并在施工现场入口处设置明显标志。

项目经理是施工现场消防安全第一责任人。应当组织制定消防安全责任制度,并采取措施保障施工过程中的消防安全。施工现场要设置消防通道并确保畅通;施工要按有关规定设置消防水源,满足施工现场火灾扑救的消防供水要求;施工现场应当配备必要的消防设施和灭火器材,施工现场的重点防火部位和在建高层建筑的各个楼层,应在明显和方便取用的地方配置适当数量的手提式灭火器、消防沙袋等消防器材;动用明火必须实行严格的消防安全管理,禁止在具有火灾、爆炸危险的场所使用明火;需要进行明火作业的,动火部门和人员应当按照用火管理制度办理审批手续,落实现场监护人,在确认无火灾、爆炸危险后方可动火施工,动火施工人员应当遵守消防安全规定并落实相应的消防安全措施,易燃易爆危险物品和场所应有具体防火防爆措施,电焊、气焊、电工等特殊工种人员必须具备上岗作业资格。

6. 工伤保险和意外伤害保险

《建筑法》规定,建筑施工企业应当依法为职工参加工伤保险,缴纳工伤保险费。鼓励企业为从事危险作业的职工办理意外伤害保险,支付保险费。

工伤保险是面向施工企业全体员工的强制性保险。意外伤害保险则是针对施工现场从事危险作业的特殊职工群体,法律鼓励施工企业再为他们办理意外伤害保险,使这部分人员能够比其他职工依法获得更多的权益保障。

7. 编制施工生产安全事故应急救援预案

施工单位应当制定本单位生产安全事故应急救援预案,建立应急救援组织或者配备应急救援人员,配备必要的应急救援器材、设备,并定期组织演练。

针对可能发生的事故情况的不同,应急救援预案可分为综合应急预案、专项应急预案和现场处置方案。施工现场的应急救援预案主要是专项应急预案和现场处置方案。专项应急预案应当包括危险性分析、可能发生的事故特征、应急组织机构与职责、预防措施、应急处置程序和应急保障等内容;现场处置方案应当包括危险性分析、可能发生的事故特征、应急处置程序、应急处置要点和注意事项等内容。

8. 文明施工

文明施工的具体要求:工地四周按规定设置连续密闭的围挡;进出口设置大门,门头设置企业标志；实现封闭管理，施工人员凭胸卡出入工地，来访人员应进行登记；施工现场在入口处醒目位置公示"五牌一图"（工程概况牌、管理人员名单及监督电话牌、消防保卫牌、安全生产牌、文明施工牌、施工现场总平面图）；按总平面图堆放材料，堆放应整齐并进行标识，工作面每天做到工完、料尽、场地清，建筑垃圾放置在指定位置并及时清运出场，易燃易爆物品存放在危险品仓库并有防火防爆措施；宿舍、食堂、浴室等生活区符合文明、卫生的要求，生活区设置学习和娱乐场所，引导员工从事精神健康的各种活动；施工现场设保健卫生室，配备保健药箱、常用药及绷带、止血带、颈托、担架等急救器材；制定施工现场防止环境污染的措施，制定防止扬尘和噪声的方案，夜间施工除应按规定办理相关许可手续外，还应张挂安民告示，严禁焚烧有毒、有害物质。

9. 建立安全生产管理台账

对施工安全生产管理活动进行必要的记录，保存应有的资料和原始记录，以作为管理、考核、追责的依据。

1.1.3 施工现场安全管理的主要方式

施工现场安全管理的主要方式应当遵循管理理论中的反馈原理、封闭原理和 PDCA 循环原理，以企业的安全生产目标为导向，以各项安全生产管理制度为保障，通过决策计划、组织实施、检查反馈、纠正偏差这几个步骤加以实现，重点在于查找危险源、控制风险、消灭隐患、杜绝事故，在实现安全生产管理目标的过程中，提高项目部乃至整个施工企业的安全生产管理能力和管理水平。

施工现场安全生产管理的主要方式有反馈原理、封闭原理、安全检查、PDCA 循环、安全生产绩效考核和奖惩等。

1. 反馈原理

反馈原理是控制论的一个非常重要的基本概念。反馈就是由控制系统把信息输送出去，又把其作用结果返送回来，对输入信号与输出信号进行比较，比较差值作为系统新的信号再次输出，这样不断地反馈，使得最终反馈的信息无限接近系统初次输出的信息，以实现控制的作用，达到预定的目的，如图 1-1 所示。

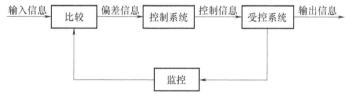

图 1-1　反馈原理示意图

2. 封闭原理

封闭原理是指任何一个系统里的"领导手段"必须构成一个连续封闭的回路，才能形成有效的管理运动，如图 1-2 所示。

从图 1-2 中可以看出，一个管理系统可以看作由决策中心、执行机构、监督机构和反馈机构四个部分组成。其中决策中心是管理活动的起点，决策中心根据系统外部的信息和反馈机构传递的反馈信息，发出活动指令，该指令一方面通向执行机构，一方面通向监督机构，执行机构必须贯彻决策中心的指令，为了保证这一点，应有监督机构监督执行情况。执行结果则输出给反馈机构，由其对信息进行处理，并比较执行结果和决策指令，找出差距后返回决策中心，决策中心则继续根据反馈信息和外部输入信息发出新的指令。这样，在管理系统内就形成了一个相对封闭的回路，在此回路中管理活动不断反复运动，从而推动了系统整体功能的有效发挥。

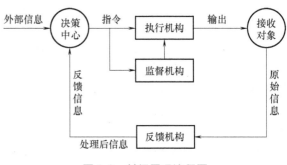

图 1-2　封闭原理流程图

3. 安全检查

安全检查是以查思想、查管理、查隐患、查整改、查责任落实、查事故处理为主要内容，按照规定的安全检查项目、形式、类型、标准、方法和频次，进行检查、复查以及安全生产管理评估、评价等。针对检查中发现的问题，要坚决进行整改，并对相关责任人进行教育，使其从思想上引起足够的重视，在行为上加以改进。

4. PDCA 循环

PDCA 是英语单词 Plan（计划）、Do（实施）、Check（检查）和 Action（处理）的首字母组合，PDCA 循环就是按照这样的顺序进行质量管理，并且循环不止地进行下去的科学程序，如图 1-3 所示。

P（Plan）计划，包括安全生产方针和管理目标的确定，以及安全活动计划的制定。D（Do）实施，根据安全策划，将安全管理的具体措施一一实现的过程。C（Check）检查，对执行计划的结果进行检查和比对分析，明确效果，找出问题。A（Action）处理，对总结检查的结果进行处理，对成功的经验加以肯定，并予以标准化；对于失败的教训也要总结，引起重视。对于没有解决的问题，应提交给下一个 PDCA 循环中去解决。四个过程不是运行一次就结束，而是周而复始的进行，一个循环进行完，解决一些问题，未解决的问题进入下一个循环，这样呈阶梯式上升。

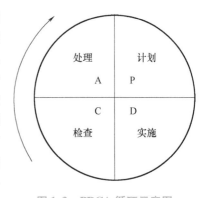

图 1-3　PDCA 循环示意图

PDCA 循环的特点一是大环套小环，小环保大环（图 1-4），这一特点是指 PDCA 循环可以以多级管理的模式进行；二是 PDCA 循环具有阶梯式上升趋势（图 1-5）。这可以看出，良好的 PCDA 管理模型，需要在量变的基础上不断提升，才能达到质变的效果。

5. 安全生产绩效考核和奖惩

对管理人员及分包单位实行安全考核和奖惩管理，是开展施工现场安全管理工作的必要方式和手段，包括确定考核和奖惩的对象、制订考核内容及奖罚标准、定期组织实施考核以及落实奖罚等。绩效考核必须与安全生产责任制结合起来，体现责、权、利的统一，才能达到良好的管理效果。

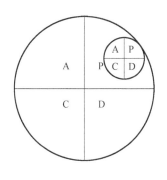
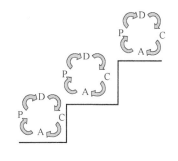

图 1-4 PDCA 大环套小环　　　　图 1-5 PDCA 的台阶式上升模式

施工企业和项目部在指定绩效考核目标和具体办法，确定考核内容时，也应当将安全生产目标和安全生产管理的具体要求纳入考核体系。

6. 安全生产评价

安全生产评价的对象有施工现场安全生产条件和安全生产状况两类。对施工现场安全生产条件的评价主要是对《建筑施工企业安全生产许可证管理规定》中确定的 12 项安全生产条件进行评价。对施工现场安全生产状况的检查评价可依据《建筑施工安全检查标准》（JGJ 59—2011）进行。这两种评价的主体都可以是项目部、施工企业或是建设行政主管部门。但不同主体组织的两种评价，其后果也会有所不同。例如，建设行政主管部门对施工现场安全生产条件的评价结果若为不合格，则暂扣或吊销施工企业的安全生产许可证；而同样是建设行政主管部门组织的安全生产状况评价，则可能会影响项目的评优。

 课题 2　施工现场安全管理机构

【导入案例】

某工程项目的施工安全管理组织机构及主要职责如下：

1. 施工安全管理组织机构

施工现场成立以项目经理领导下的，有安全副经理、总工程师、质量安全部、工程技术部、物资设备部、综合办公室、施工调度部等负责人组成的施工管理领导管理小组。各厂、队和部室负责人是本单位的安全第一责任人，保证执行各项安全管理制度，对本单位的安全负直接领导责任。各厂、队设专职安全员，在质量安全部的监督指导下负责本厂、队级部门的日常安全管理工作，各施工作业班班长为兼职安全员，在队专职安全员的指导下开展班组的安全工作，对本班人员在施工过程中的安全和健康全面负责，确保本班人员按照业主规定的指导书、安全施工措施进行施工，不违章作业。

施工安全管理组织机构框架图如图 1-6 所示。

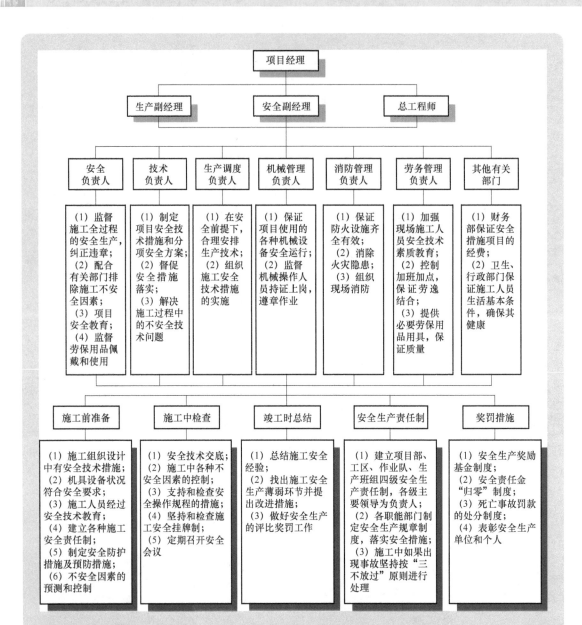

图1-6 安全管理组织机机构框图

2. 安全保证体系

建立健全安全保证体系，贯彻国家有关安全生产和劳动保护方面的法律法规，定期召开安全生产会议，研究项目安全生产工作，发现问题及时处理解决。逐级签订安全责任书，使各级明确自己的安全目标，制定好各自的安全规划，达到全员参与安全管理的目的，充分体现"安全生产，人人有责"。按照"安全生产，预防为主"的原则组织施工生产，做到消除事故隐患，实现安全生产的目标。

安全保证体系框架图如图1-7所示。

3. 安全管理制度及办法

(1) 本项目实行安全生产三级管理，即一级管理由安全副经理领导下的质量安全部

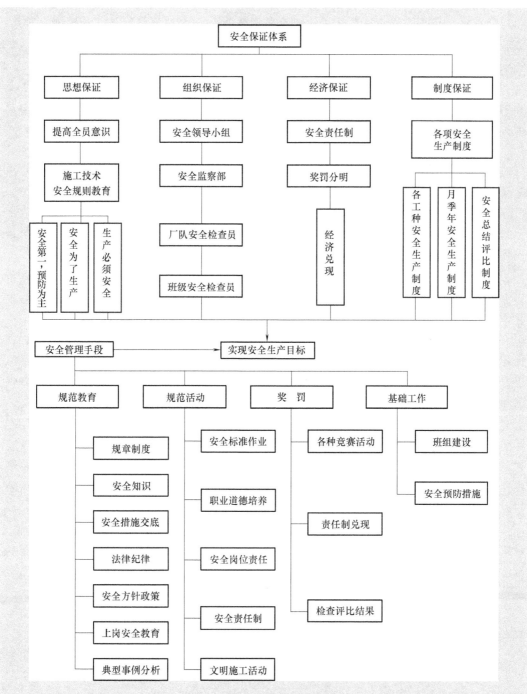

图 1-7 安全保证体系框架图

负责，二级管理由作业厂队负责，三级管理由班组负责。

（2）根据本工程的特点及条件制定《安全生产责任制》，并按照颁布的《安全生产责任制》的要求，落实各级管理人员和操作人员的安全生产负责制，人人做好本岗位的安全工作。

（3）本项目开工前，由质量安全部编制实施性安全施工组织设计，对爆破、开挖、运输、支护、混凝土浇筑、灌浆等作业，编制和实施专项安全施工组织设计，确保施工安全。

（4）实行逐级安全技术交底制，由项目经理部组织有关人员进行详细的安全技术交底，凡参加安全技术交底的人员要履行签字手续，并保存资料，安全监察部专职安全员对安全技术措施的执行情况进行监督检查，并做好记录。

（5）加强施工现场安全教育：

1）针对工程特点，对所有从事管理和生产的人员，在施工前进行全面的安全教育，重点对专职安全员、班组长和从事特殊作业的操作人员进行培训教育。

2）未经安全教育的施工管理人员和生产人员，不准上岗，未进行"三级教育"的新工人不准上岗，变换工作或采用新技术、新工艺、新设备、新材料而没有进行培训的人员不准上岗。

3）特殊工种的操作人员需进行安全教育、考核及复验，严格按照《特种作业人员安全技术考核管理规定》且考核合格获取操作证后方能持证上岗。对已取得上岗证的特种作业人员要进行登记、按期复审，并设专人管理。

4）通过安全教育，增强职工安全意识，树立"安全第一、预防为主"的思想，并提高职工遵守施工安全纪律的自觉性，认真执行安全检查操作规程，做到不违章指挥、不违章操作、不伤害自己、不伤害他人、不被他人伤害，达到提高职工整体安全防护意识和自我防护能力。

（6）认真执行安全检查制度。项目部要保证安全检查制度的落实，规定检查日期、参加检查人员。质量安全部每旬进行一次全面安全检查，安全员每一天进行一次巡视检查。视工程情况，在施工准备前、施工危险性大、季节性变化、节假日前后等组织专项检查。对检查中发现的安全问题，按照"三不放过"的原则立即制定整改措施，定人限期进行整改和验收。

（7）按照公安部门的有关规定，对易燃、易爆物品，火工产品的采购、运输、加工、保管、使用等工作项目制定一系列规章制度，并接受当地公安部门的审查和检查。炸药必须存放在距工地或生活区有一定安全距离的仓库内，不得在施工现场堆放炸药。

（8）按月进行安全工作的评定，实行重奖重罚的制度。严格执行住建部制定的安全事故报告制度，按要求及时报送安全报表和事故调查报告书。

（9）建立安全事故追究制度，对项目部内部发生的每一起安全事故，都要追究到底，直到所有预防措施全部落实，所有责任人全部得到处理，所有职工都吸取了事故教训。

安全生产管理机构是指建筑施工企业在建筑工程项目中设置的负责安全生产管理工作的独立职能部门，其工作人员都是专职安全生产管理人员。

1. 建筑施工企业安全生产管理机构的设置及职责

住房和城乡建设部《建筑施工企业安全生产管理机构设置及专职安全生产管理人员配

备办法》（建质〔2008〕91号）规定，建筑施工企业应当依法设置安全生产管理机构，在企业主要负责人的领导下开展本企业的安全生产管理工作。

建筑施工企业安全生产管理机构具有以下职责：

（1）宣传和贯彻落实国家有关安全生产法律法规和标准。

（2）编制并适时更新安全生产管理制度并监督实施。

（3）组织或参与企业生产安全事故应急救援预案的编制及演练。

（4）组织开展安全教育培训与交流。

（5）协调配备项目专职安全生产管理人员。

（6）制订企业安全生产检查计划并组织实施。

（7）监督在建项目安全生产费用的使用。

（8）参与危险性较大工程安全专项施工方案专家论证会。

（9）通报在建项目违规违章查处情况。

（10）组织开展安全生产评优评先表彰工作。

（11）建立企业在建项目安全生产管理档案。

（12）考核评价分包企业安全生产业绩及项目安全生产管理情况。

（13）参加生产安全事故的调查和处理工作。

（14）企业明确的其他安全生产管理职责。

2. 建筑施工企业安全生产管理机构专职安全生产管理人员的配备及职责

建筑施工企业安全生产管理机构专职安全生产管理人员的配备应满足下列要求，并应根据企业经营规模、设备管理和生产需要予以增加：

（1）建筑施工总承包资质序列企业：特级资质不少于6人；一级资质不少于4人；二级和二级以下资质企业不少于3人。

（2）建筑施工专业承包资质序列企业：一级资质不少于3人；二级和二级以下资质企业不少于2人。

（3）建筑施工劳务分包资质序列企业：不少于2人。

（4）建筑施工企业的分公司、区域公司等较大的分支机构（以下简称分支机构）应依据实际生产情况配备不少于2人的专职安全生产管理人员。

建筑施工企业安全生产管理机构专职安全生产管理人员在施工现场检查过程中具有以下职责：

（1）查阅在建项目安全生产有关资料，核实有关情况。

（2）检查危险性较大工程安全专项施工方案落实情况。

（3）监督项目专职安全生产管理人员履责情况。

（4）监督作业人员安全防护用品的配备及使用情况。

（5）对发现的安全生产违章违规行为或安全隐患，有权当场予以纠正或做出处理决定。

（6）对不符合安全生产条件的设施、设备、器材，有权当场做出查封的处理决定。

（7）对施工现场存在的重大安全隐患有权越级报告或直接向建设主管部门报告。

（8）企业明确的其他安全生产管理职责。

3. 建设工程项目安全生产领导小组和专职安全生产管理人员的设立及职责

建筑施工企业应当在建设工程项目组建安全生产领导小组。建设工程实行施工总承包的，安全生产领导小组由总承包企业、专业承包企业和劳务分包企业项目经理、技术负责人和专职安全生产管理人员组成。

（1）安全生产领导小组的主要职责：

1）贯彻落实国家有关安全生产法律法规和标准。

2）组织制定项目安全生产管理制度并监督实施。

3）编制项目生产安全事故应急救援预案并组织演练。

4）保证项目安全生产费用的有效使用。

5）组织编制危险性较大工程安全专项施工方案。

6）开展项目安全教育培训。

7）组织实施项目安全检查和隐患排查。

8）建立项目安全生产管理档案。

9）及时、如实报告安全生产事故。

建筑施工企业应当实行建设工程项目专职安全生产管理人员委派制度。建设工程项目的专职安全生产管理人员应当定期将项目安全生产管理情况报告企业安全生产管理机构。

（2）总承包单位配备项目专职安全生产管理人员应当满足下列要求：

1）建筑工程、装修工程按照建筑面积配备：①1万 m^2 以下的工程不少于1人；②1万 m^2 ～5万 m^2 的工程不于2人；③5万 m^2 及以上的工程不少于3人，且按专业配备专职安全生产管理人员。

2）土木工程、线路管道、设备安装工程按照工程合同价配备：①5000万元以下的工程不少于1人；②5000万～1亿元的工程不少于2人；③1亿元及以上的工程不少于3人，且按专业配备专职安全生产管理人员。

（3）分包单位配备项目专职安全生产管理人员应当满足下列要求：

1）专业承包单位应当配置至少1人，并根据所承担的分部分项工程的工程量和施工危险程度增加。

2）劳务分包单位施工人员在50人以下的，应当配备1名专职安全生产管理人员；50～200人之间的，应当配备2名专职安全生产管理人员；200人及以上的，应当配备3名及以上专职安全生产管理人员，并根据所承担的分部分项工程施工危险实际情况增加，不得少于工程施工人员总人数的5‰。

（4）项目专职安全生产管理人员具有以下主要职责：

1）负责施工现场安全生产日常检查，并做好检查记录。

2）现场监督危险性较大工程安全专项施工方案的实施情况。

3）对作业人员违规违章行为有权予以纠正或查处。

4）对施工现场存在的安全隐患有权责令立即整改。

5）对于发现的重大安全隐患，有权向企业安全生产管理机构报告。

6）依法报告生产安全事故情况。

施工作业班组可以设置兼职安全巡查员，对本班组的作业场所进行安全监督检查。建筑施工企业应当定期对兼职安全巡查员进行安全教育培训。

施工企业安全管理组织机构图如图1-8所示。

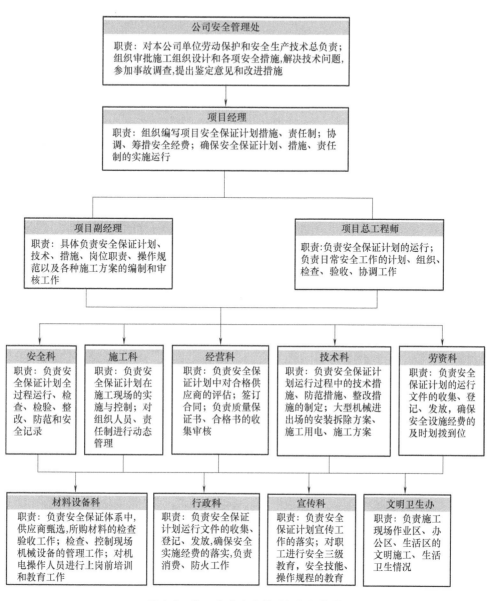

图 1-8　施工企业安全管理组织机构图

课题3　施工安全生产责任制的管理规定

【导入案例】

　　武汉市某建筑工地，施工楼房为 33 层框架剪力墙结构住宅用房，建筑面积约 1.6 万 m^2。2012 年 9 月 13 日，升降机司机（特种作业操作资格证书是伪造的）将升降机左侧吊笼停在下终端站，按往常一样锁上电锁拔出钥匙，关上护栏门后下班。当日 13 时 10 分许，提前到该楼顶楼施工的 19 名工人擅自将停在下终端站的施工升降机左侧吊笼打开，携施工物件进入左侧吊笼，操作施工升降机上升。该吊笼运行至33层顶楼平台附近时突然倾翻，连同导轨架及顶部4节标准节一起坠落地面，造成吊笼内19人当场死亡，直接经济损失约1800万元。

经调查认定，该事故是一起生产安全责任事故。

事故原因分析：

（1）设备租赁单位：设备租赁单位内部管理混乱，在办理建筑起重机械安装（拆卸）告知手续前，没有将该施工升降机安装（拆卸）工程专项施工方案报送监理单位进行审核。起重机械安装、维护制度不健全、不落实，事故施工升降机从上一建筑工地运至事发工地开始安装，安装完毕后进行了自检。初次安装并经检测合格后，设备租赁单位对该施工升降机先后进行了4次加节和附着安装，共安装标准节70节，附着11道。其中最后一次安装是从第55节标准节开始加节和附着2道。每次加节和附着安装均未按照专项施工方案实施，未组织安全施工技术交底，施工升降机加节和附着安装不规范，未按有关规定进行验收。安装、维护记录不全、不实；安排不具备岗位执业资格的员工负责施工升降机维修保养。对施工升降机使用安全生产检查和维护流于形式，未能及时发现和整改事故施工升降机存在的重大安全隐患。

（2）施工总承包单位：安全生产责任制不落实；安全生产管理制度不健全、不落实，培训教育制度不落实；对施工升降机安装使用的安全生产检查和隐患排查流于形式，未能及时发现和整改事故施工升降机存在的重大安全隐患。在《建设工程规划许可证》《建筑工程施工许可证》《中标通知书》和《开工通知书》均无的情况下，违规进场施工，且施工过程中忽视安全管理，现场管理混乱，并存在非法转包；未依照要求对施工升降机加节进行申报和验收，并擅自使用。对施工人员私自操作施工升降机的行为，批评教育不够，制止管控不力。

（3）监理单位：该公司安全生产主体责任不落实，未与分公司、监理部签订安全生产责任书，安全生产管理制度不健全，落实不到位；公司内部管理混乱，对分公司管理、指导不到位，对该项目《监理规划》和《监理细则》审查不到位；使用非公司人员在投标时作为该项目总监，实际并未参与项目监理活动。总监代表和部分监理人员不具备岗位执业资格；安全管理制度不健全、不落实，在项目无《建设工程规划许可证》《建筑工程施工许可证》和未取得《中标通知书》的情况下，违规进场监理；未依照有关规定督促相关单位对施工升降机进行加节验收和使用管理，自己也未参加验收；对项目施工和施工升降机安装使用安全生产检查和隐患排查流于形式，未能及时发现和督促整改事故，施工升降机存在的重大安全隐患。

安全生产责任制度是生产经营单位和企业岗位责任制的一个组成部分，是施工单位最基本的安全生产管理制度，是我国各项安全生产制度得以落实的前提条件，也是施工单位安全生产的核心。安全生产责任制是根据"管生产必须管安全"的原则，综合各种安全生产管理、安全操作制度，对生产经营单位和企业各级领导、各职能部门、有关工程技术人员和生产工人在生产中应负的安全责任加以明确规定的制度。

1.3.1 安全生产责任制度的基本要求

建设工程参与方较多，而参建各方的主体活动都与建设工程的安全生产密切相关，因此，明确参建各方的安全生产责任至关重要。《建筑法》和《建设工程安全生产管理条例》中均对建设工程相关各方的安全责任作了明确的规定。

1. 建设单位的安全责任

（1）建设单位应当向施工单位提供施工现场及毗邻区域内供水、排水、供电、供气、供热、通信、广播电视等地下管线资料，气象和水文观测资料，相邻建筑物和构筑物、地下工程的有关资料，并保证资料的真实、准确、完整。

建设单位因建设工程需要，向有关部门或者单位查询上述规定的资料时，有关部门或者单位应当及时提供。

（2）建设单位不得对勘察、设计、施工、工程监理等单位提出不符合建设工程安全生产法律、法规和强制性标准规定的要求，不得压缩合同约定的工期。

（3）建设单位在编制工程概算时，应当确定建设工程安全作业环境及安全施工措施所需费用。

（4）建设单位不得明示或者暗示施工单位购买、租赁、使用不符合安全施工要求的安全防护用具、机械设备、施工机具及配件、消防设施和器材。

（5）建设单位在申请领取施工许可证时，应当提供建设工程有关安全施工措施的资料。依法批准开工报告的建设工程，建设单位应当自开工报告批准之日起 15 日内，将保证安全施工的措施报送建设工程所在地的县级以上地方人民政府建设行政主管部门或者其他有关部门备案。

（6）建设单位应当将拆除工程发包给具有相应资质等级的施工单位。建设单位应当在拆除工程施工 15 日前，将下列资料报送建设工程所在地的县级以上地方人民政府建设行政主管部门或者其他有关部门备案：

1）施工单位资质等级证明。

2）拟拆除建筑物、构筑物及可能危及毗邻建筑的说明。

3）拆除施工组织方案。

4）堆放、清除废弃物的措施。

5）实施爆破作业的，应当遵守国家有关民用爆炸物品管理的规定。

2. 勘察、设计单位的安全责任

（1）勘察单位应当按照法律、法规和工程建设强制性标准进行勘察，提供的勘察文件应当真实、准确，满足建设工程安全生产的需要。

勘察单位在勘察作业时，应当严格执行操作规程，采取措施保证各类管线、设施和建筑物、构筑物的安全。

（2）设计单位应当按照法律、法规和工程建设强制性标准进行设计，防止因设计不合理导致生产安全事故的发生。

设计单位应当考虑施工安全操作和防护的需要，对涉及施工安全的重点部位和环节在设计文件中注明，并对防范生产安全事故提出指导意见。

采用新结构、新材料、新工艺的建设工程和特殊结构的建设工程，设计单位应当在设计中提出保障施工作业人员安全和预防生产安全事故的措施建议。

设计单位和注册建筑师等注册执业人员应当对其设计负责。

3. 工程监理单位的安全责任

（1）工程监理单位应当审查施工组织设计中的安全技术措施或者专项施工方案是否符合工程建设强制性标准。

（2）工程监理单位在实施监理过程中，发现存在安全事故隐患的，应当要求施工单位整改；情节严重的，应当要求施工单位暂时停止施工，并及时报告建设单位。施工单位拒不整改或者不停止施工的，工程监理单位应当及时向有关主管部门报告。

（3）工程监理单位和监理工程师应当按照法律、法规和工程建设强制性标准实施监理，并对建设工程安全生产承担监理责任。

4. 施工单位的安全责任

（1）施工单位从事建设工程的新建、扩建、改建和拆除等活动，应当具备国家规定的注册资本、专业技术人员、技术装备和安全生产等条件，依法取得相应等级的资质证书，并在其资质等级许可的范围内承揽工程。

（2）施工单位主要负责人依法对本单位的安全生产工作全面负责。施工单位应当建立健全安全生产责任制度和安全生产教育培训制度，制定安全生产规章制度和操作规程，保证本单位安全生产条件所需资金的投入，对所承担的建设工程进行定期和专项安全检查，并做好安全检查记录。

施工单位的项目负责人应当由取得相应执业资格的人员担任，对建设工程项目的安全施工负责，落实安全生产责任制度、安全生产规章制度和操作规程，确保安全生产费用的有效使用，并根据工程的特点组织制定安全施工措施，消除安全事故隐患，及时、如实报告生产安全事故。

（3）施工单位对列入建设工程概算的安全作业环境及安全施工措施所需费用，应当用于施工安全防护用具及设施的采购和更新、安全施工措施的落实、安全生产条件的改善，不得挪作他用。

（4）施工单位应当设立安全生产管理机构，配备专职安全生产管理人员。专职安全生产管理人员负责对安全生产进行现场监督检查。发现安全事故隐患，应当及时向项目负责人和安全生产管理机构报告；对违章指挥、违章操作的，应当立即制止。

（5）建设工程实行施工总承包的，由总承包单位对施工现场的安全生产负总责。总承包单位应当自行完成建设工程主体结构的施工。

总承包单位依法将建设工程分包给其他单位的，分包合同中应当明确各自的安全生产方面的权利、义务。总承包单位和分包单位对分包工程的安全生产承担连带责任。

分包单位应当服从总承包单位的安全生产管理，分包单位不服从管理导致生产安全事故的，由分包单位承担主要责任。

（6）垂直运输机械作业人员、安装拆卸工、爆破作业人员、起重信号工、登高架设作业人员等特种作业人员，必须按照国家有关规定经过专门的安全作业培训，并取得特种作业操作资格证书后，方可上岗作业。

（7）施工单位应当在施工组织设计中编制安全技术措施和施工现场临时用电方案，对下列达到一定规模的危险性较大的分部分项工程编制专项施工方案，并附具安全验算结果，经施工单位技术负责人、总监理工程师签字后实施，由专职安全生产管理人员进行现场监督：

1）基坑支护与降水工程。

2）土方开挖工程。

3）模板工程。

4）起重吊装工程。

5）脚手架工程。

6）拆除、爆破工程。

7）国务院建设行政主管部门或者其他有关部门规定的其他危险性较大的工程。

对上述所列工程中涉及深基坑、地下暗挖工程、高大模板工程的专项施工方案，施工单位还应当组织专家进行论证、审查。

这里所说的达到一定规模的危险性较大工程的标准，由国务院建设行政主管部门会同国务院其他有关部门制定。

（8）建设工程施工前，施工单位负责项目管理的技术人员应当对有关安全施工的技术要求向施工作业班组、作业人员做出详细说明，并由双方签字确认。

（9）施工单位应当在施工现场入口处、施工起重机械、临时用电设施、脚手架、出入通道口、楼梯口、电梯井口、孔洞口、桥梁口、隧道口、基坑边沿、爆破物及有害危险气体和液体存放处等危险部位，设置明显的安全警示标志。安全警示标志必须符合国家标准。

（10）施工单位应当将施工现场的办公区、生活区与作业区分开设置，并保持安全距离；办公区、生活区的选址应当符合安全性要求。职工的膳食、饮水、休息场所等应当符合卫生标准。施工单位不得在尚未竣工的建筑物内设置员工集体宿舍。

（11）施工单位对因建设工程施工可能造成损害的毗邻建筑物、构筑物和地下管线等，应当采取专项防护措施。

（12）施工单位应当在施工现场建立消防安全责任制度，确定消防安全责任人，制定用火、用电、使用易燃易爆材料等各项消防安全管理制度和操作规程，设置消防通道、消防水源，配备消防设施和灭火器材，并在施工现场入口处设置明显标志。

（13）施工单位应当向作业人员提供安全防护用具和安全防护服装，并书面告知危险岗位的操作规程和违章操作的危害。

（14）作业人员应当遵守安全施工的强制性标准、规章制度和操作规程，正确使用安全防护用具、机械设备等。

（15）施工单位采购、租赁的安全防护用具、机械设备、施工机具及配件应当具有生产（制造）许可证、产品合格证，并在进入施工现场前进行查验。

（16）施工单位在使用施工起重机械和整体提升脚手架、模板等自升式架设设施前，应当组织有关单位进行验收，也可以委托具有相应资质的检验检测机构进行验收；使用承租的机械设备和施工机具及配件的，由施工总承包单位、分包单位、出租单位和安装单位共同进行验收。验收合格后方可使用。

（17）施工单位的主要负责人、项目负责人、专职安全生产管理人员应当经建设行政主管部门或者其他有关部门考核合格后方可任职。

（18）作业人员进入新的岗位或者新的施工现场前，应当接受安全生产教育培训。未经

教育培训或者教育培训考核不合格的人员，不得上岗作业。

（19）施工单位应当为施工现场从事危险作业的人员办理意外伤害保险。意外伤害保险费由施工单位支付。实行施工总承包的，由总承包单位支付意外伤害保险费。意外伤害保险期限自建设工程开工之日起至竣工验收合格止。

1.3.2　安全生产责任制度的安全风险及防范

1. 建设单位安全责任的安全风险及防范

目前，建筑市场竞争日益激烈，不少建设单位利用其在工程建设中主导地位的优势，不断地追求利益最大化，在招投标活动中不断压低价格，将工程发包给报价低于成本价格的单位和个人，甚至将建筑工程的勘查、设计、施工、监理发包给不够资质或能力的单位甚至非法的个体承包商；更有甚者为了降低工程成本，片面追求经济效益，向勘察、设计、施工单位提出不符合国家法律、法规和强制性标准的要求，甚至强令改变勘察设计文件内容，对施工现场所需安全措施费不予认可，拒绝支付安全生产合理费用。由于建设单位这种发包，使得分包单位利润降低，导致施工管理不严格、安全培训不到位和安全投入不足或基本没有。而施工单位为了追求利润最大化，会减少一切不必要的开支，导致施工单位安全生产、文明施工投入严重不足；有的建设单位强令施工单位违反合同约定，违反工程建设客观规律压缩工期。建设单位的这些行为，导致安全隐患和安全事故不断出现。

2. 勘察、设计、工程监理单位的安全风险及防范

应做到如下几点：

（1）承揽的项目应与设计资质等级一致；明确约定适用的技术标准；根据国家标准明确建设工程的合理使用年限；勘察人、设计人的义务应明确、具体，并在自己的控制范围之内等。

（2）严格遵守"先勘察、后设计、再施工"的原则。对于工业项目：没有经批准的项目建议书、资源报告、选址意见书、可行性研究报告和勘察报告，不进行初步设计；没有经批准的初步设计，不能做施工图设计。对于民用项目：没有经过批准的项目建议书、设计方案、城市规划条件和勘察报告，不能进行初步设计；没有经批准的初步设计，不得进行施工图设计；施工图未经审查，不能进行施工。

（3）加强对设计单位和注册建筑师等注册执业人员的管理，对各级管理、技术人员及施工作业人员的质量安全管理技术进行培训，使其对安全设计负责。

（4）进行风险预警分析，在项目实施过程中，对各种质量监督以及现场情况进行分析和跟踪，及时了解工程风险，提前对风险做出反应。

（5）工程监理单位应创建适合于监理企业履行职责的项目安全监理责任制度，编制科学合理的《安全监理作业指导书》，制定较大危险源预控机制，重大危险源专家评审机制及重大危险源现场督查制度。只有牢固树立依法、依规、依标进行安全监管的理念，不断增强安全生产的责任意识和忧患意识，最大限度地降低安全监理风险，才能使监理企业在激烈的市场竞争中化险为夷，立于不败之地。

3. 施工单位的安全风险及防范

施工单位是工程建设活动中的重要主体之一，在施工安全生产中处于核心地位。从近几年来建设工程中发生的生产安全事故来看，施工单位是绝大多数安全事故的直接责任方，究其原因包括以下几方面：

（1）施工单位市场行为不规范。

（2）施工单位必要的安全生产资金投入不足。

（3）安全生产责任制不健全或不落实，安全管理不到位。

（4）作业人员未经培训或培训不合格就上岗。

（5）不严格执行安全操作规程和规章制度，违章指挥、违章作业、违章操作时常发生。

（6）安全生产措施不落实，人员安全生产观念淡薄等。

针对以上风险其防范措施如下：

（1）完善企业安全风险控制责任体系。 施工企业应建立完善的工程项目安全风险管理体系。制定工程项目安全生产的各项管理制度，如安全生产责任制度、施工组织设计和方案审批制度、企业安全生产例会制度、安全生产奖罚制度、安全教育制度等。用制度来规范工程施工过程中各项与安全有关的活动。要明确企业和项目各级管理人员的安全管理职责。上至企业董事长、总经理、总工程师、生产副经理、公司各业务部门，下到项目经理、项目总工程师、安全员、工段长等均需明确其安全生产职责和管理责任。要让企业和项目的各级管理人员明确自己的安全生产责任，一旦发生安全生产事故，都要照章追究。

（2）建立有效的安全生产监管机制。 加强对工程项目安全生产的监管是企业安全生产的一项重要工作，要常态化、多样化。指导项目部按照企业管理制度建立健全项目安全生产制度。通过巡查、抽查等方式，对工程项目部安全生产管理工作的制度、安全记录工作台账、安全教育、施工方案和安全技术交底资料、施工现场生产现状、应急预案落实情况等进行检查，重点了解工程安全生产动态、施工方案和安全技术交底落实情况、各种操作人员持证上岗情况、操作人员的安全教育情况等，及时发现、及时排除安全生产隐患。

（3）加强安全教育，提高从业人员的安全意识。 目前建设行业主管部门对安全教育很重视，采取了很多措施，提出了不少要求，问题在于这些接受安全教育的工人是否真的能够领会和理解，并在操作中加以落实，还是只流于形式，这是施工企业进行安全教育的重点所在。安全教育是实现安全生产的根本保障，只有不断加强全体行业员工的安全教育和培训，提高行业职工的安全技能和自身素质，才是实现安全生产的根本所在。

（4）重视来自建设单位的风险。 在当前建筑市场环境下，建设单位的某些行为存在违规、违法情况，作为产业链下游的施工企业往往受制于人，无法对建设单位在发包过程中出现的可能会产生安全风险的行为进行有效控制和回避，甚至会被强加于管理范围之内。因此，应重视来自建设单位的风险。

【基础与技能训练】

一、单选题

1. 《建设工程安全生产管理条例》是我国建设法规体系的（　　　）层次。

A. 建设法律　　　B. 建设行政法规　　　C. 建设部门规章　　　D. 地方性建设法规

2. 建设活动中的行政管理关系是国家及其建设行政主管部门与建设单位、设计单位、施工单位、材料和设备的生产供应单位及监理单位之间的（　　　）关系。

A. 监理与被监理　　B. 管理与被管理　　　C. 监管与被监管　　　D. 协调与被协调

3. 建设法规是指（　　）或其授权的行政机关指定的旨在调整国家及其有关机构、企事业单位、社会团体、公民之间在建设活动中发生的各种社会关系的法律、法规的统称。

　　A. 国家执法机关　B. 国家行政机关　　　C. 国家公检法机关　　　D. 国家立法机关

4. 建设法规的调整对象，即发生在各种建设活动中的社会关系，包括建设活动中所发生的行政管理关系、（　　）及其相关的民事关系。

　　A. 财产关系　　　B. 经济协作关系　　　C. 人身关系　　　　　D. 政治法律关系

5. 质量检测试样的取样应当严格执行有关工程建设标准和国家有关规定，在（　　）监督下现场取样。提供质量检测试样的单位和个人，应当对试样的真实性负责。

　　A. 建设单位或工程监理单位　　　　　　B. 建设单位或质量监督机构

　　C. 施工单位或工程监理单位　　　　　　D. 质量监督机构或工程监理单位

6. 根据《建设工程质量管理条例》，施工单位应当对建筑材料、建筑构配件、设备和商品混凝土进行检验，下列做法不符合规定的是（　　）。

　　A. 未经检验的，不得用于工程上　　　　B. 检验不合格的，应当重新检验，直至合格

　　C. 检验要按规定的格式形成书面记录　　D. 检验要有相关的专业人员签字

7. 建设工程项目的竣工验收，是由（　　）组织的检查、考核工作。

　　A. 建设工程质量监督机构　　　　　　　B. 监理单位

　　C. 施工单位　　　　　　　　　　　　　D. 建设单位

8. 某项目分期开工建设，开发商二期工程 3、4 号楼仍然复制使用一期工程施工图纸。施工时施工单位发现该图纸使用的 02 标准图集现已废止，按照《建设工程质量管理条例》的规定，施工单位正确的做法是（　　）。

　　A. 继续按图施工，因为按图施工是施工单位的本分

　　B. 按现行图集套改后继续施工

　　C. 及时向有关单位提出修改意见

　　D. 由施工单位技术人员修改图纸

9. 事故发生后，生产经营单位负责人接到事故现场报告后，应当于（　　）小时内向事故发生地县级以上人民政府安全生产监督管理部门和负有安全生产监督管理职责的有关部门报告。

　　A. 24　　　　　　　　B. 12　　　　　　　　C. 7　　　　　　　　D. 1

10. 某施工工地起重机倒塌，造成 10 人死亡、3 人重伤，根据《生产安全事故报告和调查处理条例》，该事故等级属于（　　）。

　　A. 特别重大事故　B. 重大事故　　　C. 较大事故　　　D. 一般事故

二、多选题

1. 建设法规体系是按照一定的原则、功能、层次所组成的（　　）的有机整体。

　　A. 相互完善　　B. 相互联系　　　C. 相互配合　　　D. 相互补充

　　E. 协调一致

2. 以下各项中，属于施工单位的质量责任和义务的有（　　）。

　　A. 建立质量保证体系

　　B. 按图施工

C. 对建筑材料、构配件和设备进行检验的责任

D. 组织竣工验收

E. 见证取样

3. 负有安全生产监督管理职责的部门对有根据认为不符合保障安全生产的国家标准或者行业标准的设施、设备、器材可予以（　　）。

A. 查封　　　　　　B. 查抄　　　　　　C. 扣押

D. 扣压　　　　　　E. 扣留

4. 以下关于总承包单位和分包单位的安全责任的说法中，正确的是（　　）。

A. 总承包单位应当自行完成建设工程主体结构的施工

B. 总承包单位对施工现场的安全生产负总责

C. 经业主认可，分包单位可以不服从总承包单位的安全生产管理

D. 分包单位不服从管理导致生产安全事故的，由总包单位承担主要责任

E. 总承包单位和分包单位对分包工程的安全生产承担连带责任

5. 县级以上各级人民政府劳动行政部门、有关部门和用人单位应当依法对劳动者在劳动过程中发生的伤亡事故和劳动者的职业病状况，进行（　　）。

A. 统计　　　　　　B. 统筹　　　　　　C. 报警

D. 报告　　　　　　E. 处理

三、案例题

某市建筑集团公司承担一栋 20 层办公楼工程的施工总承包任务，层高 3.3m，钢筋混凝土框架结构。该工程在进行上部结构施工时，某一天安全员检查巡视正在搭设的双排扣件式钢管外脚手架，发现部分脚手架钢管表面锈蚀严重，经了解是因为现场所堆材料缺乏标志，架子工误将堆放在现场内的报废脚手架钢管用到施工中。请根据以上背景资料，回答下列问题：

？ 问题 1（单选题）：为防止安全事故发生，安全员应该采取的措施，错误的是（　　）。

A. 马上下达书面整改通知，停止脚手架搭设

B. 封存堆放在现场内的报废脚手架钢管，防止再被混用

C. 指令现场架子工使用合格钢管加固

D. 向有关负责人报告

？ 问题 2（单选题）：脚手架搭设完毕后，施工单位、监理单位应当组织有关人员进行验收。验收合格的，经（　　）签字后，方可进入下一道工序。

A. 施工单位项目技术负责人、专业监理工程师

B. 总工程师、项目总监理工程师

C. 施工单位项目技术负责人、总工程师

D. 施工单位项目技术负责人、项目总监理工程师

？ 问题 3（多选题）：该脚手架事故隐患的处理方式包括（　　）。

A. 停止使用报废钢管，将报废钢管集中堆放到指定地点封存，安排运出施工现场

B. 三定一整改，以达到规定要求

C. 进行返工，用合适脚手架钢管置换报废钢管

D. 对随意堆放、挪用报废钢管的人员进行教育或处罚

E. 对锈蚀严重钢管见证取样检测

? 问题4（判断题）：对检查中发现的事故隐患，应当责令立即排除。（   ）

? 问题5（判断题）：安全警示标志必须符合企业标准。（   ）

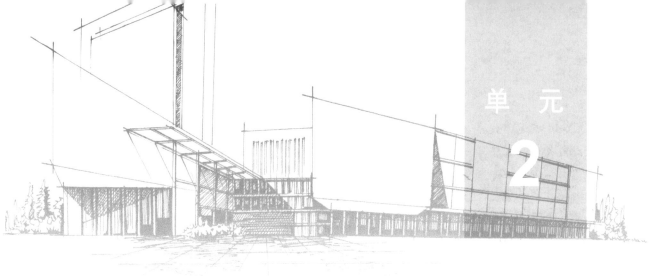

施工现场安全教育管理

【学习目标】

1. 熟悉施工现场安全教育的内容。
2. 熟悉施工现场安全教育的各项要求、类型和方式。

【能力目标】

能结合工程实际分析现场安全教育的要求。

课题1 安全教育的内容

【导入案例】

2002年深圳市某电厂一续建工程由某建筑公司承建，该工程为钢结构，钢屋架跨度27m，间距9m，南北长63m，共7个节间，屋架上弦高度为33.2m。屋架上部为檩条，檩条上铺设钢板瓦，每块钢板瓦的尺寸为9800mm×830mm，重92kg。钢板瓦按长度平行屋架跨度沿南北方向铺设，第1块板铺设后，用螺丝与檩条进行固定再铺第2块。事发前已完成第1节间的屋面板铺设工作。2月20日铺设第2节间屋面板，当边沿的第1块板铺完后，没有进行固定就进行第2块板的铺设，为了加快施工进度，工人又将第2块和第3块板咬合在一起同时铺设，但因两块板不仅面积大，而且重量增加，操作不便，于是5名工人在钢檩条上用力推移，由于操作人员未挂牢安全带，也未设安全网，推移中，3名作业人员从屋面坠落死亡。

事故原因分析：

通过以上背景资料的了解，该工程施工中，有以下不符合安全要求之处：

1. 管理方面

施工单位编制的施工组织设计未经审批程序，以至于安全防护过于简单。按照高处作业的相关规定，作业人员不能站在屋架上弦作业，必须站在搭设的操作平台上操作；人员操作不允许在屋架上行走，要求在屋架下弦处张挂安全网等。另外，屋面板吊装作业属特种作业，该工程雇用的劳务工人未经过培训，更未取得特种作业证，因而违章操作，导致事故发生。

2. 技术方面

作业人员在第1块板没有稳固的条件下铺设2块板，增加了作业难度；屋架上弦处仅拉了一条棕绳作为安全绳，且作业工人又没有将安全带系牢在安全绳上，因而失去了唯一的安全保障；未按要求张挂安全平网。

3. 事故结论

该事故属于责任事故。

想一想：假设操作工人接受过全面的安全教育和培训，现场管理人员懂得高处作业安全教育和培训工作的必要性和重要性，并在施工中贯彻和落实，结果又是如何？

为贯彻安全生产的方针，加强建筑业企业职工安全培训教育工作，增强职工的安全意识和安全防护能力，减少伤亡事故的发生，施工现场安全教育应该贯穿于整个建筑施工生产经营全过程，体现全面、全员、全过程的原则。施工现场所有人员均应接受安全培训和教育，确保他们先接受安全教育并懂得相应的安全知识后才能上岗。

施工现场安全教育培训的类型应包括岗前教育、日常教育、年度继续教育，以及各类证书的初审、复审培训。

在建筑施工现场，对全体员工的安全教育通常包括以下内容。

2.1.1 安全生产法规教育

通过对建筑企业员工进行安全生产、劳动保护等方面的法律、法规的宣传教育，使每个人都能够依据法规的要求做好安全生产管理。因为安全生产管理的前提条件就是依法管理，所以安全教育的首要内容就是法规的教育。

2.1.2 安全生产思想教育

通过对员工进行深入细致的思想工作，提高他们对安全生产重要性的认识。各级管理人员，特别是企业管理人员要加强对员工安全思想的教育，要从关心人、爱护人、保护人的生命与健康出发，重视安全生产，做到不违章指挥；操作工人也要增强安全生产意识，从思想上深刻认识安全生产不仅仅涉及自身生命与安全，同时也和企业的利益和形象，甚至国家的利益紧紧联系在一起。

2.1.3 安全生产知识教育

安全生产知识教育是让企业员工掌握施工安全中的安全基础知识、安全常识和劳动保护要求，这是经常性、最基本和最普通的安全教育。

安全知识教育的主要内容有：本企业生产经营的基本情况；施工操作工艺；施工中的主要危险源的识别及其安全防护的基本知识；施工设施、设备、机械的有关安全操作要求；电气设备安全使用常识；车辆运输的安全常识；高处作业的安全要求；防火安全的一般要求及常用消防器材的正确使用方法；特殊类专业（如桥梁、隧道、深基础、异形建筑等）施工的安全防护基本知识；工伤事故的简易施救方法和事故报告程序及保护事故现场等规定；个人劳动防护用品的正确使用和佩戴常识等。

2.1.4　安全生产技能教育

安全生产技能教育是在安全生产知识教育基础上，进一步开展的专项安全教育，其侧重点是在安全操作技术方面，是通过结合本工种特点、要求，以培养安全操作能力而进行的一种专业性的安全技术教育，主要内容包括安全技术要求、安全操作规程和职业健康等。

根据安全技能教育的对象不同，分为一般工种和特殊工种的安全技能教育。

2.1.5　安全事故案例教育

安全事故案例教育是指通过一些典型的安全事故实例的介绍进行事故的分析和研究，从中找出引起事故的原因以及正确的预防措施。用事实来教育职工引以为戒，提高广大员工的安全意识。这是一种借用反面教材但行之有效的教育形式。但需要注意的是在选择案例时一定要具有典型性和教育性，使员工明确安全事故的偶然性与必然性的关系，切勿过分渲染事故的血腥和恐怖。

以上安全教育的内容可以根据施工现场的具体情况单项进行也可同时或几项同时进行。

由此可见，安全教育是安全管理工作的重要环节。安全教育的目的是提高全员的安全意识、安全管理水平和防止事故发生，实现安全生产。安全教育是提高全员安全素质，实现安全生产的基础。通过安全教育，提高企业各级管理人员和广大职工搞好安全工作的责任感和自觉性，增强安全意识，掌握安全生产的科学知识，不断提高安全管理水平和安全操作水平，增强自我防护能力。

课题2　安全教育管理的要求

【导入案例】

2008年10月10日，山东省淄博市某居民楼工程发生一起起重机倒塌事故。由于施工地点临近某幼儿园，造成5名儿童死亡、2名儿童重伤，直接经济损失约300万元。该工程建筑面积4441m²，合同造价355.21万元。施工单位与某私人劳务队签订承包合同，将该工程进行了整体发包。

事发当日，起重机司机（无塔式起重机操作资格证）操作QTZ-401型塔式起重机向作业面吊运混凝土。当装有混凝土的料斗（重约700kg）吊离地面时，发现吊绳绕住了料斗上部的一个边角，于是将料斗下放。在料斗下放过程中塔身前后晃动，随即起重机倾倒，起重机起重臂砸到了相邻的幼儿园内，造成惨剧。

根据事故调查和责任认定，对有关责任方做出以下处理：施工队负责人、施工现场负责人、现场监理等5名责任人移交司法机关依法追究刑事责任；建设单位负责人、起重机安装负责人、施工单位负责人等14名责任人受到行政或党纪处分；施工、政府有关部门等责任单位分别受到罚款、通报批评等行政处罚。

事故原因分析：

1. 直接原因

塔式起重机塔身第3标准节的主弦杆其中1根由于长期疲劳已断裂；同侧另1根主弦杆存在旧有疲劳裂纹。该起重机存在重大隐患，安装人员未尽安全检查责任。

2. 间接原因

（1）使用无起重机安装资质的单位和人员从事起重机安装作业。安装前未进行零部件检查；安装后未进行验收。

（2）起重机安装和使用中，安装单位和使用单位没有对钢结构的关键部位进行检查和验收。未及时发现非常明显的重大隐患也未采取有效防范措施。

（3）起重机的回转半径范围覆盖毗邻的幼儿园达10m，未采取安全防范措施。

（4）起重机操作人员未经专业培训，无证上岗。

（5）建设、城管、教育等主管部门贯彻执行国家安全生产法律法规不到位，没有认真履行安全监管责任，对辖区存在的非法建设项目取缔不力，安全隐患排查治理不力。

2.2.1 安全教育的时间

根据《建筑业企业职工安全培训教育暂行规定》，建筑业企业职工每年必须接受一次专业的安全培训，具体要求如下：

（1）企业法定代表人、项目经理每年接受安全培训的时间，不得少于30学时。

（2）企业专职安全管理人员除按照《建设企事业单位关键岗位持证上岗管理规定》要求，取得岗位合格证书并持证上岗外，每年还必须接受安全专业技术业务培训，时间不得少于40学时。

（3）企业其他管理人员和技术人员每年接受安全培训的时间，不得少于20学时。

（4）企业特殊工种（包括电工、焊工、架子工、司炉工、爆破工、机械操作工、起重工、塔机及指挥人员、人货两用电梯司机等）在通过专业技术培训并取得岗位操作证后，每年接受有针对性的安全培训，时间不得少于20学时。

（5）企业其他职工每年接受安全培训的时间，不得少于15学时。

（6）企业待岗、转岗、换岗的职工，在重新上岗前，必须接受一次安全培训，时间不得少于20学时。

（7）建筑业企业新进场的工人，必须接受公司、项目部（或工区、工程处、施工队）、班组的三级安全培训教育，培训分别不得少于15学时、15学时和20学时，并经考核合格后方可上岗。

2.2.2 安全教育的对象与要求

1. 三类人员

依据建设部《建筑施工企业主要负责人、项目负责人、专职安全生产管理人员安全生产考核管理暂行规定》的要求，为贯彻落实《安全生产法》《建筑工程生产管理条例》和《安全生产许可证条例》，提高建筑施工企业主要负责人、项目负责人、安全生产管理人员安全生产知识水平和管理能力，保证建筑施工安全生产，对建筑施工企业三类人员进行考核认定。三类人员应当经建设行政主管部门或者其他有关部门考核合格后方可任职，考核内容主要是安全生产知识和安全管理能力。

（1）建筑施工企业主要负责人。建筑施工企业主要负责人指对本企业日常生产和对安全生产全面负责、有生产经营决策权的人员，包括企业法定代表人、经理、企业分管安全生产工作的副经理等。其安全教育的重点如下：

1）国家有关安全生产的方针政策、法律法规、部门规章、标准及有关规范性文件，本地区有关安全生产的法规、规章、标准及规范性文件。

2）建筑施工企业安全生产管理的基本知识和相关专业知识。

3）重特大事故防范、应急救援措施，报告制度及调查处理方法。

4）企业安全生产责任制和安全生产规章制度的内容、制定方法。

5）国内外安全生产管理经验。

6）典型事故案例分析。

（2）建筑施工企业项目负责人。建筑施工企业项目负责人指由企业法定代表人授权，负责建设工程项目管理的项目经理或负责人等。其安全教育的重点如下：

1）国家有关安全生产的方针政策、法律法规、部门规章、标准及有关规范性文件，本地区有关安全生产的法规、规章、标准及规范性文件。

2）工程项目安全生产管理的基本知识和相关专业知识。

3）重大事故防范、应急救援措施，报告制度及调查处理方法。

4）企业和项目安全生产责任制和安全生产规章制度内容、制定方法。

5）施工现场安全生产监督检查的内容和方法。

6）国内外安全生产管理经验。

7）典型事故案例分析。

（3）建筑施工企业专职安全生产管理人员。建筑施工企业专职安全生产管理人员指在企业专职从事安全生产管理工作的人员，包括企业安全生产管理机构的负责人及其工作人员和施工现场专职安全生产管理人员。其安全教育的重点如下：

1）国家有关安全生产的方针政策、法律法规、部门规章、标准及有关规范性文件，本地区有关安全生产的法规、规章、标准盟规范性文件。

2）重大事故防范、应急救援措施，报告制度，调查处理方法以及防护、救护方法。

3）企业和项目安全生产责任制和安全生产规章制度。

4）施工现场安全监督检查的内容和方法。

5）典型事故案例分析。

2. 特种作业人员

特种作业人员必须按照国家有关规定，经过专业的安全作业培训，并取得特种作业资格证书后，方可上岗作业。专业的安全作业培训，是指由有关主管部门组织的针对特种作业人员的培训，也就是特种作业人员在独立上岗作业前，必须进行与本工种相适应的、专业的安全技术理论学习和实际操作训练。经培训考核合格，取得特种作业操作合格证书后，才能上岗作业。特种作业人员还要接受每两年一次的再教育和审核，经再教育和审核合格后，方可继续从事特种作业，特种作业操作资格证书在全国范围内有效，离开特种作业岗位6个月及以上时间，应当按照规定重新进行实际操作考核，经确认合格后方可上岗作业，特种作业资格证的有效期为6年。对于未经培训考核，即从事特种作业的，《建设工程安全生产管理条例》第六十二条规定："作业人员或者特种作业人员，未经安全教育培训或者经考核不合格从事相关工作造成重大安全事故，构成犯罪的，对直接责任人员，依照刑法的有关规定追究刑事责任。"

3. 入场新工人

入场新工人必须接受首次三级安全生产方面的基本教育。三级安全教育一般是由施工企业的安全、教育、劳动、技术等部门配合进行的。受教育者必须经过考试，合格后才准予进入施工现场作业；考试不合格者不得上岗工作，必须重新补课，并进行补考，合格后方可工作。

三级安全培训教育的内容包括以下几方面：

（1）公司安全培训教育的主要内容如下：

1）国家和地方有关安全生产、劳动保护的方针、政策、法律、法规、规范、标准及规章。

2）企业及其上级部门（主管局、集团、总公司、办事处等）印发的安全管理规章制度。

3）安全生产与劳动保护工作的目的和意义等。

（2）项目部安全培训教育的主要内容如下：

1）建设工程施工生产的特点，施工现场的一般安全管理规定、制度和要求。

2）施工现场主要安全事故的类别，常见多发性事故的特点、规律及预防措施，事故的教训。

3）本工程项目施工的基本情况（工程类型、施工阶段、作业特点等），施工中应当注意的安全事项。

（3）作业班组安全培训教育的主要内容如下：

1）本工种的安全操作技术要求。

2）本班组施工生产概况，包括工作性质、职责和范围等。

3）本人及本班组在施工过程中，所使用和遇到的各种生产设备、设施、机械、工具的性能、作用、操作和安全防护要求等。

4）个人使用和保管的各类劳动防护用品的正确穿戴、使用方法及劳动防护用品的基本原理与主要功能。

5）发生伤亡事故或其他事故，如火灾、爆炸、机械伤害及管理事故等，应采取的措施（救助抢险、保护现场、事故报告等）要求。

为加深新工人对三级安全教育的感性认识和理性认识，一般规定，在新工人上岗工作6个月后，还要进行安全知识再教育。再教育的内容可以从入岗前三级安全教育的内容中有针对性地选择，再教育后要进行考核，合格后方可继续上岗。考核成绩要登记到本人劳动保护教育卡上。

4. 变换工种的工人

建筑施工现场由于其产品、工序、材料及自然因素等特点的影响，作业工人经常会发生岗位的变更，这也是施工现场一种普遍的现象。此时，如果教育不到位，安全管理跟不上，就可能给转岗工人带来伤害。因此，按照有关规定，企业待岗、转岗、换岗的职工，在从事新工作前，必须接受一次安全培训和教育，时间不得少于 20 学时，其安全培训教育的内容如下：

（1）本工种作业的安全技术操作规程。

（2）本班组施工生产的概况介绍。

（3）施工区域内各种生产设施、设备、机具的性能、作用、安全防护要求等。

施工企业必须给每一名职工建立职工劳动保护（安全）教育卡，教育卡应记录包括三级安全教育、变换工种安全教育等的教育及考核情况，并由教育者与受教育者双方签字后入册，作为企业及施工现场安全管理资料备查。

2.2.3　安全教育的类型与方式

具备安全教育培训条件的建筑施工企业，应当以自主培训为主；也可以委托具备安全培训条件的机构对从业人员进行安全培训。不具备安全培训条件的建筑施工企业，应当委托具备安全培训条件的机构对从业人员进行安全培训。

安全教育培训的方法多种多样，各有特点，在实际应用中，要根据建筑施工企业的特点、培训内容和培训对象灵活选择。

1. 安全教育的类型

安全教育的类型较多，一般有经常性教育、季节性教育和节假日加班教育等几种。

（1）经常性教育。经常性的安全教育是施工现场进行安全教育的主要形式，目的是时刻提醒和告诫职工遵规守章，加强安全意识，杜绝麻痹思想。

经常性安全教育可以采用多种形式，比如每日班前会、安全技术交底、安全活动日、安全生产会议、各类安全生产业务培训班，张贴安全生产招贴画、宣传标语和标志以及安全文化知识竞赛等。具体采用哪一种，要因地制宜，视具体情况而定，但不要摆花架子、搞形式主义。经常性安全教育的主要内容如下：

1）安全生产法规、标准、规范等。

2）企业和上级部门下达的安全管理新规定。

3）各级安全生产责任制及相关管理制度。

4）安全生产先进经验介绍，最新的典型安全事故。

5）新技术、新工艺、新材料、新设备的使用及相关安全技术要求。

6）近期安全生产方面的动态，如新的法规、文件、标准、规范等。

7）本单位近期安全工作回顾、总结等。

（2）季节性教育。季节性教育主要是指夏季和冬季施工前的安全教育。

夏季施工安全教育。夏季高温、炎热、多雷雨，是触电、雷击、坍塌等事故的高发期。闷热的气候容易使人中暑，高温使得职工夜间休息不好，打乱了人体的"生物钟"，往往容易使人乏力、瞌睡、注意力不集中，较易引起安全事故。因此，夏季施工安全教育的重点如下：

1）用电安全教育，侧重于防触电事故教育。

2）预防雷击安全教育。

3）大型施工机械、设施常见事故案例教育。

4）基础施工阶段的安全防护教育，特别是基坑开挖的安全和支护安全教育。

5）高温时间，"做两头、歇中间"，保证职工有充沛的精力。

6）劳动保护的宣传教育。合理安排好作息时间，注意劳逸结合。

冬季施工安全教育。冬季气候干燥、寒冷，为了施工和取暖需要，使用明火、接触易燃易爆物品的机会增多，容易发生火灾、爆炸和中毒事故；寒冷又使人们衣着笨重、反应迟钝、动作不灵敏，也容易发生安全事故。因此，冬季施工安全教育应从以下几方面进行：

1）针对冬季施工的特点，注重防滑、防坠落安全意识的教育。

2）防火安全教育。

3）现场安全用电教育，侧重于预防电器火灾教育。

4）冬季施工，工人往往为了取暖，而紧闭门窗、封闭施工区域，因此，在员工宿舍、地下室、地下管道、深基坑、沉井等区域就寝或施工时，应加强作业人员预防中毒的自我防护意识教育，要求员工识别中毒的症状，掌握急救的常识。

（3）节假日加班教育。节假日由于多种原因，会使加班员工思想不集中、注意力分散，给安全生产带来隐患。节假日加班应从以下几个方面进行安全教育：

1）重点做好员工的安全思想教育，稳定操作人员的工作情绪，增强安全意识。

2）注意观察员工的工作状态和情绪，严禁酒后进入施工操作现场的教育。

3）班组长和相关人员应做好班前安全教育，强调安全操作规程，提高防范意识。

4）对较危险的部位，进行针对性的安全教育。

2. 安全教育的方式

一般安全教育的方式有以下几种：

（1）召开会议。如安全培训、安全讲座、报告会、先进经验交流、安全现场会、展览会、知识竞赛等。

（2）报刊宣传。订阅或编制安全生产方面的书报或刊物，也可编制一些安全宣传的小册子等。

（3）音像制品。如电影、电视、VCD 片等。

（4）文艺演出。如小品、相声、短剧、快板、评书等。

（5）图片展览。如安全专题展览、板报等。

（6）悬挂标牌或标语。如悬挂安全警示标牌、标语、宣传横幅等。

（7）现场观摩。如现场观摩安全操作方法、应急演练等。

安全教育的方式应当结合建筑生产的特点和员工的文化水平而定，尽可能采取丰富多彩、行之有效的教育方式，使安全教育深入每个员工的内心。

【基础与技能训练】

一、单选题

1. 根据《建筑业企业职工安全培训教育暂行规定》，企业法定代表人、项目经理每年接受安全培训的时间，不得少于（　　）学时。

    A. 10 学时　　　　　B. 20 学时　　　　　C. 30 学时　　　　　D. 40 学时

  2. 根据《建筑业企业职工安全培训教育暂行规定》，建筑业企业新进场的工人，必须接受公司、项目部（或工区、工程处、施工队）和班组的三级安全培训教育，培训分别不得少于 15 学时、15 学时和（　　）学时，并经考核合格后方可上岗。

    A. 10 学时　　　　　B. 20 学时　　　　　C. 30 学时　　　　　D. 40 学时

  3. 为加深新工人对三级安全教育的感性认识和理性认识，一般规定，在新工人上岗工作（　　）后，还要进行安全知识再教育。

    A. 2 个月　　　　　B. 3 个月　　　　　C. 6 个月　　　　　D. 12 个月

  4. 生产经营单位未如实记录安全生产教育和培训情况，责令期限改正而未改正的，责令停产停业整顿，并对其直接负责的主管人员和其他直接责任人员处（　　）的罚款。

    A. 一万元　　　　　　　　　　　　　B. 一万元以上二万元以下

    C. 二万元　　　　　　　　　　　　　D. 五千元以下

  5. 生产经营单位的特种作业人员必须经专业的安全技术培训，取得（　　），方可上岗作业。

    A. 相应资格　　　　　　　　　　　　B. 特种作业操作资格证书

    C. 执业证书　　　　　　　　　　　　D. 安全资格证书

  6. 项目开工后 10 日内，项目部要组织对主要作业人员进行培训、考核，集中培训时间不少于（　　）课时。

    A. 12　　　　　　　B. 24　　　　　　　C. 36　　　　　　　D. 48

  7. 项目其他管理和技术人员每年安全教育培训时间不得少于（　　）学时。

    A. 10　　　　　　　B. 20　　　　　　　C. 30　　　　　　　D. 48

  8. 一般员工（含外协员工及农民工）在开工前，安全教育培训时间不得少于（　　）学时，并应在公司安全质量管理部门的监督下进行。

    A. 8　　　　　　　　B. 16　　　　　　　C. 24　　　　　　　D. 36

  9. 安全教育和培训范围是（　　）。

    A. 总包单位的职工　　　　　　　　　B. 分包单位的职工

    C. 本企业的职工与分包单位职工　　　D. 有违章作业纪录的职工

  10. 生产经营单位使用被派遣劳动者的，应当将被派遣劳动者（　　）管理，对被派遣劳动者进行岗位安全操作规程和安全操作技能的教育和培训。

    A. 单独　　　　　　　　　　　　　　B. 纳入本单位从业人员统一

    C. 交由劳务派遣单位　　　　　　　　D. 自己

二、多选题

  1. 施工现场安全教育培训的类型应包括（　　）。

    A. 岗前教育　　　B. 日常教育　　　C. 年度继续教育

    D. 初审培训　　　E. 复审培训

  2. 《中华人民共和国安全生产法》规定，生产经营单位在（　　）的情况下，必须对从业人员进行专业的安全生产教育和培训。

    A. 采用新工艺　　　B. 采用新技术　　　C. 节假日

D. 采用新材料　　E. 使用新设备

3. 《中华人民共和国安全生产法》规定，生产经营单位的特种作业人员上岗作业的条件和要求（　　）。

A. 按照国家有关规定经专业的安全技术培训

B. 经企业培训合格

C. 取得特种作业操作资格证书

D. 经质监部门培训合格

E. 取得相应学历

4. 施工单位应当建立健全（　　），制定安全生产规章制度和操作规程，保证本单位安全生产条件所需资金的投入，对所承担的建设工程进行定期和专项安全检查，并做好安全检查记录。

A. 安全生产教育培训制度　　　　　B. 生产组织机构

C. 安全生产责任制度　　　　　　　D. 质量检查制度

E. 质量技术交底

5. （　　）等特种作业人员，必须按照国家有关规定经过专业的安全技术培训，并取得特种作业操作资格证书后，方可上岗作业。

A. 垂直运输机械作业人员　　　　　B. 质量检查人员

C. 爆破作业人员　　　　　　　　　D. 起重信号工

E. 登高架设作业人员

三、案例题

某施工单位使用起重机吊运钢筋，由于严重超载，使起重机发生倾覆，造成 1 名起重机司机死亡，施工单位立即启动了应急救援预案。经调查，现场 4 台起重机仅配备了一名起重机指挥。请根据以上背景资料，回答下列问题：

❓ 问题 1（判断题）：事故发生之日起 30 日内，事故造成的伤亡人数发生变化的，应当及时补报。（　　）

❓ 问题 2（单选题）：该起事故的性质应认定为（　　）。

A. 责任事故　　　B. 意外事故　　　　C. 突发事件　　　　D. 人身伤害事故

❓ 问题 3（单选题）：上述起重机发生倾覆案例的直接原因是（　　）。

A. 安全教育培训不到位，工人安全意识不强。

B. 安全责任落实不到位，现场缺少持有有效资格证件的起重机指挥。

C. 安全交底不到位。

D. 起重机作业时严重超载，导致起重机发生倾覆。

❓ 问题 4（判断题）：应急预案评审或者论证应当注重应急预案是否进行了备案。（　　　）

❓ 问题 5（多选题）：此次事故发生后，安全生产监督管理部门和负有安全生产监督职责的有关部门应逐级上报事故情况。报告事故应包括的内容有（　　）。

A. 事故发生单位概况　　　　　　　B. 事故发生时间

C. 事故所有责任人　　　　　　　　D. 初步估计的事故直接经济损失

E. 初步估计的事故间接经济损失

施工现场安全检查管理

【学习目标】

1. 了解安全检查的目的、要求。
2. 熟悉安全检查的内容和方法,安全检查的分类。
3. 掌握安全检查评分表的内容和要求、安全检查评分方法。

【能力目标】

1. 能复述《建筑施工安全检查标准》(JGJ 59—2011)中规定的检查内容。
2. 能对某建筑施工现场进行安全检查,根据《建筑施工安全检查标准》(JGJ 59—2011)进行评分,并写出检查体会。

课题1 安全检查管理概述

【导入案例】

×××年9月18日18时,某桥梁工地分包单位的负责人施某安排电焊工宋某、李某以及辅助工张某加夜班焊接竖向钢筋。19时30分左右,辅助工张某在焊接作业时,因焊钳漏电,被电击后从2.7m的高处坠落到基坑内不省人事。事故发生后,项目部立即派人将张某送到医院抢救,张某因伤势过重,抢救无效死亡。

事故原因分析:

(1)设备附件有缺陷,焊钳破损漏电,作业人员在进行焊接作业时,闪焊钳漏电遭电击坠地身亡,是造成本次事故的直接原因。

(2)分包单位对安全生产工作检查不细。分包项目部安全生产管理不严,电焊机未按规定配备二次侧空载保护器。

(3)施工现场安全防护不落实,作业区域未搭设操作平台,电焊工张某坐在排架钢管上操作，遭电击后，因无防护措施，从2.7m高处坠落到基坑内。

（4）总包单位项目部，施工现场安全生产管理不严，对分包单位安全生产监督不力。

工程项目安全检查的目的是消除隐患、防止事故发生、改善劳动条件及提高员工的安全生产意识，是安全控制工作的一项重要内容。通过安全检查，可以发现工程中的危险因素，以便有计划地采取措施，保证安全生产。工程项目安全检查由项目经理组织，定期进行。

3.1.1 安全检查的目的

1. 及时发现和纠正不安全行为

安全检查就是要通过监察、监督、调查、了解、查证，及早发现不安全行为，并通过提醒、说服、劝告、批评、警告，直至处分、调离等，消除不安全行为，提高工艺操作的可靠性。

2. 及时发现不安全状态，改善劳动条件，提高安全程度

设备的腐蚀、老化、磨损、龟裂等原因，易发生故障；作业环境温度、湿度、整洁程度等也因时而异；建筑物、设施的损坏、渗漏、倾斜，物料变化，能量流动等也会产生各种各样的问题。安全检查就是要及时发现并排除隐患，或采取临时辅助措施。对于危险和毒害严重的劳动条件提出改造计划，督促实现。

3. 及时发现和弥补管理缺陷

计划管理、生产管理、技术管理和安全管理等的缺陷都可能影响安全生产。安全检查就是要直接查找或通过具体问题发现管理缺陷，并及时纠正、弥补。

4. 发现潜在危险，预设防范措施

按照事故发生的逻辑关系，观察、研究、分析能否发生重大事故，发生重大事故的条件，可能波及的范围及遭受的损失和伤亡，制定相应的防范措施和应急对策。这是从系统、全局出发的安全检查，具有宏观指导意义。

5. 及时发现并推广安全先进经验

安全检查既是为了检查问题，又可以通过实地调查研究，比较分析，发现安全生产先进典型，推广先进经验，以点带面，开创安全工作新局面。

6. 结合实际，宣传贯彻安全生产方针政策和法规制度

安全检查的过程就是宣传、讲解、运用安全生产方针、政策、法规、制度的过程，结合实际进行安全生产的宣传、教育，容易深入人心，收到实效。

3.1.2 安全检查的要求

1. 检查标准

上级已制定有标准的，执行上级标准；还没有制定统一行业标准的，应根据有关规范、规定，制定本单位的"企业标准"，做到检查考核和安全评价有衡量准则，有科学依据。

2. 检查手段

尽量采用检测工具进行实测实量，用数据说话。有些机器、设备的安全保险装置还应进行动作试验，检查其灵敏度与可靠性。检查中发现有危及人身安全的即发性事故隐患，应立即指令停止作业，迅速采取措施排除险情。

3. 检查记录

每次安全检查都应认真、详细地做好记录，特别是检测数字，这是安全评价的依据。同时，还应将每次对各单项设施、机械设备的检查结果分别记入单项安全台账，目的是根据每次记录情况对其进行安全动态分析，强化安全管理。

4. 安全评价

检查人员要根据检查记录认真、全面地进行系统分析，定性、定量地进行安全评价。要明确哪些项目已达标，哪些项目需要完善，存在哪些隐患等，要及时提出整改要求，下达隐患整改通知书。

5. 隐患整改

隐患整改是安全检查工作的重要环节。隐患整改工作包括隐患登记、整改、复查、销案。隐患应逐条登记，写明隐患的部位、严重程度和可能造成的后果及查出隐患的日期。有关单位、部门必须及时按"三定"（即定措施、定人、定时间）要求，落实整改。负责整改的单位、人员完成整改工作后，要及时向安全部门汇报；安全部门及有关部门应派人进行复查，符合安全要求后销案。

3.1.3 安全检查的内容

安全大检查和企业自身的定期安全检查着重检查以下几方面情况：

1. 查思想

主要检查建筑企业的各级领导和职工对安全生产工作的认识。检查企业的安全时，要首先检查企业领导是否真正重视劳动保护和安全生产，即检查企业领导对劳动保护是否有正确的认识，是否真正关心职工的安全与健康，是否认真贯彻了国家劳动保护方针、政策、法规、制度。在检查的同时，要注意宣传这些法规的精神，批判各种忽视工人安全与健康、违章指挥的错误思想与行为。

2. 查制度

查制度就是监督检查各级领导、各个部门、每个职工的安全生产责任制是否健全并严格执行；各项安全制度是否健全并认真执行；安全教育制度是否认真执行，是否做到新工人入厂"三级"教育、特种作业人员定期训练；安全组织机构是否健全，安全员网络是否真正发挥作用；对发生的事故是否认真查明事故原因、教育职工、严肃处理、制定防范措施，做到"四不放过"等。

3. 查管理

查管理就是检查工程的安全生产管理是否有效；企业安全机构的设置是否符合要求；目标管理、全员管理、专管成线、群管成网是否落实；安全管理工作是否做到了制度化、规范化、标准化和经常化。

4. 查纪律

查纪律就是监督检查生产过程中的劳动纪律、工作纪律、操作纪律、工艺纪律和施工纪律。生产岗位上有无迟到早退、脱岗、串岗、打盹睡觉；有无在工作时间干私活，做与生产、工作无关的事；有无在施工中违反规定和禁令的情况，如不办动火票就动火，不经批准乱动土、乱动设备管道，车辆随便进入危险区，施工占用消防通道，乱动消火栓和乱安电源等。

5. 查隐患

查隐患指检查人员深入施工现场，检查作业现场是否符合安全生产、文明生产的要求。如安全通道是否畅通；建筑材料、半成品的存放是否合理；各种安全防护设施是否齐全；要特别注意对一些要害部位和设备的检查，如脚手架、深基坑、塔机、施工电梯、井架等。

6. 查整改

主要检查对过去提出问题的整改情况。如整改是否彻底，安全隐患消除情况，避免再次出现安全隐患的措施，整改项目是否落实到人等。

3.1.4 安全检查的方法

建筑工程安全检查在正确使用安全检查表的基础上，可以采用"听""问""看""量""测""运转试验"等方法进行。

1. "听"

听取基层管理人员或施工现场安全员汇报安全生产情况，介绍现场安全工作经验、存在的问题以及发展方向。

2. "问"

主要是指通过询问、提问，对以项目经理为首的现场管理人员和操作工人进行的应知应会抽查，以便了解现场管理人员和操作工人的安全知识和安全素质。

3. "看"

主要是指查看施工现场安全管理资料和对施工现场进行巡视。例如：查看项目负责人、专职安全管理人员、特种作业人员等的持证上岗情况；现场安全标志设置情况；劳动防护用品使用情况；现场安全防护情况；现场安全设施及机械设备安全装置配置情况等。

4. "量"

主要是指使用测量工具对施工现场的一些设施、装置进行实测实量。例如：对脚手架各种杆件间距的测量；对现场安全防护栏杆高度的测量；对电气开关箱安装高度的测量；对在建工程与外电边线安全距离的测量等。

5. "测"

主要是指使用专用仪器、仪表等监测器具对特定对象关键特性技术参数的测试。例如：使用漏电保护器测试仪对漏电保护器漏电动作电流、漏电动作时间的测试；使用地阻仪对现场各种接地装置接地电阻的测试；使用兆欧表对电机绝缘电阻的测试；使用经纬仪对起重机、外用电梯安装垂直度的测试等。

6. "运转试验"

主要是指由具有专业资格的人员对机械设备进行实际操作、试验，检验其运转的可靠性或安全限位装置的灵敏性。例如：对起重机力矩限制器、变幅限位器、起重限位器等安全装置的试验；对施工电梯制动器、限速器、上下极限限位器、门连锁装置等安全装置的试验；对龙门架超高限位器、断绳保护器等安全装置的试验等。

课题2 安全检查标准

【导入案例】

某市大剧院地基基础工程由某建设工程有限公司承建。该项目的地下室基坑围护设计方案由挡土支撑的钻孔灌注桩和起止作用的水泥旋喷桩组成，其中旋喷桩部分由某地质矿产工程公司直属工程处分包施工。同年12月中旬，负责土建的某建设集团有限公司进行了动力机房基坑开挖，于第二年1月20日发现坑壁局部有水夹粉土渗漏，要求某地质矿产工程公司进场补做，地质矿产工程公司直属工程处副经理兼旋喷桩项目经理胡某带领施工人员进场堵漏抢险。

2月2日上午，胡某在工地指挥普工周某、童某等4人堵漏，中午回公司，下午2时返回工地继续指挥堵漏，晚6时15分，地矿公司普工周某等3人晚饭后下基坑东侧的渗漏点进行堵漏；胡某于晚6时20分左右到基坑观察堵漏情况，当时天已黑，基境内侧仅有中央的碘钨灯照明，堵漏点光线暗淡；胡某站在基坑东南侧的圈梁上向下观察，这时，在基坑堵漏的童某等人只听到背后发出似水泥包掉下坑底的声音，周某迅速赶到出事点，见胡某已倒在基坑底，立即将其送医院抢救，到医院时发现已死亡。

事故原因分析：

（1）死者胡某缺乏安全意识，不戴安全帽，在无护栏的基坑边缘冒险观察、指挥作业。

（2）在相对高差6m深的基坑未按规定设置防护栏及防护网措施。

（3）作业环境不良，基坑边缘泥泞，且有散落水泥块等障碍物；天色已晚，照明度不足。

为了科学地评价建筑施工安全生产情况，提高安全生产工作和文明施工的管理水平，预防伤亡事故的发生，确保职工的安全和健康，实现检查评价工作的标准化、规范化，住建部于2011年发布了《建筑施工安全检查标准》（JGJ 59—2011）（以下简称《标准》）。该标准适用于房屋建筑工程施工现场安全生产的检查评定。

3.2.1 检查分类

《标准》规定：对建筑施工中易发生伤亡事故的主要环节、部位和工艺等的完成情况做安全检查评价时，应采用检查评分表的形式，分为安全管理、文明工地、脚手架、基坑工程、模板支架、高处作业、施工用电、物料提升机与施工升降机、塔式起重机与起重吊装和施工机具共10个分项、19个检查评分表和1张检查评分汇总表。

3.2.2 检查评分表

检查评分表是进行具体分项检查时用以进行评分记录的表格，与汇总表中的10个分项内容相对应，但由于一些分项所对应的检查内容不止一项，所以实际共有19张检查评分表。具体包括：安全管理检查评分表、文明施工检查评分表、扣件式钢管脚手架检查评分表、门式钢管脚手架检查评分表、碗扣式钢管脚手架检查评分表、承插型盘扣式钢管脚手架检查评分表、满堂脚手架检查评分表、悬挑式脚手架检查评分表、附着式升降脚手架检查评分表、高处作业吊篮检查评分表、基坑工程检查评分表、模板支架检查评分表、高处作业检查评分表、施工用电检查评分表、物料提升机检查评分表、施工升降机检查评分表、塔式起重机检查评分表、起重吊装检查评分表和施工机具检查评分表。

检查评分表的结构形式分为两类：

一类是自成体系的，包括安全管理、文明施工、脚手架、基坑工程、模板支架、施工用电、物料提升机与施工升降机、塔式起重机与起重吊装八项检查评分表，设立了保证项目和一般项目，保证项目是检查评定项目中，对施工人员生命、设备设施及环境安全起关键性作用的项目，是安全检查的重点和关键，满分60分，一般项目是指检查评定项目中，除保证项目以外的其他项目，满分40分。

另一类是各检查项目之间无相互联系的逻辑关系，因此没有列出保证项目，如高处作业和施工机具两张检查表。

各分项检查评分表中，满分为100分。表中各检查项目得分应为按规定检查内容所得分数之和。每张表总得分应为各自表内各检查项目实得分数之和。

在检查评分中，遇有多个脚手架、起重机、龙门架与井字架等时，则该项得分应为各单项实得分数的算术平均值。

检查评分不得采用负值。各检查项目所扣分数总和不得超过该项应得分数。

在检查评分中，当保证项目中有一项不得分或保证项目小计得分不足40分时，此检查评分表不应得分，从而突出了对重大安全隐患"一票否决"的原则。

各检查评分表的具体要求如下：

1. 安全管理

详见表3-1。

表3-1　安全管理检查评分表

序号	检查项目		扣分标准	应得分数	扣减分数	实得分数
1	保证项目	安全生产责任制	1. 未建立安全生产责任制，扣10分； 2. 安全生产责任制未经责任人签字确认，扣3分； 3. 未配备各工种安全技术操作规程，扣2~10分； 4. 未按规定配备专职安全员，扣2~10分； 5. 工程项目部承包合同中未明确安全生产考核指标，扣5分； 6. 未制定安全生产资金保障制度，扣5分； 7. 未编制安全资金使用计划及实施，扣2~5分； 8. 未制定伤亡控制、安全达标、文明施工等管理目标，扣5分； 9. 未进行安全责任目标分解，扣5分； 10. 未建立对安全生产责任制和责任目标的考核制度，扣5分； 11. 未按考核制度对管理人员进行定期考核，扣2~5分	10		

序号	检查项目		扣 分 标 准	应得分数	扣减分数	实得分数
2	保证项目	施工组织设计及专项施工方案	1. 施工组织设计中未制定安全技术措施，扣10分； 2. 危险性较大的分部分项工程未编制安全专项施工方案，扣10分； 3. 未按规定对超过一定规模危险性较大的分部分项工程专项施工方案进行专家论证，扣10分； 4. 施工组织设计、专项施工方案未经审批，扣10分； 5. 安全技术措施、专项施工方案无针对性或缺少设计计算，扣2~8分； 6. 未按施工组织设计、专项施工方案组织实施，扣2~10分	10		
3		安全技术交底	1. 未进行书面安全按技术交底，扣10分； 2. 未按分部分项进行交底，扣5分； 3. 交底内容不全面或针对性不强，扣2~5分； 4. 交底未履行签字手续，扣4分	10		
4		安全检查	1. 未建立安全检查制度，扣10分； 2. 未有安全检查记录，扣5分； 3. 事故隐患的整改未做到定人、定时间、定措施，扣2~6分； 4. 对重大事故隐患整改通知书所列项目未按期整改和复查，扣5~10分	10		
5		安全教育	1. 未建立安全教育培训制度，扣10分； 2. 施工人员入场未进行三级安全教育培训和考核，扣5分； 3. 未明确具体安全教育培训内容，扣2~8分； 4. 交换工种或采用新技术、新工艺、新设备、新材料施工时未进行安全教育，扣5分； 5. 施工管理人员、专职安全人员未按规定进行年度教育培训和考核，每人扣2分	10		
6		应急救援	1. 未制定安全生产应急救援预案，扣10分； 2. 未建立应急救援组织或未按规定配备救援人员，扣2~6分； 3. 未定期进行应急救援演练，扣5分； 4. 未配置救援器材和设备，扣5分	10		
小 计				60		
7	一般项目	分包单位安全管理	1. 分包单位资质、资格、分包手续不全或失效，扣10分； 2. 未签订安全生产协议，扣5分； 3. 分包合同、安全生产协议书，签字盖章手续不全，扣2~6分； 4. 分包单位未按规定建立安全机构或未配备专职安全人员，扣2~6分	10		
8		持证上岗	1. 未培训从事施工、安全管理和特种作业，每人扣5分； 2. 项目经埋、专职安全员和特种作业人员未持证上岗，每人扣2分	10		
9		生产安全事故处理	1. 生产安全事故未按规定报告，扣10分； 2. 生产安全事故未按规定调查分析、制定防范措施，扣10分； 3. 未依法为施工人员办理保险，扣5分	10		

（续）

序号	检查项目		扣分标准	应得分数	扣减分数	实得分数
10	一般项目	安全标志	1. 主要施工区域、危险部位未按规定悬挂安全标志，扣2~6分； 2. 未绘制现场安全标志布置图，扣3分； 3. 未按部位和现场设施的变化调整安全标志设置，扣2~6分； 4. 未设置重大危险源公示牌，扣5分	10		
			小　计	40		
			检查项目合计	100		

2. 文明施工

文明施工检查评定应符合现行国家标准《建设工程施工现场消防安全技术规范》（GB 50720—2011）和现行行业标准《建筑施工现场环境与卫生标准》（JGJ 146—2013）、《施工现场临时建筑物技术规范》（JGJ/T 188—2009）的规定，详见表3-2。

表3-2　文明施工检查评分表

序号	检查项目		扣分标准	应得分数	扣减分数	实得分数
1		现场围挡	1. 市区主要路段的工地未设置封闭围挡或围挡高度小于2.5m，扣5~10分； 2. 一般路段的工地未设置封闭围挡或围挡高度小于1.8m，扣5~10分； 3. 围挡未达到坚固、稳定、整洁、美观，扣5~10分	10		
2		封闭管理	1. 施工现场进出口未设置大门，扣10分； 2. 未设置门卫室，扣5分； 3. 未建立门卫值守制度或未配备门卫值守人员，扣2~6分； 4. 施工人员进入施工现场未佩戴工作卡，扣2分； 5. 施工现场出入口未标有企业名称或标识，扣2分； 6. 未设置车辆冲洗设施，扣3分	10		
3	保证项目	施工场地	1. 施工现场主要道路及材料加工区地面未进行硬化处理，扣5分； 2. 施工现场道路不畅通、路面不平整坚实，扣5分； 3. 施工现场未采取防尘措施，扣5分； 4. 施工现场未设置排水设施或排水不畅通、有积水，扣5分； 5. 未采取防止泥浆、污水、废水污染环境措施，扣2~10分； 6. 未设置吸烟处、随意吸烟，扣5分； 7. 温暖季节未进行绿化布置，扣3分	10		
4		材料管理	1. 建筑材料、构件、料具未按总平面布局码放，扣4分； 2. 材料码放不整齐、未标明名称及规格，扣2分； 3. 施工现场材料存放未采取防火、防锈蚀、防雨措施，扣3~10分； 4. 建筑物内施工垃圾的清运未使用器具或管道运输，扣5分； 5. 易燃易爆物品未分类储藏在专用库房、未采取防火措施，扣5~10分	10		

序号	检查项目		扣 分 标 准	应得分数	扣减分数	实得分数
5	保证项目	现场办公与宿舍	1. 施工作业区、材料存放区与办公、生活区未采取隔离措施，扣6分； 2. 宿舍、办公用房防火等级不符合有关消防安全技术规范要求，扣10分； 3. 在建工程、伙房、库房兼做住宿，扣10分； 4. 宿舍未设置可开启式窗户，扣4分； 5. 宿舍未设置床铺、床铺超过2层或通道宽度小于0.9m，扣2~6分； 6. 宿舍人均面积或人员数量不符合规范要求，扣5分； 7. 冬季宿舍内未采取采暖和防一氧化碳中毒措施，扣5分； 8. 夏季宿舍内未采取防暑降温和防蚊蝇措施，扣5分； 9. 生活用品摆放混乱、环境卫生不符合要求，扣3分	10		
6		现场防火	1. 施工现场未制定消防安全管理制度、消防措施，扣10分； 2. 施工现场的临时使用房和作业场所的防火设计不符合规范要求，扣10分； 3. 施工现场消防通道、消防水源的设置不符合规范要求，扣5~10分； 4. 施工现场灭火器材布局、配置不合理或灭火器材失效，扣5分； 5. 未办理动火审批手续或未指定动火监护人员，扣5~10分	10		
		小　　计		60		
7	一般项目	综合治理	1. 生活区未设置供作业人员学习和娱乐场所，扣2分； 2. 施工现场未建立治安保卫制度或责任未分解到人，扣3~5分； 3. 施工现场未制定治安防范措施，扣5分	10		
8		公示标牌	1. 大门口外设置的公示牌内容不齐全，扣2~8分； 2. 标牌不规范、不整齐，扣3分； 3. 未设置宣传栏、读报栏、黑板报，扣2~4分； 4. 未设置安全标语，扣3分	10		
9		生活设施	1. 未建立卫生责任制度，扣5分； 2. 食堂与厕所、垃圾站、有毒有害场所的距离不符合规范要求，扣2~6分； 3. 食堂未办理卫生许可证或未办理炊事人员健康证，扣5分； 4. 食堂使用的燃气罐未单独设置存放间或存放间通风条件不良，扣2~4分； 5. 食堂未配备排风、冷藏、消毒、防鼠、防蚊蝇等设施，扣4分； 6. 厕所内的设施数量和布局不符合规范要求，扣2~6分； 7. 厕所卫生未达到规定要求，扣4分； 8. 不能保证现场人员卫生饮水，扣5分； 9. 未设置淋浴室或淋浴室不能满足现场人员需求，扣4分； 10. 生活垃圾未装容器或未及时清理，扣3~5分	10		
10		社区服务	1. 夜间未经许可施工，扣8分； 2. 施工现场焚烧各类废物，扣8分； 3. 施工现场未制定防粉尘、防噪声、防光污染等措施，扣5分； 4. 未制定施工不扰民措施，扣5分	10		
		小　　计		40		
		检查项目合计		100		

3. 扣件式钢管脚手架

扣件式钢管脚手架检查评定应符合现行行业标准《建筑施工扣件式钢管脚手架安全技术规范》（JGJ 130—2011）的规定，详见表3-3。

表3-3 扣件式钢管脚手架检查评分表

序号	检查项目		扣分标准	应得分数	扣减分数	实得分数
1	保证项目	施工方案	1. 架体搭设未编制专项施工方案或未按规定审核、审批，扣10分； 2. 架体结构设计未进行设计计算，扣10分； 3. 架体搭设超过规范允许高度，专项施工方案未按规定组织专家论证，扣10分	10		
2		立杆基础	1. 立杆基础不平、不实、不符合专项施工方案要求，扣5~10分； 2. 立杆底部缺少底座、垫板或垫板的规格不符合规范要求，每处扣2~5分； 3. 未按规范要求设置纵、横向扫地杆，扣5~10分； 4. 扫地杆的设置和固定不符合规范要求，扣5分； 5. 未采取排水措施，扣8分	10		
3		架体与建筑结构拉结	1. 架体与建筑结构拉结方式或间距不符合规范要求，每处扣2分； 2. 架体底层第一步纵向水平杆处未按规定设置连墙件或未采用其他可靠措施固定，每处扣2分； 3. 搭设高度超过24m的双排脚手架，未采用刚性连墙件与建筑构件可靠连接，扣10分	10		
4		杆件间距与剪刀撑	1. 立杆、纵向水平杆、横向水平杆间距超过设计或规范要求，每处扣2分； 2. 未按规定设置纵向剪刀撑或横向斜撑，每处扣5分； 3. 剪刀撑未沿脚手架高度连续设置或角度不符合规范要求，扣5分； 4. 剪刀撑斜杆的接长或剪刀撑斜杆与架体杆件固定不符合规范要求，每处扣2分	10		
5		脚手板与防护栏杆	1. 脚手板未满铺或铺设不牢、不稳，扣5~10分； 2. 脚手板规格或材质不符合规范要求，扣5~10分； 3. 每有一处探头板，扣2分； 4. 架体外侧未设置密目式安全网封闭或网间连接不严，扣5~10分； 5. 作业层防护栏不符合规范要求，扣5分； 6. 作业层未设置高度不小于180mm的挡脚板，扣3分	10		
6		交底与验收	1. 架体搭设前未进行交底或交底未有文字记录，扣5~10分； 2. 架体分段搭设、分段使用未进行分段验收，扣5分； 3. 架体搭设完毕未办理验收手续，扣10分； 4. 验收内容未进行量化，或未经责任人签字确认，扣5分	10		
	小 计			60		
7	一般项目	横向水平杆设置	1. 未在立杆与纵向水平杆交点处设置横向水平杆，每处扣2分； 2. 未按脚手板铺设的需要增加设置横向水平杆，每处扣2分； 3. 双排脚手架横向水平杆只固定一端，每处扣2分； 4. 单排脚手架横向水平杆插入墙内小于180mm，每处扣2分	5		

（续）

序号	检查项目		扣分标准	应得分数	扣减分数	实得分数
8		杆件连接	1. 纵向水平杆搭接长度小于1m或固定不符合要求，每处扣2分； 2. 立杆除顶层顶步外采用搭接，每处扣4分； 3. 扣件紧固力矩小于40N·m或大于65N·m，每处扣2分	10		
9	一般项目	层间防护	1. 作业层脚手板下未采用安全网兜底或作业层以下每隔10m未采用安全平网封闭，扣5分； 2. 作业层与建筑物之间未按规定进行封闭，扣5分	10		
10		构配件材质	1. 钢管直径、壁厚、材质不符合要求，扣5~10分； 2. 钢管弯曲、变形、锈蚀严重，扣10分； 3. 扣件未进行复试或技术性能不符合标准，扣5分	10		
11		通道	1. 未设置人员上下专用通道，扣5分； 2. 通道设置不符合要求，扣2分	5		
			小　计	40		
			检查项目合计	100		

4. 门式钢管脚手架

门式钢管脚手架检查评定应符合现行行业标准《建筑施工门式钢管脚手架安全技术规范》（JGJ 128—2010）的规定，详见表3-4。

表3-4　门式钢管脚手架检查评分表

序号	检查项目		扣分标准	应得分数	扣减分数	实得分数
1		施工方案	1. 未编制专项施工方案或未进行设计计算，扣10分； 2. 专项施工方案未按规定审核、审批，扣10分； 3. 架体搭设超过规范允许高度，专项施工方案未组织专家论证，扣10分	10		
2	保证项目	架体基础	1. 架体基础不平、不实，不符合专项施工方案要求，扣5~10分； 2. 架体底部未设置垫板或垫板的规格不符合要求，扣2~5分； 3. 架体底部未按规范要求设置底座，每处扣2分； 4. 架体底部未按规范要求设置扫地杆，扣5分； 5. 未采取排水措施，扣8分	10		
3		架体稳定	1. 架体与建筑物结构拉结方式或间距不符合规范要求，每处扣2分； 2. 未按规范要求设置剪刀撑，扣10分； 3. 门架立杆垂直偏差超过规范要求，扣5分； 4. 交叉支撑的设置不符合规范要求，每处扣2分	10		
4		杆件锁臂	1. 未按规定组装或漏装杆件、锁臂，扣2~6分； 2. 未按规范要求设置纵向水平加固杆，扣10分； 3. 扣件与连接的杆件参数不匹配，每处扣2分	10		

47

（续）

序号	检查项目		扣分标准	应得分数	扣减分数	实得分数
5	保证项目	脚手板	1. 脚手板未满铺或铺设不牢、不稳，扣5～10分； 2. 脚手板规格或材质不符合要求，扣5～10分； 3. 采用挂扣式钢脚手板时挂钩未挂扣在横向水平杆上或挂钩未处于锁住状态，每处扣2分	10		
6		交底与验收	1. 脚手架搭设前未进行交底或交底未有文字记录，扣5～10分； 2. 脚手架分段搭设、分段使用未办理分段验收，扣6分； 3. 架体搭设完毕未办理验收手续，扣10分； 4. 验收内容未进行量化，或未经责任人签字确认，扣5分	10		
			小　　计	60		
7	一般项目	架体防护	1. 作业层防护栏杆不符合规范要求，扣5分； 2. 作业层未设置高度不小于180mm的挡脚板，扣3分； 3. 脚手架外侧未设置密目式安全网封闭或网间连接不严，扣5～10分； 4. 作业层脚手板下未采用安全平网兜底或作业层以下每隔10m未采用安全平网封闭，扣5分	10		
8		构配件材质	1. 杆件变形、锈蚀严重，扣10分； 2. 门架局部开焊，扣10分； 3. 构配件的规格、型号、材质或产品质量不符合规范要求，扣5～10分	10		
9		荷载	1. 施工荷载超过设计规定，扣10分； 2. 荷载堆放不均匀，每处扣5分	10		
10		通道	1. 未设置人员上下专用通道，扣10分； 2. 通道设置不符合要求，扣5分	10		
			小　　计	40		
			检查项目合计	100		

5. 碗扣式钢管脚手架

碗扣式钢管脚手架检查评定应符合现行行业标准《建筑施工碗扣式钢管脚手架安全技术规范》（JGJ 166—2016）的规定，详见表3-5。

表3-5　碗扣式钢管脚手架查评分表

序号	检查项目		扣分标准	应得分数	扣减分数	实得分数
1	保证项目	施工方案	1. 未编制专项施工方案或未进行设计计算，扣10分； 2. 专项施工方案未按规定审核、审批，扣10分； 3. 架体搭设超过规范允许高度，专项施工方案未组织专家论证，扣10分	10		
2		架体基础	1. 基础不平、不实，不符合专项施工方案要求，扣5～10分； 2. 架体底部未设置垫板或垫板的规格不符合要求，扣2～5分； 3. 架体底部未按规范要求设置底座，每处扣2分； 4. 架体底部未按规范要求设置扫地杆，扣5分； 5. 未采取排水措施，扣8分	10		

序号	检查项目		扣分标准	应得分数	扣减分数	实得分数
3	保证项目	架体稳定	1. 架体与建筑结构未按规范要求拉结，每处扣2分； 2. 架体底层第一步水平杆处未按规范要求设置连墙件或未采用其他可靠措施固定，每处扣2分； 3. 连墙件未采用刚性杆件，扣10分； 4. 未按规范要求设置竖向专用斜杆或八字形斜撑，扣5分； 5. 竖向专用斜杆两端未固定在纵、横向水平杆与立杆汇交的碗扣节点处，每处扣2分； 6. 竖向专用斜杆或八字形斜撑未沿脚手架高度连续设置或角度不符合要求，扣5分	10		
4		杆件锁件	1. 立杆间距、水平杆步距超过设计或规范要求，每处扣2分； 2. 未按专项施工方案设计的步距在立杆连接碗扣节点处设置纵、横向水平杆，每处扣2分； 3. 架体搭设高度超过24m时，顶部24m以下的连墙件层未按规定设置水平斜杆，扣10分； 4. 架体组装不牢或上碗扣紧固不符合要求，每处扣2分	10		
5		脚手板	1. 脚手板未铺满或铺设不牢、不稳，扣5~10分； 2. 脚手板规格或材质不符合要求，扣5~10分； 3. 采用挂扣式钢脚手板时挂钩扣在横向水平杆上或挂钩未处于锁住状态，每处扣2分	10		
6		交底与验收	1. 架体搭设前未进行交底或交底未有文字记录，扣5~10分； 2. 架体分段搭设、分段使用未进行分段验收，扣5分； 3. 架体搭设完毕未办理验收手续，扣10分； 4. 验收内容未进行量化，或未经责任人签字确认，扣5分	10		
	小　计			60		
7	一般项目	架体防护	1. 架体外侧未采用密目式安全网封闭或网间连接不严，扣5~10分； 2. 作业层防护栏杆不符合规范要求，扣5分； 3. 作业层外侧未设置高度不小于180mm的挡脚板，扣3分； 4. 作业层脚手板下未采用安全平网兜底或作业层以下每隔10m未采用安全平网封闭，扣5分	10		
8		构配件材质	1. 杆件弯曲、变形、锈蚀严重，扣10分； 2. 钢管、构配件的规格、型号、材质或产品质量不符合规范要求，扣5~10分	10		
9		荷载	1. 施工荷载超过设计规定，扣10分； 2. 荷载堆放不均匀，每处扣5分	10		
10		通道	1. 未设置人员上下专用通道，扣10分； 2. 通道设置不符合要求，扣5分	10		
	小　计			40		
	检查项目合计			100		

6. 承插型盘扣式钢管脚手架

承插型盘扣式钢管脚手架检查评定应符合现行行业标准《建筑施工承插型盘扣式钢管支架安全技术规范》（JGJ 231—2010）的规定，详见表3-6。

表3-6　承插型盘扣式钢管脚手架检查评分表

序号	检查项目		扣分标准	应得分数	扣减分数	实得分数
1	保证项目	施工方案	1. 未编制专项施工方案或未进行设计计算，扣10分； 2. 专项施工方案未按规定审核、审批，扣10分	10		
2		架体基础	1. 架体基础不平、不实、不符合专项施工方案要求，5～10分； 2. 架体立杆底部缺少垫板或垫板的规格不符合规范要求，每处扣2分； 3. 架体立杆底部未按要求设置底座，每处扣2分； 4. 未按规范要求设置纵、横向扫地杆，扣5～10分； 5. 未采取排水措施，扣8分	10		
3		架体稳定	1. 架体与建筑结构未按规范要求拉结，每处扣2分； 2. 架体底层第一步水平杆处未按规范要求设置连墙件或未采用其他可靠措施固定，每处扣2分； 3. 连墙件未采用刚性杆件，扣10分； 4. 未按规范要求设置竖向斜杆或剪刀撑，扣5分； 5. 竖向斜杆两端未固定在纵、横向水平杆与立杆汇交的盘扣节点处，每处扣2分； 6. 斜杆或剪刀撑未沿脚手架高度连续设置或角度不符合45°～60°的要求，扣5分	10		
4		杆件设置	1. 架体立杆间距、水平杆步距超过设计或规范要求，每处扣2分； 2. 未按专项施工方案设计的步距在立杆连接盘处设置纵、横向水平杆，每处扣2分； 3. 双排脚手架的每步水平杆层，当无挂扣钢脚手板时未按规范要求设置水平斜杆，扣5～10分	10		
5		脚手板	1. 脚手架不满铺或铺设不牢、不稳，扣5～10分； 2. 脚手板规格或材质不符合要求，扣5～10分； 3. 采用挂扣式钢脚手板时挂钩未挂扣在水平杆上或挂钩未处于锁住状态，每处扣2分	10		
6		交底与验收	1. 脚手架搭设前未进行交底或交底未有文字记录，扣5～10分； 2. 脚手架分段搭设、分段使用未进行分段验收，扣5分； 3. 架体搭设完毕未办理验收手续，扣10分； 4. 验收内容未进行量化，或未经责任人签字确认，扣5分	10		
			小　计	60		
7	一般项目	架体防护	1. 架体外侧未采用密目式安全网封闭或网间连接不严，扣5～10分； 2. 作业层防护栏杆不符合规范要求，扣5分； 3. 作业层外侧未设置高度不小于180mm的挡脚板，扣3分； 4. 作业层脚手板下未采用安全平网兜底或作业层以下每隔10m未采用安全平面网封闭，扣5分	10		

序号	检查项目		扣 分 标 准	应得分数	扣减分数	实得分数
8	一般项目	杆件连接	1. 立杆竖向接长位置不符合要求，每处扣 2 分； 2. 剪刀撑的斜杆接长不符合要求，扣 8 分	10		
9		构配件材质	1. 钢管、构配件的规格、型号、材质或产品质量不符合规范要求，扣 5 分； 2. 钢管弯曲、变形、锈蚀严重，扣 10 分	10		
10		通道	1. 未设置人员上下专用通道，扣 10 分； 2. 通道设置不符合要求，扣 5 分	10		
			小　计	40		
			检查项目合计	100		

7. 满堂脚手架

满堂脚手架检查评定应符合现行行业标准《建筑施工扣件式钢管脚手架安全技术规范》（JGJ 130—2011）、《建筑施工门式钢管脚手架安全技术规范》（JGJ 128—2010）、《建筑施工碗扣式钢管脚手架安全技术规范》（JGJ 166—2016）和《建筑施工承插型盘扣式钢管支架安全技术规范》（JGJ 231—2010）的规定，详见表 3-7。

表 3-7　满堂脚手架检查评分表

序号	检查项目		扣 分 标 准	应得分数	扣减分数	实得分数
1	保证项目	施工方案	1. 未编制专项施工方案或未进行设计计算，扣 10 分； 2. 专项施工方案未按规定审核、审批，扣 10 分	10		
2		架体基础	1. 架体基础不平、不实、不符合专项施工方案要求，扣 5~10 分； 2. 架体底部未设置垫板或垫板的规格不符合规范要求，每处扣 2~5 分； 3. 架体底部未按规范要求设置底座，每处扣 2 分； 4. 架体底部未按规范要求设置扫地杆，扣 5 分； 5. 未采取排水措施，扣 8 分	10		
3		架体稳定	1. 架体四周与中间未按规范要求设置竖向剪刀撑或专用斜杆，扣 10 分； 2. 未按规范要求设置水平剪刀撑或专用水平斜杆，扣 10 分； 3. 架体高宽比超过规范要求时未采取与结构拉结或其他可靠的稳定措施，扣 10 分	10		
4		杆件锁件	1. 架体立杆间距、水平杆步距超过设计和规范要求，每处扣 2 分； 2. 杆件接长不符合要求，每处扣 2 分； 3. 架体搭设不牢或杆件结点紧固不符合要求，每处扣 2 分	10		
5		脚手板	1. 脚手板不满铺或铺设不牢、不稳，扣 5~10 分； 2. 脚手板规格或材质不符合要求，扣 5~10 分； 3. 采用挂扣式钢脚手板时挂钩未挂扣在水平杆上或挂钩未处于锁住状态，每处扣 2 分	10		

（续）

序号	检查项目		扣分标准	应得分数	扣减分数	实得分数
6	保证项目	交底与验收	1. 架体搭设前未进行交底或交底未有文字记录，扣 5 ~ 10 分； 2. 架体分段搭设、分段使用未进行分段验收，扣 5 分； 3. 架体搭设完毕未办理验收手续，扣 10 分； 4. 验收内容未进行量化，或未经责任人签字确认，扣 5 分	10		
		小　计		60		
7	一般项目	架体防护	1. 作业层防护栏杆不符合规范要求，扣 5 分； 2. 作业层外侧未设置高度不小于 180mm 挡脚板，扣 3 分； 3. 作业层脚手板下未采用安全平网兜底或作业层以下每隔 10m 未采用安全平网封闭，扣 5 分	10		
8		构配件材质	1. 钢管、构配件的规格、型号、材质或产品质量不符合规范要求，扣 5 ~ 10 分； 2. 杆件弯曲、变形、锈蚀严重，扣 10 分	10		
9		荷载	1. 架体的施工荷载超过设计和规范要求，扣 10 分； 2. 荷载堆放不均匀，每处扣 5 分	10		
10		通道	1. 未设置人员上下专用通道，扣 10 分； 2. 通道设置不符合要求，扣 5 分	10		
		小　计		40		
		检查项目合计		100		

8. 悬挑式脚手架

悬挑式脚手架检查评定应符合现行行业标准《建筑施工扣件式钢管脚手架安全技术规范》（JGJ 130—2011）、《建筑施工门式钢管脚手架安全技术规范》（JGJ 128—2010）、《建筑施工碗扣式钢管脚手架安全技术规范》（JGJ 166—2016）和《建筑施工承插型盘扣式钢管支架安全技术规范》（JGJ 231—2010）的规定，详见表 3-8。

表 3-8　悬挑式脚手架检查评分表

序号	检查项目		扣分标准	应得分数	扣减分数	实得分数
1	保证项目	施工方案	1. 未编制专项施工方案或未进行设计计算，扣 10 分； 2. 专项施工方案未按规定审核、审批，扣 10 分； 3. 架体搭设超过规范允许高度，专项施工方案未按规定组织专家论证，扣 10 分	10		
2		悬挑钢梁	1. 钢梁截面高度未按设计确定或截面形式不符合设计和规范要求，扣 10 分； 2. 钢梁固定段长度小于悬挑段长度的 1.25 倍，扣 5 分； 3. 钢梁外端未设置钢丝绳或钢拉杆与上一层建筑结构拉结，每处扣 2 分； 4. 钢梁与建筑结构锚固措施不符合设计和规范要求，每处扣 5 分； 5. 钢梁间距未按悬挑架体立杆纵距设置，扣 5 分	10		

序号	检查项目		扣分标准	应得分数	扣减分数	实得分数
3	保证项目	架体稳定	1. 立杆底部与悬挑钢梁连接处未采取可靠固定措施，每处扣2分； 2. 承插式立杆接长未采取螺栓或销钉固定，每处扣2分； 3. 纵横向扫地杆的设置不符合规范要求，扣5~10分； 4. 未在架体外侧设置连续式剪刀撑，扣10分； 5. 未按规定设置横向斜撑； 6. 架体未按规定与建筑结构拉结，每处扣5分	10		
4		脚手板	1. 脚手板规格、材质不符合要求，扣5~10分； 2. 脚手板未满铺或铺设不严、不牢、不稳，扣5~10分； 3. 每有一处探头板，扣2分	10		
5		荷载	1. 脚手架施工荷载超过设计规定，扣10分； 2. 施工荷载堆放不均匀，每处扣5分	10		
6		交底与验收	1. 架体搭设前未进行交底或交底未有文字记录，扣5~10分； 2. 架体分段搭设、分段使用未进性分段验收，扣6分； 3. 架体搭设完毕未办理验收手续，扣10分； 4. 验收内容未进行量化，或未经责任人签字确认，扣5分	10		
	小　计			60		
7	一般项目	杆件间距	1. 立杆间距、纵向水平杆步距超过设计或规范要求，每处扣2分； 2. 未在立杆与纵向水平杆交点处设置横向水平杆，每处扣2分； 3. 未按脚手板铺设的需求增加设置横向水平杆，每处扣2分	10		
8		架体防护	1. 作业层防护栏杆不符合规范要求，扣5分； 2. 作业层架体外侧未设置高度不小于180mm挡脚板，扣3分； 3. 架体外侧未采用密目式安全网封闭或网间不严，扣5~10分	10		
9		层间防护	1. 作业层脚手板下未采用安全平网兜底或作业层以下每隔10m未采用安全平网封闭，扣5分； 2. 作业层与建筑物之间未经行封闭，扣5分； 3. 架体底层沿建筑结构边缘，悬挑钢梁与悬挑钢梁之间未采取封闭措施或封闭不严，扣2~8分； 4. 架体底层未进行封闭或封闭不严，扣10分	10		
10		构配件材质	1. 型钢、钢管、构配件规格及材质不符合规范要求，扣5~10分； 2. 型钢、钢管、构配件弯曲、变形、锈蚀严重，扣10分	10		
	小　计			40		
	检查项目合计			100		

9. 附着式升降脚手架

附着式升降脚手架检查评定应符合现行行业标准《建筑施工工具式脚手架安全技术规范》（JGJ 202—2010）的规定，详见表3-9。

表3-9　附着式升降脚手架检查评分表

序号	检查项目		扣分标准	应得分数	扣减分数	实得分数
1	保证项目	施工方案	1. 未编制专项施工方案或未进行设计计算，扣10分； 2. 专项施工方案未按规定审核、审批，扣10分； 3. 脚手架提升超过规定允许高度，专项施工方案未按规定组织专家论证，扣10分	10		
2		安全装置	1. 未采用防坠落装置或技术性能不符合规范要求，扣10分； 2. 防坠落装置与升降设备未分别独立固定在建筑结构上，扣10分； 3. 防坠落装置未设置在竖向主框架处并与建筑结构附着，扣10分； 4. 未安装防倾覆装置或防倾覆装置不符合规范要求，扣5～10分； 5. 升降或使用工况，最上和最下两个防倾装置之间的最小间距不符合规范要求，扣10分； 6. 未安装同步控制装置或技术性能不符合规范要求，扣10分	10		
3		架体构造	1. 架体高度大于5倍楼层高，扣10分； 2. 架体宽度大于1.2m，扣5分； 3. 直线布置的架体支撑跨度大于7m或折线、曲线布置的架体支撑跨度的架体外侧距离大于5.4m，扣5分； 4. 架体的水平悬挑长度大于2m或大于跨度1/2，扣10分； 5. 架体悬臂高度大于架体高度2/5或大于6m，扣10分； 6. 架体全高或支撑跨度的乘积大于110m^2，扣10分	10		
4		附着支座	1. 未按竖向主框架所覆盖的每个楼层设置一道附着支架，扣10分； 2. 使用工况未将竖向主框架与附着支座固定，扣10分； 3. 升降工况未将防倾、导向装置设置在附着支座上，扣10分； 4. 附着支座与建筑结构连接固定方式不符合规范要求，扣10分	10		
5		架体安装	1. 主框架及水平支承桁架的节点未采用焊接、螺栓连接或各杆件轴线未交汇于节点，扣10分； 2. 水平支承桁架的上弦及下弦之间设置的水平支撑杆件未采用焊接或螺栓连接，扣5分； 3. 架体立杆底端未设置在水平支承桁架上弦杆件节点处，扣10分； 4. 竖向主框架组装高度低于架体高度，扣5分； 5. 架体外立面设置的连续式剪刀撑未将竖向主框架、水平支承桁架和架体构架连成一体，扣8分	10		
6		架体升降	1. 两跨及以上架体升降采用手动升降设备，扣10分； 2. 升降工况附着支座与建筑结构连接处混凝土强度未达到设计和规范要求，扣10分； 3. 升降工况架体上有施工荷载或有人员停留，扣10分	10		
小　　计				60		

序号	检查项目		扣分标准	应得分数	扣减分数	实得分数
7	一般项目	检查验收	1. 主要构配件进场未进行验收，扣6分； 2. 分区段安装、分区段使用未进行分区段验收，扣8分； 3. 架体搭设完毕未办理验收手续，扣10分； 4. 验收内容未进行量化，或未经负责人签字确认，扣5分； 5. 架体提升前未有检查记录，扣6分； 6. 架体提升后、使用前未履行验收手续或资料不全，扣2~8分	10		
8		脚手板	1. 脚手板未满铺或铺设不严、不牢，扣3~5分； 2. 作业层与建筑结构之间空隙封闭不严，扣3~5分； 3. 脚手板规格、材质不符合要求，扣5~10分	10		
9		架体防护	1. 脚手架外侧未采用密目式安全网封闭或网间连接不严，扣5~10分； 2. 作业层防护栏杆不符合规范要求，扣5分； 3. 作业层未设置高度不小于180mm的挡脚板，扣3分	10		
10		安全作业	1. 操作前未向有关技术人员和作业人员进行安全技术交底或交底未有文字记录，扣5~10分； 2. 作业人员未经培训或未定岗定责，扣5~10分； 3. 安装拆除单位资质不符合要求或特种作业人员未持证上岗，扣5~10分； 4. 安装、升降、拆除时未设置安全警戒区及专人监护，扣10分； 5. 荷载不均匀或超载，扣5~10分	10		
		小　计		40		
		检查项目合计		100		

10. 高处作业吊篮

高处作业吊篮检查评定应符合现行行业标准《建筑施工工具式脚手架安全技术规范》（JGJ 202—2010）的规定，详见表3-10。

表3-10　高处作业吊篮检查评分表

序号	检查项目		扣分标准	应得分数	扣减分数	实得分数
1	保证项目	施工方案	1. 未编制专项施工该方案或未对吊篮支架支撑处结构的承载力进行验算，扣10分； 2. 专项施工方案未按规定审核、审批，扣10分	10		
2		安全装置	1. 未安装防坠安全锁或安全锁失灵，扣10分； 2. 防坠安全锁超过标定期限仍在使用，扣10分； 3. 未设置挂设安全带专用安全绳及安全锁扣或安全绳未固定在建筑物可靠位置，扣10分； 4. 吊篮未安装上限位装置或限位装置失灵，扣10分	10		

（续）

序号	检查项目		扣分标准	应得分数	扣减分数	实得分数
3	保证项目	悬挂机构	1. 悬挂机构前支架支撑在建筑物女儿墙上或挑檐边缘，扣10分； 2. 前梁外伸长度不符合产品说明书规定，扣10分； 3. 前支架与支撑面不垂直或脚轮受力，扣10分； 4. 上支架未固定在前支架调节杆与悬挑梁连接的节点处，扣5分； 5. 使用破损的配重块或采用其他替代物，扣10分； 6. 配重块未固定或重量不符合设计规定，扣10分	10		
4		钢丝绳	1. 钢丝绳有断丝、松股、硬弯、锈蚀或有油污附着物，扣10分； 2. 安全钢丝绳规格、型号与工作钢丝绳不相同或未独立悬挂，扣10分； 3. 安全钢丝绳不悬垂，扣10分； 4. 电焊作业时未对钢丝绳采取保护措施，扣5~10分	10		
5		安装作业	1. 吊篮平台组装长度不符合产品说明书和规范要求，扣10分； 2. 吊篮组装的构配件不是同一生产厂家的产品，扣5~10分	10		
6		升降作业	1. 操作升降人员未经培训合格，扣10分； 2. 吊篮内作业人员数量超过2人，扣10分； 3. 吊篮内作业人员未将安全带用安全锁扣挂置在独立设置的专用安全绳上，扣10分； 4. 作业人员未从地面进出吊篮，扣5分	10		
			小　计	60		
7	一般项目	交底与验收	1. 未履行验收程序，验收表未经责任人签字确认，扣5~10分； 2. 验收内容未进行量化，扣5分； 3. 每天班前班后未进行检查，扣5分； 4. 吊篮安装使用前未进行交底或交底未留有文字记录，扣5~10分	10		
8		安全防护	1. 吊篮平台周边的防护栏杆或挡脚板的设置不符合规范要求，扣5~10分； 2. 多层或立体交叉作业未设置防护顶板，扣8分	10		
9		吊篮稳定	1. 吊篮作业未采取防摆动措施，扣5分； 2. 吊篮钢丝绳不垂直或吊篮距建筑物空隙过大，扣5分	10		
10		荷载	1. 施工荷载超过设计规定，扣10分； 2. 荷载堆放不均匀，扣5分	10		
			小　计	40		
			检查项目合计	100		

11. 基坑工程

基坑工程安全检查评定应符合现行国家标准《建筑基坑工程监测技术规范》（GB 50497—2009）及现行行业标准《建筑基坑支护技术规程》（JGJ 120—2012）和《建筑施工土石方工程安全技术规范》（JGJ 180—2009）的规定，详见表3-11。

表 3-11 基坑工程检查评分表

序号	检查项目		扣分标准	应得分数	扣减分数	实得分数
1	保证项目	施工方案	1. 基坑工程未编制专项施工方案，扣10分； 2. 专项施工方案未按规定审核、审批，扣10分； 3. 超过一定规模条件的基坑工程专项施工方案未按规定组织专家论证，扣10分； 4. 基坑周边环境或施工条件发生变化，专项施工方案未重新进行审核、审批，扣10分	10		
2		基坑支护	1. 人工开挖的狭窄基槽，开挖深度较大或存在边坡塌方危险未采取支护措施，扣10分； 2. 自然放坡的坡率不符合专项施工方案和规范要求，扣10分； 3. 基坑支护结构不符合设计要求，扣10分； 4. 支护结构水平位移达到设计报警值未采取有效控制措施，扣10分	10		
3		降排水	1. 基坑开挖深度范围内有地下水未采取有效的降排水措施，扣10分； 2. 基坑边沿周围地面未设排水沟或排水沟设置不符合规范要求，扣5分； 3. 放坡开挖对坡顶、坡面、坡脚未采取降排水措施，扣5~10分； 4. 基坑底四周未设排水沟和集水井或排除积水不及时，扣5~8分	10		
4		基坑开挖	1. 支护结构未达到设计要求的强度提前开挖下层土方，扣10分； 2. 未按设计和施工方案的要求分层、分段开挖或开挖不均衡，扣10分； 3. 基坑开挖过程中未采取防止碰撞支护结构或工程桩的有效措施，扣10分； 4. 机械在软土场地作业，未采取铺设渣土、砂石等硬化措施，扣10分	10		
5		坑边荷载	1. 基坑边堆置土、料具等荷载超过基坑支护设计允许要求，扣10分； 2. 施工机械与基坑边沿的安全距离不符合设计要求，扣10分	10		
6		安全防护	1. 开挖深度2m及以上的基坑周边未按规范要求设置防护栏杆或栏杆内设置不符合规范要求，扣5~10分； 2. 基坑内未设置供施工人员上下的专用梯道或梯道设置不符合规范要求，扣5~10分； 3. 降水井口未设置防护盖板或围栏，扣10分	10		
小　计				60		
7	一般项目	基坑监测	1. 未按要求进行基坑工程监测，扣10分； 2. 基坑监测项目不符合设计和规范要求，扣5~10分； 3. 监测的时间间隔不符合监测方案要求或监测结果变化速率较大未加密观测次数，扣5~8分； 4. 未按设计要求提交监测报告或监测报告内容不完整，扣5~8分	10		
8		支撑拆除	1. 基坑支撑结构的拆除方式、拆除顺序不符合专项施工方案要求，扣5~10分； 2. 机械拆除作业时，施工荷载大于支撑结构承载能力，扣10分； 3. 人工拆除作业时，未按规定设置防护设施，扣8分； 4. 采用非常规拆除方式不符合国家现行相关规范要求，扣10分	10		

（续）

序号	检查项目		扣分标准	应得分数	扣减分数	实得分数
9	一般项目	作业环境	1. 基坑内土方机械、施工人员的安全距离不符合规范要求，扣10分； 2. 上下垂直作业未采取防护措施，扣5分； 3. 在各种管线范围内挖土作业未设专人监护，扣5分； 4. 作业区光线不良，扣5分	10		
10		应急预案	1. 未按要求编制基坑工程应急预案或应急预案内容不完整，扣5～10分； 2. 应急组织机构不健全或应急物资、材料、工具、机具储备不符合应急预案要求，扣2～6分	10		
			小　计	40		
			检查项目合计	100		

12. 模板支架

模板支架安全检查评定应符合现行行业标准《建筑施工模板安全技术规范》（JGJ 162—2008）、《建筑施工扣件式钢管脚手架安全技术规范》（JGJ 130—2011）、《建筑施工门式钢管脚手架安全技术规范》（JGJ 128—2010）、《建筑施工碗扣式钢管脚手架安全技术规范》（JGJ 166—2016）和《建筑施工承插型盘扣式钢管支架安全技术规范》（JGJ 231—2010）的规定，详见表3-12。

表3-12　模板支架检查评分表

序号	检查项目		扣分标准	应得分数	扣减分数	实得分数
1		施工方案	1. 未按规定编制专项施工方案或结构设计未经计算，扣10分； 2. 专项施工方案未经审核、审批，扣10分； 3. 超规模模板支架专项施工方案未按规定组织专家论证，扣10分	10		
2	保证项目	支架基础	1. 基础不坚实平整、承载力不符合专项施工方案要求，扣5～10分； 2. 支架底部未设置垫板或垫板的规格不符规范要求，扣5～10分； 3. 支架底部未按规范要求设置底座，每处扣2分； 4. 未按规范要求设置扫地杆，扣5分； 5. 未设置排水设施，扣5分； 6. 支架设在楼面结构上时，未对楼面结构的承载力进行验算或楼面结构下方未采取加固措施，扣10分	10		
3		支架构造	1. 立杆纵、横间距大于设计和规范要求，每处扣2分； 2. 水平杆步距大于设计和规范要求，每处扣2分； 3. 水平杆未连续设置，扣5分； 4. 未按规范要求设置竖向剪刀撑或专用斜杆，扣10分； 5. 未按规范要求设置水平剪刀撑或专用水平斜杆，扣10分； 6. 剪刀撑或水平斜杆设置不符合规范要求，扣5分	10		

序号	检查项目		扣分标准	应得分数	扣减分数	实得分数
4	保证项目	支架稳定	1. 支架高宽比超过规范要求未采取与建筑结构刚性连接或增加架体宽度等措施，扣10分； 2. 立杆伸出顶层水平杆的长度超过规范要求，每处扣2分； 3. 浇筑混凝土未对支架的基础沉降、架体变形采取监测措施，扣8分	10		
5		施工荷载	1. 荷载堆放不均匀，每处扣5分； 2. 施工荷载超过设计规定，扣10分； 3. 浇筑混凝土未对混凝土堆积高度进行控制，扣8分	10		
6		交底与验收	1. 支架搭设、拆除前未进行交底或无文字记录，扣5~10分； 2. 架体搭设完毕未办理验收手续，扣10分； 3. 验收内容未进行量化，或未经责任人签字确认，扣5分	10		
			小　计	60		
7	一般项目	杆件连接	1. 立杆连接未采用对接、套接或承插式接长，每处扣3分； 2. 水平杆连接不符合规范要求，每处扣3分； 3. 剪刀撑斜杆接长不符合规范要求，每处扣3分； 4. 杆件各连接点的紧固不符合规范要求，每处扣2分	10		
8		底座与托撑	1. 螺杆直径与立杆内径不匹配，每处扣3分； 2. 螺杆旋入螺母内的长度或外伸长度不符合规范要求，每处扣3分	10		
9		构配件材质	1. 钢管、构配件的规格、型号、材质不符合规范要求，扣5~10分； 2. 杆件弯曲、变形、锈蚀严重，扣10分	10		
10		支架拆除	1. 支架拆除前未确认混凝土强度达到要求，扣10分； 2. 未按规定设置警戒区或未设置专人监护，扣5~10分	10		
			小　计	40		
			检查项目合计	100		

13. 高处作业

　　高处作业检查评定应符合现行国家标准《安全网》(GB 5725—2009)、《安全帽》(GB 2811—2007)、《安全带》(GB 6095—2009) 和现行行业标准《建筑施工高处作业安全技术规范》(JGJ 80—2016) 的规定，详见表3-13。

表3-13　高处作业检查评分表

序号	检查项目	扣分标准	应得分数	扣减分数	实得分数
1	安全帽	1. 施工现场人员未戴安全帽，每人扣5分； 2. 未按标准佩戴安全帽，每人扣2分； 3. 安全帽质量不符合现行国家相关标准的要求，扣5分	10		

（续）

序号	检查项目	扣分标准	应得分数	扣减分数	实得分数
2	安全网	1. 在建工程外脚手架架体外侧未采用密目式安全网封闭或网间连接不严，扣 2～10 分； 2. 安全网质量不符合现行国家相关标准的要求，扣 10 分	10		
3	安全带	1. 高处作业人员未按规定系挂安全带，每人扣 5 分； 2. 安全带系挂不符合要求，每人扣 5 分； 3. 安全带质量不符合现行国家相关标准的要求，扣 10 分	10		
4	临边防护	1. 工作面边沿无临边防护，扣 10 分； 2. 临边防护设施的构造、强度不符合规范要求，扣 5 分； 3. 防护设施未形成定型化、工具化，扣 3 分	10		
5	洞口防护	1. 在建工程的孔、洞未采取防护措施，每处扣 5 分； 2. 防护措施、设施不符合要求或不严密，每处扣 3 分； 3. 防护设施未形成定型化、工具化，扣 3 分； 4. 电梯井内未按每隔两层且不大于 10m 设置安全平网，扣 5 分	10		
6	通道口防护	1. 未搭设防护棚或防护不严、不牢固，扣 5～10 分； 2. 防护棚两侧未进行封闭，扣 4 分； 3. 防护棚宽度小于通道宽度，扣 4 分； 4. 防护棚长度不符合要求，扣 4 分； 5. 建筑物高度超过 24m，防护棚顶未采用双层防护，扣 4 分； 6. 防护棚的材质不符合规范要求，扣 5 分	10		
7	攀登作业	1. 移动式梯子的梯脚底部垫高使用，扣 3 分； 2. 折梯未使用可靠拉撑装置，扣 5 分； 3. 梯子的材质或制作质量不符合规范要求，扣 10 分	10		
8	悬空作业	1. 悬空作业处未设置防护栏杆或其他可靠的安全措施，扣 5～10 分； 2. 悬空作业所用的索具、吊具等未经验收，扣 5 分； 3. 悬空作业人员未系挂安全带或佩带工具袋，扣 2～10 分	10		
9	移动式操作平台	1. 操作平台未按规定进行设计计算，扣 8 分； 2. 移动式操作平台轮子与平台的连接不牢靠、不可靠或立柱底端距离地面超过 80mm，扣 5 分； 3. 操作平台的组装不符合设计和规范要求，扣 10 分； 4. 平台台面铺板不严，扣 5 分； 5. 操作平台四周未按规定设置防护栏杆或未设置登高扶梯，扣 10 分； 6. 操作平台的材质不符合规范要求，扣 10 分	10		

序号	检查项目	扣分标准	应得分数	扣减分数	实得分数
10	悬挑式物料钢平台	1. 未编制专项施工方案或未经设计计算，扣10分； 2. 悬挑式钢平台的下部支撑系统或上部拉结点，未设置在建筑结构上，扣10分； 3. 斜拉杆或钢丝绳未按要求在平台两侧各设置两道，扣10分； 4. 钢平台未按要求设置固定的防护栏杆或挡脚板，扣3~10分； 5. 钢平台台面铺板不严或钢平台与建筑结构之间铺板不严，扣5分； 6. 未在平台明显处设置荷载限定标牌，扣5分	10		
		检查项目合计	100		

14. 施工用电

施工用电检查评定应符合现行国家标准《建设工程施工现场供用电安全规范》（GB 50194—2014）和现行行业标准《施工现场临时用电安全技术规范》（JGJ 46—2005）的规定，详见表3-14。

表3-14 施工用电检查评分表

序号	检查项目	扣分标准	应得分数	扣减分数	实得分数
1		外电防护	1. 外电线路与在建工程及脚手架、起重机械、场内机动车道之间的安全距离不符合规范要求且未采取防护措施，扣10分； 2. 防护措施与外电线路的安全距离及搭设方式不符合规范要求，扣5~10分； 3. 在外电架空线路正下方施工、建造临时设施或堆放材料物品，扣10分； 4. 防护设施未设置明显的警示标志，扣5分	10		
2	保证项目	接地与接零保护系统	1. 施工现场专用的电源中性点直接接地的低压配电系统未采用TN-S接零保护系统，扣20分； 2. 配电系统未采用同一保护系统，扣20分； 3. 保护零线引出位置不符合规范要求，扣5~10分； 4. 电气设备未接保护零线，每处扣2分； 5. 保护零线装设开关、熔断器或通过工作电流，扣20分； 6. 保护零线材质、规格及颜色标记不符合规范要求，每处扣2分； 7. 工作接地与重复接地的设置、安装及接地装置的材料不符合规范要求，扣10~20分； 8. 工作接地电阻大于4Ω，重复接地电阻大于10Ω，扣20分； 9. 施工现场起重机、物料提升机、施工升降机、脚手架防雷措施不符合规范要求，扣5~10分； 10. 做防雷接地机械上的电气设备，保护零线未做重复接地，扣10分	20		

（续）

序号	检查项目		扣分标准	应得分数	扣减分数	实得分数
3	保证项目	配电线路	1. 线路及接头不能保证机械强度和绝缘强度，扣5~10分； 2. 线路未设短路、过载保护，扣5~10分； 3. 线路截面不能满足负荷电流，每处扣2分； 4. 线路的设施、材料及相序排列、挡距与邻近线路或固定物的距离不符合规范要求，扣5~10分； 5. 电缆沿地面明设或沿脚手架、树木等敷设或敷设不符合规范要求，扣5~10分； 6. 未使用符合规范要求的电缆线路，扣10分； 7. 室内非埋地明敷主干线距地面高度小于2.5m，每处扣2分	10		
4		配电箱与开关箱	1. 配电系统未采用三级配电、二级漏电保护系统，扣10~20分； 2. 用电设备未有各自专用的开关箱，每处扣2分； 3. 箱体结构、箱内电器设置不符合规范要求，扣10~20分； 4. 配电箱零线端子板的设置、连接不符合规范要求，扣5~10分； 5. 漏电保护器参数不匹配或仪表检测不灵敏，每处扣2分； 6. 配电箱与开关箱电器损坏或进出线混乱，每处扣2分； 7. 箱体未设置系统接线图和分路标记，每处扣2分； 8. 箱体未设门、锁，未采取防雨措施，每处扣2分； 9. 箱体安装位置、高度及周边通道不符合规范要求，每处扣2分； 10. 分配电箱与开关箱、开关箱与用电设备的距离不符合规范要求，每处扣2分	20		
		小　计		60		
5	一般项目	配电室与配电装置	1. 配电室建筑耐火等级未达到三级，扣15分； 2. 未配置适用于电气火灾的灭火器材，扣3分； 3. 配电室、配电装置布设不符合规范要求，扣5~10分； 4. 配电装置中的仪表、电器元件设置不符合规范要求或仪表、电器元件损坏，扣5~10分； 5. 备用发电机组未与外电线路进行连锁，扣15分； 6. 配电室未采取防雨雪和小动物侵入的措施，扣10分； 7. 配电室未设警示标志、工地供电平面图和系统图，扣3~5分	15		
6		现场照明	1. 照明用电与动力用电混用，每处扣2分； 2. 特殊场所未使用36V及以下安全电压，扣15分； 3. 手持照明灯未使用36V以下电源供电，扣10分； 4. 照明变压器未使用双绕组安全隔离变压器，扣15分； 5. 灯具金属外壳未接保护零线，每处扣2分； 6. 灯具与地面、易燃物之间小于安全距离，每处扣2分； 7. 照明线路和安全电压线路的架设不符合规范要求，扣10分； 8. 施工现场未按规范要求配备应急照明，每处扣2分	15		

序号	检查项目		扣 分 标 准	应得分数	扣减分数	实得分数
7	一般项目	用电档案	1. 总包单位与分包单位未订立临时用电管理协议，扣10分； 2. 未制定专项用电施工组织设计、外电防护专项方案或设计、方案缺乏针对性，扣5~10分； 3. 专项用电施工组织设计、外电防护专项方案未履行审批程序，实施后相关部门未组织验收，扣5~10分； 4. 接地电阻、绝缘电阻和漏电保护器检测记录未填写或填写不真实，扣3分； 5. 安全技术交底、设备设施验收记录未填写或填写不真实，扣3分； 6. 定期巡视检查、隐患整改记录未填写或填写不真实，扣3分； 7. 档案资料不齐全、未设专人管理，扣3分	10		
	小 计			40		
	检查项目合计			100		

15. 物料提升机

物料提升机检查评定应符合现行行业标准《龙门架及井架物料提升机安全技术规范》（JGJ 88—2010）的规定，详见表3-15。

表3-15 物料提升机检查评分表

序号	检查项目		扣 分 标 准	应得分数	扣减分数	实得分数
1	保证项目	安全装置	1. 未安装起重量限制器、防坠安全器，扣15分； 2. 起重量限制器、防坠安全器不灵敏，扣15分； 3. 安全停层装置不符合规范要求或未达到定型化，扣5~10分； 4. 未安装上行程限位，扣15分； 5. 上行程限位不灵敏，安全越程不符合规范要求，扣10分； 6. 物料提升机安装高度超过30m，未安装渐进式防坠安全器、自动停层、语音及影像信号监控装置，每项扣5分	15		
2		防护设施	1. 未设置防护围栏或设置不符合规范要求，扣5~15分； 2. 未设置进料口防护棚或设置不符合规范要求，扣5~15分； 3. 停层平台两侧未设置防护栏杆、挡脚板，每处扣5分； 4. 停层平台脚手板铺设不严、不牢，每处扣2分； 5. 未安装平台门或平台门不起作用，扣5~15分； 6. 平台门未达到定型化，每处扣2分； 7. 吊笼门不符合规范要求，扣10分	15		
3		附墙架与缆风绳	1. 附墙架结构、材质、间距不符合产品说明书要求，扣10分； 2. 附墙架未与建筑结构可靠连接，扣10分； 3. 缆风绳设置数量、位置不符合规范要求，扣5分； 4. 缆风绳未使用钢丝绳或未与地锚连接，扣10分； 5. 钢丝绳直径小于8mm或角度不符合45°~60°要求，扣5~10分； 6. 安装高度超过30m的物料提升机使用缆风绳，扣10分； 7. 地锚设置不符合规范要求，每处扣5分	10		

（续）

序号	检查项目		扣分标准	应得分数	扣减分数	实得分数
4	保证项目	钢丝绳	1. 钢丝绳磨损、变形、锈蚀达到报废标准，扣10分； 2. 钢丝绳绳夹设置不符合规范要求，每处扣2分； 3. 吊笼处于最低位置，卷筒上钢丝绳少于3圈，扣10分； 4. 未设置钢丝绳过路保护措施或钢丝绳拖地，扣5分	10		
5		安拆、验收与使用	1. 安装、拆卸单位未取得专业承包资质和安全生产许可证，扣10分； 2. 未制定专项施工方案或未经审核、审批，扣10分； 3. 未履行验收程序或验收表未经负责人签字，扣5~10分； 4. 安装、拆除人员及司机未持证上岗，扣10分； 5. 物料提升机作业前未按规定进行例行检查或未填写检查记录，扣4分； 6. 实行多项作业未按规定填写交接班记录，扣3分	10		
		小　　计		60		
6	一般项目	基础与导轨架	1. 基础的承载力、平整度不符合规范要求，扣5~10分； 2. 基础周边未设排水设施，扣5分； 3. 导轨架垂直度偏差大于导轨架高度0.15%，扣5分； 4. 井架停层平台通道处的结构未采取加强措施，扣8分	10		
7		动力与传动	1. 卷扬机、曳引机安装不牢固，扣10分； 2. 卷筒与导轨架底部导向轮的距离小于20倍卷筒宽度未设置排绳器，扣5分； 3. 钢丝绳在卷筒上排列不整齐，扣5分； 4. 滑轮与导轨架、吊笼未采用刚性连接，扣10分； 5. 滑轮与钢丝绳不匹配，扣10分； 6. 卷筒、滑轮未设置防止钢丝绳脱出装置，扣5分； 7. 曳引钢丝绳为2根及以上时，未设置曳引力平衡装置，扣5分	10		
8		通信装置	1. 未按规范要求设置通信装置，扣5分； 2. 通信装置显示不清晰，扣3分	5		
9		卷扬机操作棚	1. 未设置卷扬机操作棚，扣10分； 2. 操作棚搭设不符合规范要求，扣5~10分	10		
10		避雷装置	1. 物料提升机在其他防雷保护范围以外未设置避雷装置，扣5分； 2. 避雷装置不符合规范要求，扣3分	5		
		小　　计		40		
		检查项目合计		100		

16. 施工升降机

施工升降机检查评定应符合现行国家标准《施工升降机安全使用规程》（GB/T 34023—2017）和现行行业标准《建筑施工升降机安装、使用、拆卸安全技术规程》（JGJ 215—2010）的规定，详见表3-16。

表 3-16　施工升降机检查评分表

序号	检查项目		扣分标准	应得分数	扣减分数	实得分数
1	保证项目	安全装置	1. 未安装起重量限制器或起重量限制器不灵敏，扣10分； 2. 未安装渐进式防坠安全器或防坠安全器不灵敏，扣10分； 3. 防坠安全器超过有效标定期限，扣10分； 4. 对重钢丝绳未安装防松绳装置或者防松绳装置不灵敏，扣5分； 5. 未安装急停开关或急停开关不符合规范要求，扣5分； 6. 未安装吊笼和对重缓冲器或缓冲器不符合规范要求，扣5分； 7. SC型施工升降机未安装安全钩，扣10分	10		
2		限位位置	1. 未安装极限开关或极限开关不灵敏，扣10分； 2. 未安装上限位开关或上限位开关不灵敏，扣10分； 3. 未安装下限位开关或下限位开关不灵敏，扣5分； 4. 极限开关与上限位开关安全越程不符合规范要求，扣5分； 5. 极限开关与上、下限位开关共用一个触发元件，扣5分； 6. 未安装吊笼门机电连锁装置或不灵敏，扣10分； 7. 未安装吊笼顶窗电气安全开关或不灵敏，扣5分	10		
3		防护设施	1. 未设置地面防护围栏或设置不符合规范要求，扣5~10分； 2. 未安装地面防护围栏门连锁保护装置或连锁保护装置不灵敏，扣5~8分； 3. 未设置出入口防护棚或设置不符合规范要求，扣5~10分； 4. 停层平台搭设不符合规范要求，扣5~8分； 5. 未安装层门或层门不起作用，扣5~10分； 6. 层门不符合规范要求，未达到定型化，每处扣2分	10		
4		附墙架	1. 附墙架未采用配套标准产品未进行设计计算，扣10分； 2. 附墙架与建筑结构连接方式、角度不符合产品说明书要求，扣5~10分； 3. 附墙架间距、最高附着点以上导轨架的自由高度超过产品说明书要求，扣10分	10		
5		钢丝绳、滑轮与对重	1. 对重钢丝绳绳数少于2根或未相对独立，扣5分； 2. 钢丝绳磨损、变形、锈蚀达到报废标准的，扣10分； 3. 钢丝绳的规格、固定不符合产品说明书及规范要求，扣10分； 4. 滑轮未安装钢丝绳防脱装置或不符合规范要求，扣4分； 5. 对重重量、固定不符合产品说明书及规范要求，扣10分； 6. 对重未安装防脱轨保护装置，扣5分	10		
6		安拆、验收与使用	1. 安装、拆卸单位未取得专业承包资质和安全生产许可证，扣10分； 2. 未编制安装、拆卸专项方案或专项方案未经审核、审批，扣10分； 3. 未履行验收程序或验收表未经责任人签字，扣5~10分； 4. 安装、拆除人员以及司机未持证上岗，扣10分； 5. 施工升降机作业前未按规定例行检查，未填写检查记录，扣4分； 6. 实行多班作业未按规定填写交接记录，扣3分	10		
小　计				60		

（续）

序号	检查项目		扣分标准	应得分数	扣减分数	实得分数
7	一般项目	导轨架	1. 导轨架垂直度不符合规范要求，扣10分； 2. 标准节质量不符合产品说明书及规范要求，扣10分； 3. 对重导轨不符合规范要求，扣5分； 4. 标准节连接螺栓使用不符合产品说明书及规范要求，扣5～8分	10		
8		基础	1. 基础制作、验收不符合产品说明书及规范要求，扣5～10分； 2. 基础设置在地下室顶板或楼面结构上，未对其支承结构进行承载力验算，扣10分； 3. 基础未设置排水设施，扣4分	10		
9		电气安全	1. 施工升降机与架空线路小于安全距离未采取防护措施，扣10分； 2. 防护措施不符合规范要求，扣5分； 3. 未设置电缆导向架或设置不符合规范要求，扣5分； 4. 施工升降机在防雷保护范围以外未设置避雷装置，扣10分； 5. 避雷装置不符合规范要求，扣5分	10		
10		通信装置	1. 未安装楼层信号联络装置，扣10分； 2. 楼层联络信号不清晰，扣5分	10		
小　计				40		
检查项目合计				100		

17. 塔式起重机

塔式起重机检查评定应符合现行国家标准《塔式起重机安全规程》（GB 5144—2006）和现行行业标准《建筑施工塔式起重机安装、使用、拆卸安全技术规程》（JGJ 196—2010）的规定，详见表3-17。

表 3-17　塔式起重机检查评分表

序号	检查项目		扣分标准	应得分数	扣减分数	实得分数
1	保证项目	荷载限制装置	1. 未安装起重量限制器或不灵敏，扣10分； 2. 未安装力矩限制器或不灵敏，扣10分	10		
2		行程限位装置	1. 未安装起升高度限位器或不灵敏，扣10分； 2. 起升高度限位器的安全越程不符合规范要求，扣6分； 3. 未安装幅度限位器或不灵敏，扣10分； 4. 回转不设集电器的塔式起重机未安装回转限位器或不灵敏，扣6分； 5. 行走式塔式起重机未安装行走限位器或不灵敏，扣10分	10		
3		保护装置	1. 小车变幅的塔式起重机未安装断绳保护及断轴保护装置，扣8分； 2. 行走及小车变幅的轨道行程末端未安装缓冲器及止挡装置或不符合规范要求，扣4～8分； 3. 起重臂根部绞点高度大于50m的塔式起重机未安装风速仪或不灵敏，扣4分； 4. 塔式起重机顶部高度大于30m且高于周围建筑物未安装障碍指示灯，扣4分	10		

序号	检查项目		扣分标准	应得分数	扣减分数	实得分数
4	保证项目	吊钩、滑轮、卷筒与钢丝绳	1. 吊钩未安装钢丝绳防脱钩装置或不符合规范要求，扣10分； 2. 吊钩磨损、变形达到报废标准，扣10分； 3. 滑轮、卷筒未安装钢丝绳防脱装置或不符合规范要求，扣4分； 4. 滑轮及卷筒磨损达到报废标准，扣10分； 5. 钢丝绳磨损、变形、锈蚀达到报废标准，扣10分； 6. 钢丝绳的规格、固定、缠绕不符合产品说明书及规范要求，扣5~10分	10		
5		多塔作业	1. 多塔作业未制定专项施工方案或施工方案未经审批，扣10分； 2. 任意两台塔式起重机之间的最小架设距离不符合规范要求，扣10分	10		
6		安拆、验收与使用	1. 安装、拆卸单位未取得专业承包资质和安全生产许可证，扣10分； 2. 未制定安装、拆卸专项方案，扣10分； 3. 方案未经审核、审批，扣10分； 4. 未履行验收程序或验收表未经责任人签字，扣5~10分； 5. 安装、拆除人员及司机、指挥未持证上岗，扣10分； 6. 塔式起重机作业前未按规定进行例行检查，未填写检查记录，扣4分； 7. 实行多班作业未按规定填写交接班记录，扣3分	10		
		小　计		60		
7	一般项目	附着	1. 塔式起重机高度超过规定未安装附着装置，扣10分； 2. 附着装置水平距不满足产品说明书要求未进行设计计算和审批，扣8分； 3. 安装内爬式塔式起重机的建筑承载结构未进行承载力验算，扣8分； 4. 附着装置安装不符合产品说明书及规范要求，扣5~10分； 5. 附着前和附着后塔身垂直度不符合规范要求，扣10分	10		
8		基础与轨道	1. 塔式起重机基础未按产品说明书及有关规定设计、检测、验收，扣5~10分； 2. 基础未设置排水措施，扣4分； 3. 路基箱或枕木铺设不符合产品说明书及规范要求，扣6分； 4. 轨道铺设不符合产品说明书及规范要求，扣6分	10		
9		结构设施	1. 主要结构件的变形、锈蚀不符合规范要求，扣10分； 2. 平台、走道、梯子、护栏的设置不符合规范要求，扣4~8分； 3. 高强螺栓、销轴、紧固件的紧固、连接不符合规范要求，扣5~10分	10		
10		电气安全	1. 未采用TN-S接零保护系统供电，扣10分； 2. 塔式起重机与架空线路安全距离不符合规范要求，未采取防护措施，扣10分； 3. 防护措施不符合规范要求，扣5分； 4. 未安装避雷接地装置，扣10分； 5. 避雷接地装置不符合规范要求，扣5分； 6. 电缆使用及固定不符合规范要求，扣5分	10		
		小　计		40		
		检查项目合计		100		

18. 起重吊装

起重吊装检查评定应符合现行国家标准《起重机械安全规程》(GB 6067—2010) 的规定，详见表 3-18。

表 3-18 起重吊装检查评分表

序号	检查项目		扣分标准	应得分数	扣减分数	实得分数
1	保证项目	施工方案	1. 未编制专项施工方案或施工方案未经审核、审批，扣10分； 2. 超规模的起重吊装专项施工方案未按规定组织专家论证，扣10分	10		
2		起重机械	1. 未安装荷载限制装置或不灵敏，扣10分； 2. 未安装行程限位装置或不灵敏，扣10分； 3. 起重拨杆组装不符合设计要求，扣10分； 4. 起重拨杆组装后未履行验收程序或验收表无责任人签字，扣5~10分	10		
3		钢丝绳与地锚	1. 钢丝绳磨损、断丝、变形、锈蚀达到报废标准，扣10分； 2. 钢丝绳规格不符合起重机产品说明要求，扣10分； 3. 吊钩、卷筒、滑轮磨损达到报废标准，扣10分； 4. 吊钩、卷筒、滑轮未安装钢丝绳防脱装置，扣5~10分； 5. 起重拨杆的缆风绳、地锚设置不符合设计要求，扣8分	10		
4		索具	1. 索具采用编结连接时，编结部分的长度不符合规范要求，扣10分； 2. 索具采用绳夹连接时，绳夹的规格、数量及绳夹的间距不符合规范要求，扣5~10分； 3. 索具安全系数不符合规范要求，扣10分； 4. 吊索规格不匹配或机械性能不符合设计要求，扣5~10分	10		
5		作业环境	1. 起重机行走作业处地面承载能力不符合产品说明书要求或未采用有效加固措施，扣10分； 2. 起重机与架空线路安全距离不符合规范要求，扣10分	10		
6		作业人员	1. 起重机司机无证操作或操作证与操作机型不符，扣5~10分； 2. 未设置专职信号指挥和司索人员，扣10分； 3. 作业前未按规定进行安全技术交底或交底未形成文字记录，扣5~10分	10		
	小　计			60		
7	一般项目	起重吊装	1. 多台起重机同时起吊一个构件时，单台起重机所承受的荷载不符合专项施工方案要求，扣10分； 2. 吊索系挂点不符合专项施工方案要求，扣5分； 3. 起重机作业时起重臂下有人停留或吊运重物从人的正上方通过，扣10分； 4. 起重机吊具载运人员，扣10分； 5. 吊运易散落物件不使用吊笼，扣6分	10		
8		高处作业	1. 未按规定设置高处作业平台，扣10分； 2. 高处作业平台设置不符合规范要求，扣5~10分； 3. 未按规定设置爬梯或爬梯的强度、构造不符合规范要求，扣5~8分； 4. 未按规定设置安全带悬挂点，扣8分	10		

序号	检查项目		扣分标准	应得分数	扣减分数	实得分数
9	一般项目	构件码放	1. 构件码放荷载超过作业面承载能力，扣10分； 2. 构件码放高度超过规定要求，扣4分； 3. 大型构件码放无稳定措施，扣8分	10		
10		警戒监护	1. 未按规定设置作业警戒区，扣10分； 2. 警戒区未设置专人监护，扣5分	10		
小　计				40		
检查项目合计				100		

19. 施工机具

施工机具检查评定应符合现行行业标准《建筑机械使用安全技术规程》（JGJ 33—2012）和《施工现场机械设备检查技术规范》（JGJ 160—2016）的规定，详见表3-19。

表 3-19　施工机具检查评分表

序号	检查项目	扣分标准	应得分数	扣减分数	实得分数
1	平刨	1. 平刨安装后未履行验收程序，扣5分； 2. 未设置护手安全装置，扣5分； 3. 传动部位未设置防护罩，扣5分； 4. 未做保护接零或未设置漏电保护器，扣10分； 5. 未设置安全作业棚，扣6分； 6. 使用多功能木工机具，扣10分	10		
2	圆盘锯	1. 圆盘锯安装后未履行验收程序，扣5分； 2. 未设置锯盘保护罩、分料器、防护挡板安全装置和传动部位未设置防护罩，每处扣3分； 3. 未做保护接零或设置漏电保护器，扣10分； 4. 未设置安全作业棚，扣6分； 5. 使用多功能木工机具，扣10分	10		
3	手持电动工具	1. Ⅰ类手持电动工具未采取保护接零或未设置漏电保护器，扣8分； 2. 使用Ⅰ类手持电动工具不按规定穿戴绝缘用品，扣6分； 3. 手持电动工具随意接长电源线，扣4分	8		
4	钢筋机械	1. 机械安装后未履行验收程序，扣5分； 2. 未做保护接零或设置漏电保护器，扣10分； 3. 钢筋加工区未设置作业棚，钢筋焊接作业区未采取防止火花飞溅措施或冷拉作业区未设置防护栏板，每处扣5分； 4. 传动部位未设置防护罩，扣5分	10		

（续）

序号	检查项目	扣分标准	应得分数	扣减分数	实得分数
5	电焊机	1. 电焊机安装后未履行验收程序，扣5分； 2. 未做保护接零或未设置漏电保护器，扣10分； 3. 未设置二次空载降压保护器，扣10分； 4. 一次线长度超过规定或未进行穿管保护，扣3分； 5. 二次线未采用防水橡皮护套铜芯软电缆，扣10分； 6. 二次线长度超过规定或绝缘层老化，扣3分； 7. 电焊机未设置防雨罩或接线柱未设置防护罩，扣5分	10		
6	搅拌机	1. 搅拌机安装后未履行验收程序，扣5分； 2. 未做保护接零或未设置漏电保护器，扣10分； 3. 离合器、制动器、钢丝绳达不到规定要求，每项扣5分； 4. 上料斗未设置安全挂钩或止挡装置，扣5分； 5. 传动部位未设置防护罩，扣4分； 6. 未设置安全作业棚，扣6分	10		
7	气瓶	1. 气瓶未安装减压器，扣8分； 2. 气瓶间距小于5m或与明火距离小于10m未采取隔离措施，扣8分； 3. 乙炔瓶未安装回火防止器，扣8分； 4. 气瓶未设置防震圈和防护帽，扣2分； 5. 气瓶存放不符合要求，扣4分	8		
8	翻斗车	1. 翻斗车制动、转向装置不灵敏，扣5分； 2. 驾驶员无证操作，扣8分； 3. 行车载人或违章行车，扣8分	8		
9	潜水泵	1. 未做保护接零或未设置漏电保护器，扣6分； 2. 负荷线未使用专用防水橡皮电缆，扣6分； 3. 负荷线有接头，扣3分	6		
10	振捣器	1. 未做保护接零或未设置漏电保护器，扣8分； 2. 未使用移动式配电箱，扣4分； 3. 电缆线长度超过30m，扣4分； 4. 操作人员未穿戴绝缘防护用品，扣8分	8		
11	桩工机械	1. 机械安装完成后未履行验收程序，扣10分； 2. 作业前未编制专项施工方案或未按规定进行技术交底，扣10分； 3. 安全装置不齐全或不灵敏，扣10分； 4. 机械作业区地面承载力不符合规定要求或未采取有效硬化措施，扣12分； 5. 机械与输电线路安全距离不符合规范要求，扣12分	12		
		检查项目合计	100		

3.2.3 安全检查的评分方法

1. 汇总表

对 10 个分项内容检查的结果进行汇总，即得汇总表中所得分值，以此来确定和评价工程项目的安全生产工作情况，见表 3-20。汇总表满分也是 100 分。各分项检查表在汇总表中所占的满分分值应分别为：文明施工 15 分，安全管理、脚手架、基坑工程、模板支架、高处作业、施工用电、物料提升机与施工升降机、塔式起重机与起重吊装分别均为 10 分，施工机具为 5 分。

表 3-20　建筑施工安全检查评分汇总表

企业名称：　　　　　　　　　　资质等级：　　　　　　　　　　　年　　月　　日

单位工程（施工现场）名称	建筑面积/m²	结构类型	总计得分（满分分值100分）	项目名称及分值									
				安全管理（满分10分）	文明施工（满分15分）	脚手架（满分10分）	基坑工程（满分10分）	模板支架（满分10分）	高处作业（满分10分）	施工用电（满分10分）	物料提升机与施工升降机（满分10分）	塔式起重机与起重吊装（满分10分）	施工机具（满分5）

评语：

检查单位		负责人		受检项目		项目经理	

2. 汇总表中分值的计算方法

（1）汇总表中各项实得分数计算方法：

各分项实得分 =（某分项在汇总表中应得满分值×某分项在检查评分表中实得分）÷100

（式 3-1）

[例 3-1]　"文明施工"检查评分表实得 88 分，换算在汇总表中"文明施工"分项实得分为多少？

分项实得分 =（15×88）÷100 = 13.20（分）

（2）汇总表中遇有缺项时，汇总表总分计算方法：

总得分 =（实际检查项目实得分总和÷实际检查项目应得分总和）×100　（式 3-2）

[例 3-2]　某工地没有起重机，则起重机在汇总表中有缺项，其他各分项检查在汇总表的实得分为 86 分，计算该工地汇总表实得分为多少？

缺项在汇总表总得分 =（86÷90）×100 = 95.56（分）

（3）检查评分表中遇有缺项时，评分表合计分计算方法：

$$评分表得分 = (某子项目实得分值之和 \div 某子项目应得分值之和) \times 100 \quad （式3-3）$$

[**例3-3**] "施工用电"检查评分表中，"外电防护"缺项（该项应得分值为20分），其他各项检查实得分为65分，计算该评分表实得多少分？换算到汇总表中应为多少分？

缺项的"施工用电"评分表得分 $= 65 \div (100-20) \times 100 = 81.25$（分）

汇总表中"施工用电"分项实得分 $= 10 \times 81.25 \div 100 = 8.13$（分）

（4）对有保证项目的检查评分表，当保证项目中有一项不得分时，该评分表为零分；如果保证项目缺项时，保证项目小计得分不足40分，评分表为零分，具体计算方法：实得分与应得分之比 $<66.7\%$（$40/60 = 66.7\%$）时，评分表得零分。

[**例3-4**] 如在施工用电检查表中，外电防护这一保证项目缺项（该项为20分），其余的"保证项目"检查实得分合计为22分（应得分值为40分），该分项检查表是否能得分？

因为（其余的保证项目实得分 $\div$ 其余的保证项目应得分）$\times 100$

$$= (22 \div 40) \times 100\% = 55\% < 66.7\%$$

所以该"施工用电"检查表为零分。

（5）在检查评分表中，遇有多种脚手架、塔式起重机、龙门架、井字架时，则该项得分应为各单项实得分数的算术平均值。

[**例3-5**] 某工地有多种脚手架和多台起重机，落地式脚手架实得分为85分，悬挑脚手架实得分为78分；甲起重机实得分为92分，乙起重机实得分为87分。汇总表中脚手架、起重机实得分为多少？

1）"脚手架"检查表实得分 $= (85 + 78) \div 2 = 81.50$（分）

换算到汇总表中"脚手架"项分值 $= (10 \times 81.50) \div 100 = 8.15$（分）

2）"起重机"检查表实得分 $= (92 + 87) \div 2 = 89.50$（分）

换算到汇总表中"起重机"项分值 $= (10 \times 89.50) \div 100 = 8.95$（分）

3. 评价等级划分

建筑施工安全检查评分，应以汇总表的总得分及保证项目达标与否，作为对一个施工现场安全生产情况的评价依据，分为优良、合格、不合格三个等级。评价等级具体划分的规则如下：

（1）优良。检查结果评价为优良应同时满足分项检查评分表无零分，汇总表得分值应在80分及以上。

（2）合格。检查结果评价为合格应同时满足分项检查评分表无零分，汇总表得分值应在80分以下，70分及以上。

（3）不合格。检查结果满足下列之一的，即评价为不合格：

1）当汇总表得分值不足70分时。

2）当有一分项检查评分表得零分时。

需要注意的是，"检查评分表未得分"与"检查评分表缺项"是不同的概念，"缺项"是指检查工地无此项检查内容，而"未得分"是指有此项检查内容，但实得分为零分。

另外，需要说明的是建筑施工现场经过检查评定如果确定为不合格，说明在工地的安全管理上存在着重大安全隐患，这些隐患如果不及时整改，可能诱发重大事故，直接威胁员工和企业的生命、财产安全。因此，《标准》评定为不合格的工地必须立即限期整改，达到合格标准后方可继续施工。

一、单选题

1. 安全生产责任制检查评分表中应得分（　　）。

A. 5 分　　　　　B. 10 分　　　　　C. 15 分　　　　　D. 20 分

2. 建筑施工安全检查的评定结论分为优良标准：①分项检查评分表无零分；②汇总表得分值应在（　　）及以上。

A. 75 分　　　　　B. 80 分　　　　　C. 85 分　　　　　D. 90 分

3. 建筑施工安全检查的评定结论分为不合格标准：①当汇总表得分值不足（　　）时；②当有一分项检查评分表为零。

A. 60 分　　　　　B. 65 分　　　　　C. 70 分　　　　　D. 75 分

4. 文明施工检查评分表中保证项目应得分小计（　　）分。

A. 40 分　　　　　B. 50 分　　　　　C. 60 分　　　　　D. 70 分

5. 在建筑施工安全检查评定时，评分应采用扣减分值的方法时，扣减分值总和不得（　　）该检查项目的应得分值。

A. 超过　　　　　B. 等于　　　　　C. 低于　　　　　D. 超过或等于

6. 安全检查的要求首先应有明确的（　　）、内容及检查标准、重点、关键部位。对大面积或数量多的项目可采取系统的观感和一定数量的测点相结合的检查方法。

A. 检查人员和检测工具　　　　　　　B. 检查人员和检查时间
C. 检查人员和检查项目　　　　　　　D. 检查目的和检查项目

7. 施工现场经常性的安全检查方式包括现场（　　）及安全值班人员每天例行开展的安全巡视、巡查。

A. 项目经理　　　　　　　　　　　　B. 专业工长
C. 专（兼）职安全生产管理人员　　　D. 项目技术负责人

8. 下列（　　）不属于建筑工程施工安全检查的主要形式内容。

A. 专项检查　　　　　　　　　　　　B. 专业性安全检查
C. 设备设施安全验收检查　　　　　　D. 质量检查

9. 建筑工程施工应经常开展（　　）的安全检查工作，以便于及时发现并消除事故隐患，保证施工生产正常进行。

A. 经常性　　　　B. 预防性　　　　C. 专项　　　　　D. 全面

10. 查安全措施主要是检查现场安全措施计划及（　　）的编制、审核、审批及实施情况。

A. 施工组织设计　　　　　　　　　　B. 各项安全专项施工方案
C. 施工组织设计和各项安全专项方案　D. 施工组织设计和各项安全技术方案

二、多选题

1. 安全检查是安全生产管理工作的一项重要内容，是安全生产工作中发现不安全状况和不安全行为的有效措施，是（　　）的重要手段。

A. 消除事故隐患　　　　B. 改善劳动条件　　　　C. 落实整改措施
D. 做好安全技术交底　　E. 防止伤亡事故发生

2. 安全检查的主要形式包括（　　）。

A. 定期安全检查

B. 经常性安全检查

C. 专项（业）安全检查

D. 季节性、节假日安全检查

E. 三级安全检查

3. 下列属于《建筑施工安全检查标准》中所指的"四口"防护的有（　　）。

A. 通道口　　　　　　　　B. 管道口　　　　　　　　C. 预留洞口

D. 楼梯口　　　　　　　　E. 电梯井口

4. 下列属于安全检查隐患整改"三定"原则的有（　　）。

A. 定计划　　　　　　　　B. 定人　　　　　　　　C. 定时间

D. 定措施　　　　　　　　E. 定效果

5. 安全管理目标的主要内容包括（　　）。

A. 生产安全事故控制目标　　B. 质量合格目标　　　　C. 安全达标目标

D. 文明施工实现目标　　　　E. 施工进度目标

三、案例题

为落实预防为主的方针，及时发现问题，治理隐患，保障安全生产顺利进行，建筑行政主管部门、施工企业安全生产管理部门和项目经理部要对施工企业、工程项目经理部贯彻落实国家安全生产法律法规的情况、安全生产的情况、劳动条件、事故隐患等进行安全检查。请根据有关规定，回答下列问题：

❓ 问题1（单选题）：《施工企业安全生产评价标准》（JGJ/T 77—2010）是一部（　　）。

A. 推荐性行业标准

B. 推荐性国家标准

C. 强制性行业标准

D. 强制性国家标准

❓ 问题2（单选题）：在安全生产工作中，通常所说的"三违"现象是指（　　）。

A. 违反作业规程、违反操作规程、违反安全规程

B. 违章指挥、违章作业、违反劳动纪律

C. 违规进行安全培训、违规发放劳动防护用品、违规消减安全技措经费

D. 违反规定建设、违反规定生产、违反规定销售

❓ 问题3（多选题）：安全检查的方法包括（　　）。

A. 看　　　　　　　　　　B. 量　　　　　　　　　　C. 测

D. 现场操作　　　　　　　E. 触摸

❓ 问题4（判断题）：《中华人民共和国安全生产法》规定，安全生产监督检查人员应当将检查的时间、检查的地点、检查的内容、检查中发现的问题及其处理情况，做出书面记录，并由检查人员和被检查单位的负责人签字。

❓ 问题5（判断题）：安全检查的方法包括看、量、测、触摸。（　　）

施工现场安全生产预控管理

单元 4

【学习目标】

1. 了解施工现场安全事故的主要类型及主要防范措施，安全事故处理的依据和程序。
2. 熟悉施工现场安全事故的主要救援方法，施工安全事故的应急救援的基本概念和应急预案的分级。
3. 掌握事故应急救援预案的编制程序和基本内容。

【能力目标】

1. 具有编制施工安全事故应急救援预案的能力。
2. 能编制拟建工程的施工安全应急救援预案。

课题 1　安全事故防范知识

【导入案例】

2002 年 1 月 20 日下午，上海某建筑安装工程有限公司分包的某汽修车间工程，钢结构屋架地面拼装基本结束。14 时 20 分左右，专业吊装负责人曹某，酒后来到车间西北侧东西向并排停放的三榀长 21m、高 0.9m，自重约 1.5t 的钢屋架前，弯腰蹲下在最南边的一榀屋架下查看拼装质量，当发现北边第三榀屋架向北倾斜，即指挥两名工人用钢管撬平并加固。由于两工人使力不均，使得那榀屋架反过来向南倾倒，导致三榀屋架连锁一起向南倒下。当时，曹某还蹲在构件下，没来得及反应，整个身子就被压在了构件下，待现场人员翻开三榀屋架，曹某已七孔出血，经医护人员现场抢救无效死亡。

事故原因分析：

(1) 屋架固定不符合要求，南边只用 3 根 4.5cm 短钢管作为支撑支在松软的地面上，而且三榀屋架并排放在一起；曹某指挥站立位置不当；工人撬动时用力不均，导致屋架倾倒，是造成本次事故的直接原因。

（2）死者曹某酒后指挥，为事故发生埋下了极大的隐患。

（3）土建施工单位工程项目部在未完备吊装分包合同的情况下，盲目同意吊装队进场施工，违反施工程序。

（4）施工前无书面安全技术交底，违反操作程序。施工场地未经硬化处理，给构件固定支撑带来松动余地。没有切实有效的安全防范措施。

4.1.1 施工现场安全事故的主要类型

1. 生产安全事故的概念

所谓生产安全事故，是指在生产经营活动中发生的意外突发事件的总称，通常会造成人员伤亡或者财产的损失，使正常的生产经营活动中断。

2. 生产安全事故的分类

生产安全事故可以从以下几个不同角度来进行分类。

（1）按伤害程度划分：①轻伤，指损失工作日为1个工作日以上（含1个工作日），105个工作日以下的失能伤害；②重伤，指损失工作日为105个工作日以上（含105个工作日）的失能伤害，重伤的损失工作日最多不超过6000日；③死亡，损失工作日定为6000日，是根据我国职工的平均退休年龄和平均死亡年龄计算出来的。

此分类是按照伤亡事故造成损失工作日的多少来衡量的，损失工作日是指受伤害者丧失劳动力的工作日。各种伤害情况的损失工作日，可根据《企业职工伤亡事故分类标准》（GB 6441—86）中的有关规定计算或选取。

（2）按事故严重程度划分：①轻伤事故，只有轻伤的事故；②重伤事故，有重伤而无死亡的事故；③死亡事故，分重大伤亡事故和特大伤亡事故，重大伤亡事故是指一次事故死亡1~2人的事故，特大伤亡事故是指一次事故死亡3人及以上的事故。

（3）按事故类别划分：《企业职工伤亡事故分类标准》（GB 6441—86）中，将事故类别划分为20类，物体打击、车辆伤害、机械伤害、起重伤害、触电、淹溺、灼烫、火灾、高处坠落、坍塌、冒顶片帮、透水、放炮、火药爆炸、瓦斯爆炸、锅炉爆炸、容器爆炸、其他爆炸、中毒和窒息、其他伤害。

（4）按伤亡事故的等级划分：根据《生产安全事故报告和调查处理条例》的规定，将生产安全事故按照造成的人员伤亡或者直接经济损失划分为四个等级。

① 特别重大事故，是指造成30人以上死亡，或者100人以上重伤（包括急性工业中毒，下同），或者1亿元以上直接经济损失的事故；②重大事故，是指造成10人以上30人以下死亡，或者50人以上100人以下重伤，或者5000万元以上1亿元以下直接经济损失的事故；③较大事故，是指造成3人以上10人以下死亡，或者10人以上50人以下重伤，或者1000万元以上5000万元以下直接经济损失的事故；④一般事故，是指造成3人以下死亡，或者10人以下重伤，或者1000万元以下直接经济损失的事故。

3. 建筑施工现场生产安全事故的分类

建筑施工企业容易发生的事故主要有以下10种：

（1）高处坠落，指在高处作业中发生坠落造成的伤亡事故；

（2）触电，指电流流经人体而造成的生理伤害事故；

（3）物体打击，指失控物体的惯性力造成的人身伤害事故；

（4）机械伤害，指机械设备运动（静止）部件、工具、加工件直接与人体接触引起的夹击、碰撞、剪切、卷入、绞、碾、割、刺等伤害；

（5）起重伤害，指各种起重作用（包括起重机安装、检修、试验）中发生的挤压、坠落、（吊具、吊重）物体打击和触电的伤害事故；

（6）坍塌，指物体在外力或重力作用下，超过自身的强度极限或因结构稳定性破坏而造成的事故，如挖沟时的土石塌方、脚手架坍塌、堆置物倒塌等；

（7）车辆伤害，指机动车辆引起的机械伤害事故；

（8）火灾，指造成人员伤亡或财产损失的企业火灾事故；

（9）中毒和窒息，指人体接触有毒物质而引起的人体急性中毒事故，或在因地下管道、暗井、涵洞、密闭容器等不通风或缺氧的空间工作引起突然晕倒甚至死亡的窒息事故；

（10）其他伤害，在《企业职工伤亡事故分类标准》列出的19种伤害以外的事故类型。

4.1.2　施工现场安全生产重大隐患及多发性事故

1. 生产过程中的有害因素分类

《生产过程危险和有害因素分类与代码》（GB/T 13861—2009）中，按照可能导致生产过程中危险和有害因素的性质进行分类，将生产过程危险和有害因素共分为四大类，即"人的因素""物的因素""环境因素"和"管理因素"。下面我们就从这个角度来对建筑施工现场存在的安全生产隐患进行分析和识别。

（1）由于人的因素导致的重大危险源。 人的不安全因素是指影响安全的人的因素，也就是能够使系统发生故障或者导致风险失控的人的原因。人的不安全因素分为个体固有的不安全因素和人的不安全行为两大类。

个体固有的不安全因素是指人员的心理、生理、能力中所具有的不能适应工作岗位要求而影响安全的因素。包括心理上具有影响安全的性格、气质、情绪等；或是生理上存在的视觉、听觉等感官器官的缺陷、体能的缺陷等，导致不能适合工作岗位的安全需求；能力上，指知识技能、应变能力、资格资质等不能满足工作岗位对其的安全要求。例如，人员粗心大意、丢三落四的性格特点，节假日前后的情绪波动，听力衰退、色盲色弱等生理缺陷，高血压、心脏病等生理疾病，未经培训尚未掌握安全生产知识技能等客观的因素都属于个体固有的不安全因素。

人的不安全行为是指能造成事故的人为错误，是人为地使系统发生故障或使风险不可控，是作业人员主观原因导致的违背安全设计、违反安全生产规章制度、不遵守安全操作规程等错误行为。

（2）物的不安全状态。 物的不安全状态是指能导致事故发生的物质条件，包括机械设备等物质或环境所存在的不安全因素，又称为物的不安全条件或直接称其为不安全状态。

按照《企业职工伤亡事故分类》的规定，建筑施工现场物的不安全状态包括以下类型：

1）防护、保险、信号等装置缺乏或有缺陷。

2）设备、设施、工具、附件有缺陷。

3）个人防护用品用具——防护服、手套、护目镜及面罩、呼吸器官护具、听力护具、安全带、安全帽、安全鞋等缺少或有缺陷。

（3）施工场地环境不良。包括照明光线不良，通风不良，作业场所狭窄，作业场地杂乱，交通线路的配置不安全，操作工序设计或配置不安全，地面滑，贮存方法不安全，环境温度、湿度不当。

（4）管理上的不安全因素。管理上的不安全因素，通常也可称为管理上的缺陷，它也是事故潜在的不安全因素，作为间接的原因，包括技术上的缺陷，教育上的缺陷，生理上的缺陷，心理上的缺陷，管理工作上的缺陷，学校教育和社会、历史上的原因造成的缺陷。

分析大量事故的原因可以得知，单纯由于不安全状态或是单纯由于不安全行为导致事故的情况并不多，事故几乎都是由多种原因交织而形成的，是由人的不安全因素和物的不安全状态结合而成的。

2. 施工现场安全生产重大危险源

根据上述不安全因素的分类，结合建筑施工现场的危险因素情况，总结发生过的建筑施工生产安全事故教训，我们归纳出建筑施工现场存在的重大危险源主要有：

（1）基坑支护、人工挖孔桩、脚手架、模板和支撑、起重机械、物料提升机、施工电梯等工程局部甚至整体结构失稳，导致机械设备倾覆、坍塌、人员伤亡等后果。

（2）高空作业（作业面距离基准面高度差达到2m）、洞口、临边作业因安全防护不到位导致人员从高处坠落，作业面材料或建筑垃圾堆放不当导致人员摔伤滑倒，作业人员未佩戴安全带或安全带失效造成人员从高处坠落。

（3）因荷载过重或管理不善，材料构件、施工工具等发生堆放散落、高空坠落，致撞击、砸伤下方人员。

（4）临时用电设备设施、施工机械及机具漏电、电源线老化等或未按规定采取接地保护、漏电保护措施造成人员触电，线路短路引起电器火灾。

（5）起重吊装作业中吊物、吊臂、吊具、吊索等意外失控，致使周边建筑物、构筑物损坏，人员伤亡等后果。

（6）人工挖孔桩、隧道掘进、市政管道接口等因通风排气不畅造成人员窒息或中毒。

（7）易燃易爆物品管理不当、焊接动火作业不符合安全操作规程，引发爆炸、火灾。

（8）基坑开挖等使用挖掘机作业时损坏地下的电气、城市供水、供热、供气管道等引起大面积停电、停水、停气等事故。

（9）深基坑、隧道、地铁、竖井、大型管沟的施工，因为支护、支撑等设施失稳、坍塌，不但造成施工场所破坏、人员伤亡，往往还会引起地面、周边建筑设施的倾斜、塌陷、坍塌、爆炸与火灾等意外。基坑开挖、人工挖孔桩等施工降水，造成周围建筑物因地基不均匀沉降而倾斜、开裂、倒塌等意外。

（10）生活区用电不安全引发的火灾，私用煤气导致的爆炸，食品不卫生导致的中毒以及因争执、矛盾引发的治安事件等。

（11）遭遇台风、暴雨、暴风雪等自然灾害导致的人员和财产损失。

（12）其他。

2016 年，全国建筑施工伤亡事故类别仍主要是高处坠落、坍塌、物体打击、机具伤害、触电等，这些类型事故的死亡人数分别占全部事故死亡人数的 45.52%、18.61%、11.82%、5.87%、6.54%，总计占全部事故死亡人数的 88.36%。

从近年来建筑施工生产安全事故统计数据来看，建筑施工生产安全事故类型主要是高处坠落、物体打击、坍塌、起重伤害、触电这五种，我们称之为建筑施工"五大伤害"。从每起事故严重程度来看，以一般事故占大多数；从事故发生的地域来看，以城市居多；从事故发生的频率来看，这五类事故重复发生。

因此，建筑施工现场应当重点防范的事故类型就是"五大伤害"，也就是高处坠落、物体打击、坍塌、起重伤害、触电这五种事故。

4.1.3 施工现场安全事故的主要防范措施

针对建筑施工现场常见的"五大伤害"的特点，除了加强施工现场安全管理之外，还应分别采取相应的生产安全事故防范技术措施。

1. 高处坠落

高处坠落事故的防范措施主要有：

（1）施工单位在编制施工组织设计时，应制定预防高处坠落事故的安全技术措施。项目经理部应结合施工组织设计，根据建筑工程特点编制预防高处坠落事故的专项施工方案，并组织实施。

（2）所有高处作业人员应接受高处作业安全知识的教育培训并经考核合格后方可上岗作业，就高处作业技术措施和安全专项施工方案进行技术交底并签字确认。高处作业人员应经过体检，合格后方可上岗。

（3）施工单位应为高处作业人员提供合格的安全帽、安全带等必备的安全防护用具，作业人员应按规定正确佩戴和使用。

（4）高处作业安全设施的主要受力杆件的力学计算按一般结构力学公式，强度及挠度计算按现行有关规范进行。

（5）加强对临边和洞口的安全管理，采取有效的防护措施，按照技术规范的要求设置牢固的盖板、防护栏杆，张挂安全网等。

（6）电梯井口必须设防护栏杆或固定栅门；电梯井内应每隔两层，且最多隔 10m 设一道安全网。

（7）井架与施工运输电梯、脚手架等与建筑物通道的两侧边，必须设防护栏杆。地面通道上方应装设安全防护棚。双笼井架通道中间，应予以分隔封闭。各种垂直运输接料平台，除两侧设防护栏杆外，平台口还应设置安全门或活动防护栏杆。

（8）施工现场通道附近的各类洞口与坑槽等处，除设置防护设施与安全标志外，夜间还应设红灯示警。

（9）攀登的用具，结构构造上必须牢固可靠。

（10）施工中对高处作业的安全技术设施，发现有缺陷和隐患时，必须及时解决；危及人身安全时，必须停止作业。

（11）因作业必需，临时拆除或变动安全防护设施时，必须经施工负责人同意，并采取相应的可靠措施，作业后应立即恢复。

（12）防护棚搭设与拆除时，应设警戒区，并应派专人监护。严禁上下同时拆除。

（13）雨天和雪天进行高处作业时，必须采取可靠的防滑、防寒和防冻措施。

2. 物体打击

物体打击事故防范措施主要有：

（1）避免交叉作业。安排施工计划时，尽量避免和减少同一垂直线内的立体交叉作业。无法避免交叉作业时必须设置能阻挡上层坠落物体的隔离层。

（2）模板的安装和拆除应按照施工方案进行作业，2m以上高处作业应有可靠的立足点，拆除作业时不准留有悬空的模板，防止掉下砸伤人。

（3）从事起重机械的安装拆卸，脚手架、模板的搭设或拆除，桩基作业，预应力钢筋张拉作业以及建筑物拆除作业等危险作业时必须设警戒区。

（4）脚手架两侧应设有0.5~0.6m和1.0~1.2m的双层防护栏杆和高度为18~20cm的挡脚板。脚手架外侧挂密目式安全网，网间不应有空缺。

（5）上下传递物件禁止抛掷。

（6）深坑、槽的四周边沿在设计规定范围内，禁止堆放物料。

（7）做到工完场清。

（8）手动工具应放置在工具袋内，禁止随手乱放避免坠落伤人。

（9）拆除施工时除设置警戒区域外，拆下的材料要用物料提升机或施工电梯及时清理运走，散碎材料应用溜槽顺槽溜下。

（10）使用圆盘锯小型机械设备时，保证设备的安全装置完好，工人必须遵守操作规程，避免机械伤人。

（11）通道和施工现场出入口上方，均应搭设坚固、密封的防护棚。高层建筑应搭设双层防护棚。

（12）进入施工现场必须正确佩戴安全帽，安全帽的质量必须符合国家标准。

（13）作业人员应在规定的安全通道内出入和上下，不得在非规定通道位置行走。

3. 坍塌

坍塌事故的防范措施有：

（1）土方坍塌的防范措施：

1）土方开挖前应了解水文地质及地下设施情况，制定施工方案，并严格执行。基础施工要有支护方案。

2）按规定设边坡，在无法留有边坡时，应采取打桩、设置支撑等措施，确保边坡稳定。

3）开挖沟槽、基坑等，应根据土质和挖掘深度等条件放足边坡坡度。挖出的土堆放在距坑、槽边的距离不得小于设计的规定。且堆放高度不超过1.5m。开挖过程中，应经常检查边壁土稳固情况，发现有裂缝、疏松或支撑走动，要随时采取措施。

4）需要在坑、槽边堆放材料和施工机械的，距坑、槽边的距离应满足安全的要求。

5）挖土顺序应遵循由上而下逐层开挖的原则，禁止采用掏洞的操作方法。

6）基坑内要采取排水措施，及时排除积水，降低地下水位，防止土方浸泡引起坍塌。

7）施工作业人员必须严格遵守安全操作规程。上下要走专用的通道，不得直接从边坡上攀爬，不得拆移土壁支撑和其他支护设施。发现危险时，应采取必要的防护措施后逃离到安全区域，并及时报告。

8）经常查看边坡和支护情况，发现异常，应及时采取措施。

9）拆除支护设施通常采用自下而上，随填土进程，填一层拆一层，不得一次拆到顶。

（2）模板和脚手架等工作平台坍塌的防范措施：

1）模板工程、脚手架工程应有专项施工方案，附具安全验算结果，并经审查批准后，在专职安全生产管理人员的监督下实施。

2）架子工等搭设拆除人员必须取得特种作业资格。

3）搭设完毕使用前，需要经过验收合格方可使用。

4）作业层上的施工荷载应符合设计要求，不得超载。不得将模板支架、缆风绳、泵送混凝土和砂浆的输送管等固定在架体上；严禁悬挂起重设备，严禁拆除或移动架体上的安全防护设施。

5）脚手架使用期间，严禁拆除主节点处的纵、横向水平杆，纵、横向扫地杆，连墙件等杆件。

6）混凝土强度必须达到规范要求，才可以拆模板。

（3）拆除工程坍塌的防范措施：

1）拆除工程应由具备拆除施工资质的队伍承担。

2）拆除施工前15日到当地建设行政主管部门备案。

3）有拆除方案，内容包含拟拆除建筑物、构筑物及可能危及毗邻建筑的说明，拆除施工组织方案，堆放清理废弃物的措施等。

4）拆除作业人员经过安全培训合格。

5）人工拆除应当遵循自上而下的拆除顺序，禁止用推倒法。不得数层同时拆除。拆除过程中，要采取措施防止尚未拆除部分倒塌。

6）机械拆除同样应当自上而下拆除，机械拆除现场禁止人员进入。

7）爆破作业符合相关安全规定。

（4）起重机械坍塌的防范措施：

1）起重机械的安装拆卸应由具备相应的安装拆卸资质的专业承包单位承担。

2）安装拆卸人员属于特种作业人员，应取得相应的资格。

3）编制专项施工方案，有技术人员在旁指挥。

4）安装完毕，需由使用单位、安装单位、租赁单位、总承包单位共同验收合格方可使用。

5）加强对起重机械使用过程中的日常安全检查、维护和保养。

6）属于国家淘汰或命令禁止使用的起重机械，不得使用。

4. 起重伤害

起重伤害事故的防范措施有：

（1）起重吊装作业前，编制起重吊装施工方案。

（2）各种吊装作业前，应预先在吊装现场设置安全警戒标志并设专人监护，非施工人员禁止入内。

（3）司机、信号工为特种作业人员，应取得相应的资格。

（4）吊装作业前，应对起重吊装设备、钢丝绳、缆风绳、链条、吊钩等各种机具进行检查，必须保证安全可靠，不准带病使用。

（5）严禁利用管道、管架、电杆、机电设备等做吊装锚点。未经原设计单位核算，不得将建筑物、构筑物作为锚点。

（6）任何人不得随同吊装重物或吊装机械升降。

（7）吊装作业现场的吊绳索、缆风绳、拖拉绳等要避免同带电线路接触，并保持安全距离。起重机械要有防雷装置。

（8）吊装作业时，必须按规定负荷进行吊装，吊具、索具经计算选择使用，严禁超负荷运行。

（9）悬臂下方严禁站人、通行和工作。

（10）多台起重机同时作业时，要有防碰撞措施。

（11）吊装作业中，夜间应有足够的照明，室外作业遇到大雪、暴雨、大雾及六级以上大风时，应停止作业。

（12）在吊装作业中，有下列情况之一者不准起吊：指挥信号不明；超负荷或物体重量不明；斜拉重物；光线不足，看不清重物；重物下站人；重物埋在地下；重物紧固不牢，绳打结、绳不齐；棱刃物体没有衬垫措施；安全装置失灵。

5. 触电

触电事故的防范措施有：

（1）施工现场临时用电的架设和使用必须符合《施工现场临时用电安全技术规范》（JGJ 46—2005）的规定。

（2）电工必须经过按国家现行标准考核合格后，持证上岗工作。安装、巡检、维修或拆除临时用电设备和线路，必须由电工完成，并应有人监护。电工等级应同工程的难易程度和技术复杂性相适应。

（3）各类用电人员应掌握安全用电基本知识和所用设备的性能。

（4）临时用电工程应定期检查。定期检查时，应复查接地电阻值和绝缘电阻值。

（5）检查和操作人员必须按规定穿绝缘胶鞋、戴绝缘手套；必须使用电工专用绝缘工具。

（6）电缆线路应采用埋地或架空敷设，严禁沿地面明敷。

（7）施工机具、车辆及人员，应与线路保持安全距离。达不到规定的最小距离时，必须采用可靠的防护措施。

（8）建筑施工现场临时用电系统必须采用TN-S接零保护系统，必须实行"三级配电，两级保护"制度。

（9）开关箱应由分配电箱配电。一个开关只能控制一台用电设备，严禁一个开关控制两台及以上的用电设备（含插座）。

（10）各种电气设备和电力施工机械的金属外壳、金属支架和底座必须按规定采取可靠的接零或接地保护。

（11）配电箱及开关箱周围应有足够的工作空间，不得在配电箱旁堆放建筑材料和杂物。配电箱要有防雨措施。

（12）各种高大设施必须按规定装设避雷装置。

（13）手持电动工具的使用应符合国家标准的有关规定。其金属外壳和配件必须按规定采取可靠的接零或接地保护。

（14）按规定在特殊场合使用安全电压照明。

（15）电焊机外壳应做接零或接地保护。不得借用金属管道、金属脚手架、轨道及结构钢筋做回路地线。焊把线无破损，绝缘良好。电焊机设置点应防潮、防雨、防砸。

 ## 课题2　安全事故救援处理知识

【导入案例】

2000年12月24日20时许，为封闭两个小方孔，河南省洛阳市××商厦负责人王某某（台商）指使该店员工王某某、宋某、丁某某将一小型电焊机从商厦四层抬到地下一层大厅，并安排王某某（无焊工资质证）进行电焊作业，未作任何安全防护方面的交代，王某某施焊中也没有采取任何防护措施，电焊火花从方孔溅入地下二层可燃物上，引燃地下二层的绒布、海绵床垫、沙发和木制家具等可燃物品。王某某等人发现后，用室内消火栓的水枪从方孔向地下二层射水灭火，在不能扑灭的情况下，既未报警也没有通知楼上人员便逃离现场，并相互订立攻守同盟。正在商厦办公的商厦总经理李某某以及为开业准备商品的员工见势迅速撤离，也未及时报警和通知四层娱乐城人员逃生。随后，火势迅速蔓延，产生的大量一氧化碳、二氧化碳、含氰化合物等有毒烟雾，顺着东北、西北角楼梯间向上蔓延（地下二层大厅东南角楼梯间的门关闭，西南、东北、西北角楼梯间为铁栅栏门，着火后，西南角的铁栅栏门进风，东北、西北角的铁栅栏门过烟不过人）。由于地下一层至三层东北、西北角楼梯与商场采用防火门、防火墙分隔，楼梯间形成烟囱效应，大量有毒高温烟雾以240m/min左右的速度通过楼梯间迅速扩散到四层娱乐城。着火后，东北角的楼梯被烟雾封堵，其余的3部楼梯被上锁的铁栅栏堵住，人员无法通行，仅有少数人员逃到靠外墙的窗户处获救，聚集的大量高温有毒气体导致309人中毒窒息死亡，其中男135人，女174人。

经过相关部门的调查，最终洛阳市检察院分别以涉嫌放火罪、包庇罪、消防责任事故罪、玩忽职守罪、滥用职权罪对27名责任人批准逮捕。2001年8月22日，洛阳市中级人民法院公布了一审判决结果，23人被判处有期徒刑3至13年。

事故原因分析：

（1）违章作业。××商厦非法施工、施焊人员违章作业是事故发生的直接原因。

（2）管理混乱。××商厦消防安全管理混乱、对长期存在的重大火灾隐患拒不整改是事故发生的主要原因。商厦地下两层和地上四层没有防火分隔，地下两层没有自动喷水灭火系统，火灾自动报警系统损坏，四层娱乐城4个疏散通道3个被铁栅栏封堵，大楼周围防火间距被占用等。1999年5月以来，洛阳市公安消防支队对商厦进行了多次检查，5次下发整改火灾隐患法律文书，要求限期整改，但商厦除对部分隐患进行整改外，对主要隐患均以经济困难或影响经营为由拒不整改，违法占用消防车通道。

（3）超载与无照经营。娱乐城无照经营、超员纳客是事故发生的重要原因。商厦娱乐城纳客定额为200人，2000年12月25日却借圣诞节之夜，无限制出售门票及赠送招待票，致使参加娱乐人员高达350多人，造成大量人员死亡。

（4）监督不到位。政府有关职能部门监督管理不力也是事故发生的重要原因。

4.2.1　安全事故的处理依据及程序

1. 建筑施工生产安全事故处理依据

（1）施工单位的事故调查报告。调查报告中应就与施工事故有关的实际情况做详尽说明，其内容包括：事故发生的时间、地点；事故状况的描述；事故发展变化情况（其范围是否继续扩大，程度是否已经稳定等）；有关事故的观测记录、事故现场状态的照片或录像。

（2）有关的技术文件和档案。施工图和技术说明等设计文件；施工有关的技术文件与资料档案（施工组织设计或专项施工方案、施工计划，施工记录、施工日志，有关建筑材料、施工机具及设备等的质量证明资料，劳动保护用品与安全物资的质量证明资料，其他相关文件）。

（3）有关合同和合同文件。承包合同，设计委托合同，设备、器材与材料供应合同，设备租赁合同，分包合同，工程监理合同。

（4）建设工程相关的法律法规和标准规范。

2. 建筑施工生产安全事故处理程序

施工现场安全管理人员应熟悉各级政府建设行政主管部门处理建设工程施工事故的基本程序，要特别明确如何在处理建设工程施工事故过程中履行自己的职责。生产安全等级事故应当按照《中华人民共和国安全生产法》《生产安全事故报告和调查处理条例》的规定进行报告。事故发生后，事故现场有关人员应当立即向本单位负责人报告；单位负责人接到报告后，应当于1小时内向事故发生地县级以上人民政府安全生产监督管理部门和负有安全生产监督管理职责的有关部门报告。特别重大事故、重大事故逐级上报至国务院安全生产监督管理部门和负有安全生产监督管理职责的有关部门；较大事故逐级上报至省、自治区、直辖市人民政府安全生产监督管理部门和负有安全生产监督管理职责的有关部门；一般事故上报至设区的市级人民政府安全生产监督管理部门和负有安全生产监督管理职责的有关部门。自事故发生之日起30日内，事故造成的伤亡人数发生变化的，应当及时补报。

特别重大事故由国务院或者国务院授权有关部门组织事故调查组进行调查。重大事故、较大事故、一般事故分别由事故发生地省级人民政府、设区的市级人民政府、县级人民政府负责调查。省级人民政府、设区的市级人民政府、县级人民政府可以直接组织事故调查组进行调查，也可以授权或者委托有关部门组织事故调查组进行调查。未造成人员伤亡的一般事故，县级人民政府也可以委托事故发生单位组织事故调查组进行调查。

处理事故要坚持"四不放过"的原则，即施工事故原因未查清不放过；职工和事故责任人受不到教育不放过；事故隐患不整改不放过；事故责任人不处理不放过。

建设工程施工事故发生后，一般按以下程序进行处理，如图4-1所示。

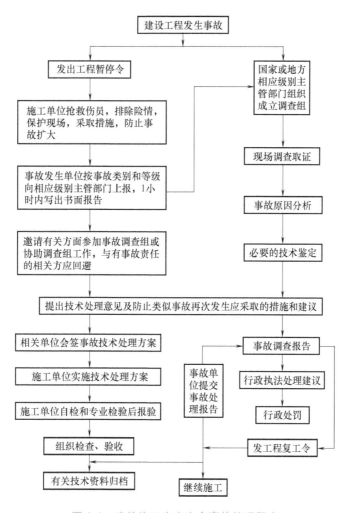

图 4-1　建筑施工生产安全事故处理程序

3. 建筑施工生产安全事故隐患的整改处理程序

安全生产管理理念中，认为"隐患就是事故"，要把安全隐患当成是事故来对待。所以当发现安全隐患时，也应按照生产安全事故处理的态度、方法和程序来处理隐患。其流程如图4-2所示。

4.2.2　安全事故的主要救援方法

1. 事故发生后的救援程序

（1）立即启动应急救援程序，相关救援人员、救援设备就位。

（2）保护现场，视情况将伤员安置到安全区域。

（3）针对伤员受到的不同伤害，由急救人员对伤员采取正确的紧急救援措施。

（4）拨打120或安排车辆等交通工具，及时送伤员到医院救治。安排专人到路口接应救护车。

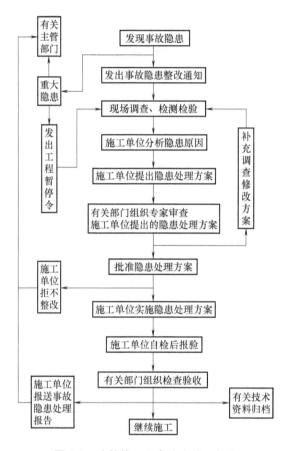

图4-2 建筑施工安全隐患处理程序

（5）对事故现场状况进行判断，及时排除再次发生事故的隐患，不能立即处理的，应予以封闭，疏散人员，维持秩序，设警戒区，派专人监护。

（6）按规定报告事故。

2. 安全事故的主要救援方法

（1）高处坠落、物体打击救援方法：首先应观察伤员的神志是否清醒，查看伤员坠落时身体着地部位，查明伤员的受伤部位，弄清受伤类型，再采取相应的现场急救处理措施。止血、包扎、固定、搬运是外伤救护的四项基本技术。

1）止血。**加压包扎止血法**：一般小静脉和毛细血管出血，血流很慢，用消毒纱布、干净毛巾或布块等盖在创口上，再用三角巾（可用头巾代替）或绷带扎紧，并将患处抬高（图4-3）。

压迫止血法：①毛细血管出血。血液从创面或创口四周渗出，出血量少、色红，找不到明显的出血点，危险性小。这种出血常能自动停止。通常用碘酊和酒精消毒伤口周围皮肤后，

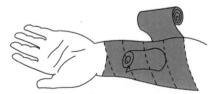

图4-3 加压包扎止血法

在伤口盖上消毒纱布或干净的手帕、布片，扎紧就可止血。②静脉出血。暗红色的血液，

缓慢不断地从伤口流出，其后由于局部血管收缩，血流逐渐减慢，危险性也较小。止血的方法和毛细血管出血基本相同。抬高患处可以减少出血，在出血部位放上几层消毒纱布或干净手帕等，加压包扎即可达到止血的目的。③骨髓出血。血液颜色暗红，可伴有骨折碎片，血中浮有脂肪油滴，可用敷料或干净多层手帕等填塞止血。④动脉出血。血液随心脏搏动而喷射涌出，来势较猛，颜色鲜红，出血量多，速度快，危险性大。动脉出血急救，一般用指压法止血，即在出血动脉的近端，用拇指和其余手指压在骨面上，予以止血。在动脉的走向中，最易压住的部位叫压迫点，止血时要熟悉主要动脉的压迫点。这种方法简单易行，但因手指容易疲劳，不能持久，所以只能是一种临时急救止血手段，必须尽快换用其他方法。

指压法：常用压迫部位如①头顶部出血，用拇指压迫颞浅动脉。方法是用拇指或食指在耳前对下颌关节处用力压迫（图4-4）。②面部出血，压迫双侧面动脉。方法可用食指或拇指压迫同侧下颌骨下缘，下颌角前方约3cm的凹陷处，此处可摸到明显搏动（面动脉）（图4-5）。③头颈部出血，四个手指并拢对准颈部胸锁乳突肌中段内侧，将颈总动脉压向颈椎。注意不能同时压迫两侧颈总动脉，以免造成脑缺血坏死。压迫时间也不能太久，以免造成危险（图4-6）。④上臂出血，一手抬高患肢，另一手四个手指对准上臂中段内侧压迫肱动脉（图4-7）。⑤手掌出血，将患肢抬高，用双手拇指分别压迫手腕部的尺、桡动脉（图4-8）。⑥大腿出血，在腹股沟中稍下方，用双手拇指向后用力压股动脉（图4-9）。⑦小腿出血，压迫腘窝动脉。方法一手固定膝关节正面，另一手拇指摸到腘窝处跳动的腘动脉，用力向前压迫（图4-10）。⑧足部出血，用双手拇指分别压迫足背动脉和内踝与跟腱之间的颈后动脉（图4-11）。

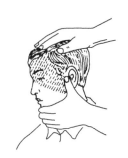

图4-4　头顶部颞浅动脉止血点

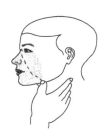

图4-5　面部面动脉止血点

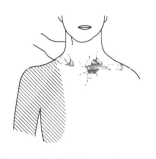

图4-6　头颈部颈总动脉止血点

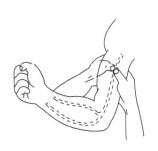

图4-7　上臂肱动脉止血点

图 4-8　手腕部尺、桡动脉止血点

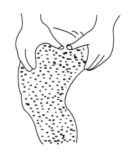

图 4-9　大腿股动脉止血点

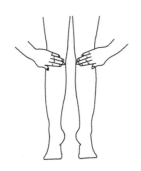

图 4-10　小腿腘窝动脉止血点

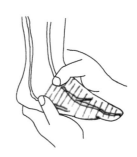

图 4-11　足部颈后动脉止血点

加垫屈肢止血法：此法适用于躯干无骨折情况下的四肢部位出血。如前臂出血，在肘窝处垫以棉卷或绷带卷，将肘关节尽力屈曲，用绷带或三角巾固定于屈肘姿势。其他如腹股沟、肘窝、腘窝也可使用加垫屈肢止血法（图 4-12）。

止血带止血法：用于四肢大出血。一般使用橡皮条做止血带，也可用大三角巾、绷带、手帕、布腰带等布止血带替代，但禁用电线和绳索。上止血带部位要在创口上方，尽量靠近伤口但又不能接触伤口面。上止血带部位必须先垫衬布块，或绑在衣服外面，以免损伤皮下神经。止血带绑得松紧适当，以摸不到远端脉搏和使出血停止为度。太紧会压迫神经而使肢体麻痹，太松则不能止血，如果动脉没有压住而仅压住静脉，出血反而更多，甚至引起肢体肿胀坏死。绑止血带时间要认真记载，用止血带时间不能太久，最好每隔半小时（冷天）或一小时放松一次。放松时用指压法暂时止血。每次放松 1 ~ 2min。凡绑止血带伤员要尽快送往医院急救（图 4-13）。

2）包扎。**三角巾包扎法**：对较大创面、固定夹板、手臂悬吊等，需应用三角巾包扎法。操作要领为①普通头部包扎，先将三角巾底边折叠，把三角巾底边放到前额拉到脑后，相交后先打一半结，再绕至前额打结（图 4-14）。②风帽式头部包扎，将三角巾顶角和底边中央各打一结成风帽状。顶角放于额前，底边结放在后脑勺下方，包住头部，两角往面部拉紧向外反折包绕下颌（图 4-15）。③普通面部包扎，将三角巾顶角打一结，适当位置剪孔（眼、鼻处）。打结处放于头顶处，三角巾罩于面部，剪孔处正好露出眼、鼻。三角巾左右两角拉到颈后在前面打结（图 4-16）。④普通胸部包扎，将三角巾顶角向上，贴于局部，如系左胸受伤，顶角放在右肩上，底边扯到背后在后面打结；再将左角拉到肩部与顶角打结。背部包扎与胸部包扎相同，仅位置相反，结打于胸部（图4-17）。⑤三角巾的另一重要用途为悬吊手臂。对已用夹板的手臂起固定作用；还可对无夹板的伤肢起到夹板固定作用（图4-18）。

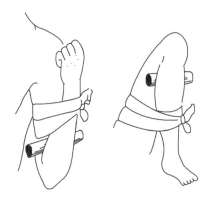

图 4-12　加垫屈肢止血法

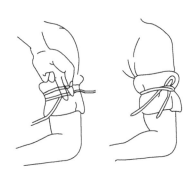

图 4-13　止血带止血法

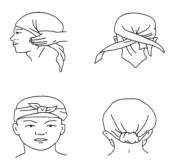

图 4-14　普通头部包扎法

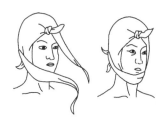

图 4-15　风帽式头部包扎法

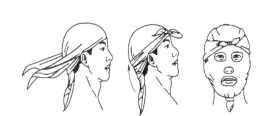

图 4-16　普通面部包扎法

图 4-17　普通胸部包扎法

绷带包扎法：包扎卷轴绷带前要先处理好患部，并放置敷料。包扎时，展开绷带的外侧头，背对患部，一边展开，一边缠绕。无论何种包扎形式，均应环形起，环形止，松紧适当，平整无褶。最后将绷带末端剪成两半，打方结固定。结应打在患部的对侧，不应压在患部之上。有的绷带无须打结固定，包扎后可自行固定。夹板绷带和石膏绷带为制动绷带，主要用于四肢骨折、重度关节扭伤、肌腱断裂等的急救与治疗。可用竹板、木板、树枝、厚纸板等作为夹板材料，依患部的长短、粗细及形状制备好夹板。夹板的两端应稍向外弯曲，以免对局部造成压迫（图4-19）。

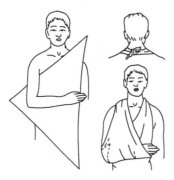

图 4-18　三角巾悬吊手臂

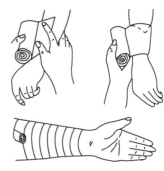

图 4-19　绷带包扎

3）固定。骨折固定常用的有木制、铁制、塑料制临时夹板。施工现场无夹板可就地取材采用木板、树枝、竹竿等作为临时固定材料。如无任何物品亦可固定于伤员躯干或健肢上。骨折固定的要领是先止血，后包扎，再固定；夹板长短与肢体长短相对称，骨突出部位要加垫；先扎骨折上、下两端，后固定两关节；四肢露指（趾）尖，胸前挂标志，迅速送医院。常见的骨折固定方法如图 4-20 所示。

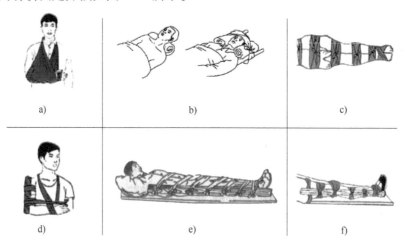

a)　　　　　　　　　b)　　　　　　　　　c)

d)　　　　　　　　　e)　　　　　　　　　f)

图 4-20　常见的骨折固定方法

a）前臂骨折夹板固定法　b）颈椎骨折固定法　c）小脚骨折健体固定法
d）肱骨骨折夹板固定法　e）大腿骨折固定法　f）小腿骨折夹板固定法

4）搬运。根据救护员人数的不同，搬运采取的方法也不同。

① 一位救护员搬运方法包括以下几种：

a. 扶行法：适宜清醒伤病者，没有骨折，伤势不重，能自己行走的伤病者。方法：救护者站在身旁，将其一侧上肢绕过救护者颈部，用手抓住伤病者的手，另一只手绕到伤病者背后，搀扶行走。

b. 背负法：适用老幼、体轻、清醒的伤病者。方法：救护者朝向伤病者蹲下，让伤员将双臂从救护员肩上伸到胸前，两手紧握。救护员抓住伤病者的大腿，慢慢站起来。如有上、下肢，脊柱骨折不能用此法。

c. 爬行法：适用清醒或昏迷伤者。在狭窄空间或浓烟的环境下。

d. 抱持法：适于年幼伤病者，体轻者没有骨折，伤势不重，是短距离搬运的最佳方法。

方法：救护者蹲在伤病者的一侧，面向伤员，一只手放在伤病者的大腿下，另一只手绕到伤病者的背后，然后将其轻轻抱起。如有脊柱或大腿骨折禁用此法。

② 两位救护员搬运方法包括以下几种：

a. 轿杠式：适用清醒伤病者。方法：两名救护者面对面各自用右手握住自己的左手腕。再用左手握住对方右手腕，然后，蹲下让伤病者将两上肢分别放到两名救护者的颈后，再坐到相互握紧的手上。两名救护者同时站起，行走时同时迈出外侧的腿，保持步调一致。

b. 双人拉车式：适于意识不清的伤病者。方法：将伤病者移上椅子、担架或在狭窄地方搬运伤者。两名救护者，一人站在伤病者的背后将两手从伤病者腋征插入，把伤病者两前臂交叉于胸前，再抓住伤病者的手腕，把伤病者抱在怀里，另一人反身站在伤病者两腿中间将伤病者两腿抬起，两名救护者一前一后地行走。

③ 三人或四人搬运（三人或四人平托式适用于脊柱骨折的伤者）方法包括以下几种：

a. 三人异侧运送：两名救护者站在伤病者的一侧，分别在肩、腰，臀、膝部之间，第三名救护者可站在对面伤病者的臀部，两臂伸向伤员臀下，握住对方救护员的手腕。三名救护员同时单膝跪地，分别抱住伤病者肩、后背、臀、膝部，然后同时站立抬起伤病者。

b. 四人异侧运送：三名救护者站在伤病者的一侧，分别在头、腰、膝部，第四名救护者位于伤病者的另一侧肩部。四名救护员同时单膝跪地，分别抱住伤病者颈、肩、后背、臀、膝部，再同时站立抬起伤病者。

（2）触电事故救援方法：

1）触电事故导致人员受伤害的类型。触电通常是指人体直接触及电源或高压电经过空气或其他导电介质传递电流通过人体时引起的组织损伤和功能障碍，重者发生心搏和呼吸骤停的事故类型。触电造成的对人体的伤害类型主要是电击伤、电热灼伤和闪电损伤（雷击）。电击伤和闪电损伤对人造成后果是心搏和呼吸微弱甚至是停止；被电热灼伤的皮肤呈灰黄色焦皮，中心部位低陷，周围无肿、痛等炎症反应，但电流通路上软组织的灼伤常较为严重。

2）触电事故的救援方法。伤员的呼吸和心搏骤停一旦发生，如得不到即刻及时地抢救复苏，4~6分钟后会造成其大脑和其他人体重要器官组织的不可逆的损害，此时的紧急救援必须在现场立即进行，为进一步抢救直至挽回伤员的生命而赢得最宝贵的时间。

呼吸和心搏骤停的现场急救方法有人工呼吸、胸外心脏按压和心肺复苏法。

① **人工呼吸**：给予人工呼吸前，正常吸气即可，无须深吸气；所有方式的人工呼吸（口对口、口对面罩等）均应该持续吹气1s以上，保证有足够量的气体进入并使胸廓起伏；如第一次人工呼吸未能使胸廓起伏，可再次用仰头抬颏法开放气道，给予第二次通气，如图4-21所示。

② **胸外心脏按压法**：伤员仰卧于硬板床或地上，如为软床，身下应放一木板，以保证按压有效。抢救者应紧靠患者胸部一侧，为保证按压时力量垂直作用于胸骨，抢救者可跪在伤员一侧或骑跪在其腰部两侧。正确的按压部位是胸骨中，下1/3处。具体定位方法是抢救者以左手食指和中指沿肋弓向中间滑移至两侧肋弓交点处，即胸骨下切迹，然后将食指和中指横放在胸骨下切迹的上方，食指上方的胸骨正中部即为按压区，将另一手的掌根紧挨食指放在患者胸骨上，再将定位之手取下，将掌根重叠放于另一手手背上，使手指翘起脱离胸壁，也可采用两手手指交叉抬起手指。抢救者双肘关节伸直，双肩在患者胸骨上方正中，肩

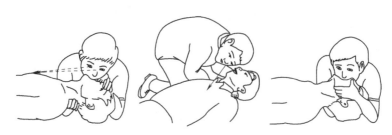

图 4-21　人工呼吸法

手保持垂直用力向下按压，下压深度为 4～5cm，按压频率为 80～100 次/min，按压与放松时间大致相等，如图 4-22、图 4-23 所示。

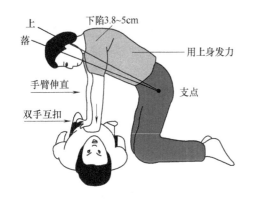

图 4-22　胸外心脏按压法

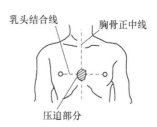

图 4-23　胸外心脏按压点的确定

可以同时采用口对口人工呼吸和胸外心脏按压的方法对伤员进行抢救，如现场仅一人抢救，可以两种方法交替使用，每吹气 2～3 次，再挤压 10～15 次。抢救要坚持不断，切不可轻易放弃。人工呼吸配合胸部按压如图 4-24 所示。

③ **心肺复苏术法**：步骤如下：

第一步：脉搏检查：只要发现无反应的伤员没有自主呼吸就应按心搏骤停处理。检查脉搏的时间一般不能超过 10s，如 10s 内仍不能确定有无脉搏，应立即实施胸外按压。

第二步：胸外按压，为了尽量减少因通气而中断胸外按压，对于未建立人工气道的成人，2010 年国际心肺复苏指南推荐的按压-通气比率为 30∶2，即每按压 30 次，人工呼吸 2 次。如双人或多人施救，应每 2min 或 5 个周期（每个

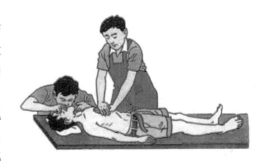

图 4-24　人工呼吸配合胸部按压示意图

周期包括 30 次按压和 2 次人工呼吸）更换按压者，并在 5s 内完成转换，因为研究表明，在按压开始 1～2min 后，操作者按压的质量就开始下降。国际心肺复苏指南更强调持续有效胸外按压，快速有力，尽量不间断，因为过多中断按压，会使冠脉和脑血流中断，复苏成功率明显降低。

第三步：开放气道，有两种方法可以开放气道提供人工呼吸，仰头抬颏法和推举下颌

法。后者仅在怀疑头部或颈部损伤时使用，因为此法可以减少颈部和脊椎的移动。注意在开放气道同时应该用手指挖出病人口中异物或呕吐物，有假牙者应取出假牙。

第四步：人工呼吸。

第五点：AED（自动体外除颤器）除颤，室颤（心室颤动，即 VF）是成人心脏骤停的最初发生的较为常见而且是较容易治疗的心律。对于室颤患者，如果能在意识丧失的 3 ~ 5min 内立即实施心肺复苏及除颤，存活率是最高的。当然由于施工现场的条件受限制，这一步骤在现场比较难以实现。

（3）中毒事故救援方法（硫化氢中毒的救援要点）：

1）现场及时抢救极为重要。空气中含极高硫化氢浓度时常在现场引起多人电击样死亡（类似电击后的心肺骤停症状），如能及时抢救可降低死亡率。应立即使患者脱离现场至空气新鲜处。有条件时立即给予吸氧。

2）维持生命体征。对呼吸或心脏骤停者应立即施行心肺复苏术。对在事故现场发生呼吸骤停者如能及时施行人工呼吸，则可避免随之而发生心脏骤停。在施行口对口人工呼吸时施行者应防止吸入患者的呼出气或衣服内逸出的硫化氢，以免发生二次中毒。

3）立即送医院进行高压氧治疗等对症处理。

（4）坍塌事故救援方法（挤压伤急救处理方法）：

1）尽快解除挤压的因素。

2）手和足趾的挤伤，指（趾）甲下血肿呈黑色，可立即用冷水冷敷，减少出血和减轻疼痛。

3）怀疑已有内脏损伤，应密切观察有无休克症状，并呼叫救护车急救。

4）挤压综合征是肢体埋压后逐渐形成的，因此要密切观察，及时送医院，不要因为无伤口就忽视其严重性。

5）在转运过程中，应减少肢体活动，不管有无骨折都要用夹板固定，并让肢体暴露在流通的空气中，切忌按摩和热敷。

6）在采取急救措施后，要及时送专业医疗机构进行治疗。

（5）火灾事故救援方法：

1）火灾的分类。火灾初期的火焰，基本都是可以扑灭的。根据可燃物的类型和燃烧特性，火灾可分为 A、B、C、D、E、F 六大类。

A 类火灾：指固体物质火灾。这种物质通常具有有机物质性质，一般在燃烧时能产生灼热的余烬。如木材、干草、煤炭、棉、毛、麻、纸张等火灾。

B 类火灾：指液体或可熔化的固体物质火灾。如煤油、柴油、原油、甲醇、乙醇、沥青、石蜡、塑料等火灾。

C 类火灾：指气体火灾。如煤气、天然气、甲烷、乙烷、丙烷、氢气等火灾。

D 类火灾：指金属火灾。如钾、钠、镁、铝镁合金等火灾。

E 类火灾：指带电火灾。物体带电燃烧的火灾。

F 类火灾：指烹饪器具内的烹饪物（如动植物油脂）火灾。

2）灭火器。不同的火灾类型，要使用不同的灭火器械。因此要根据火灾的类型来选择相应的灭火器来扑救。

泡沫灭火器，适用于扑救一般 B 类火灾，如油制品、油脂等火灾，也可适用于 A 类火灾，但不能扑救 B 类火灾中的水溶性可燃、易燃液体的火灾，如醇、酯、醚、酮等物质火灾；也不能扑救带电设备及 C 类和 D 类火灾。

酸碱灭火器，适用于扑救 A 类物质燃烧的初起火灾，如木、织物、纸张等燃烧的火灾。它不能用于扑救 B 类物质燃烧的火灾，也不能用于扑救 C 类可燃性气体或 D 类轻金属火灾。同时也不能用于带电物体火灾的扑救。

二氧化碳灭火器，适用于扑救易燃液体及气体的初起火灾，也可扑救带电设备的火灾；常应用于实验室、计算机房、变配电所，以及对精密电子仪器、贵重设备或物品维护要求较高的场所。

干粉灭火器，碳酸氢钠干粉灭火器适用于易燃、可燃液体、气体及带电设备的初起火灾；磷酸铵盐干粉灭火器除可用于上述几类火灾外，还可扑救固体类物质的初起火灾。但都不能扑救金属燃烧火灾。

3）灭火器的正确使用方法。步骤一：取出灭火器。步骤二：拔去保险销。步骤三：手握灭火器橡胶喷嘴，对向火焰根部。步骤四：将灭火器上部手柄压下，灭火剂喷出。干粉灭火器的使用方法如图 4-25 所示。

 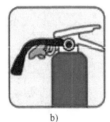  

a)   b)   c)   d)

图 4-25 干粉灭火器的正确使用方法

a) 取出灭火器 b) 拔掉保险销 c) 一手握住压把，一手握住喷管 d) 对准火苗根部喷射（人站立在上风）

建筑施工现场还应常备有消防桶、沙箱等消防设施，高层建筑还必须配有消火栓灭火系统。

4）火灾事故的救援。发生火灾后的自救措施：发生火灾后，会产生浓烟，火灾中产生的浓烟由于热空气上升的作用，大量的浓烟将漂浮在上层，因此在火灾中离地面 30cm 以下的地方还应该有空气，因此浓烟中尽量采取低姿势爬行，头部尽量贴近地面。

烧伤后，应采取有效措施扑灭身上的火焰，使伤员迅速脱离开致伤现场。当衣服着火时，应采用各种方法尽快地灭火，如水浸、水淋、就地卧倒翻滚等，千万不可直立奔跑或站立呼喊，以免助长燃烧，引起或加重呼吸道烧伤。灭火后伤员应立即将衣服脱去，如衣服和皮肤粘在一起，可在救护人员的帮助下把未粘的部分剪去，并对创面进行包扎。

要正确报火警，牢记火警电话"119"；接通电话后要沉着冷静，向接警中心讲清失火单位的名称、地址、什么东西着火、火势大小以及着火的范围。同时还要注意听清对方提出的问题，以便正确回答；把自己的电话号码和姓名告诉对方，以便联系；打完电话后，要立即到交叉路口等候消防车的到来，以便引导消防车迅速赶到火灾现场；迅速组织人员疏通消防车道，清除障碍物，使消防车到火场后能立即进入最佳位置灭火救援；在没有电话或没有消防队的地方，如农村和偏远地区，可采用敲锣、吹哨、喊话等方式向四周报警，动员乡邻来灭火。

课题3　应急救援预案的编制

【导入案例】

为加强对施工生产安全事故的防范，及时做好安全事故发生后的救援处置工作，最大限度地减少事故损失，根据《中华人民共和国安全生产法》《建设工程安全生产管理条例》《××省建筑施工安全事故应急救援预案规定》和《××市建筑施工安全事故应急救援预案管理办法》的有关规定，结合本企业施工生产的实际情况，特制本企业施工生产安全事故应急救援预案。

1. 应急预案的任务和目标

更好地适应法律和经济活动的要求，给企业员工的工作和施工场区周围居民提供更好更安全的环境；保证各种应急反应所需资源处于良好的备战状态；指导应急反应行动按计划有序地进行，防止因应急反应行动组织不力或现场救援工作的无序和混乱而延误事故的应急救援；有效地避免或降低人员伤亡和财产损失；帮助实现应急反应行动的快速、有序、高效；充分体现应急救援的"应急精神"。

2. 应急救援组织机构情况

本企业施工生产安全事故应急救援预案的应急反应组织机构分为一、二级编制，公司总部设置应急预案实施的一级应急反应组织机构，工程项目经理部或加工厂设置应急计划实施的二级应急反应组织机构。

具体组织框架图如图4-26、图4-27所示。

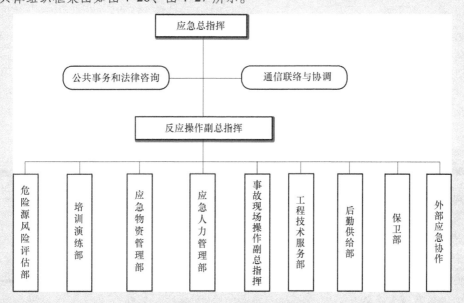

图4-26　公司总部一级应急反应组织机构框架图

3. 应急救援的培训与演练

（1）培训：应急预案和应急计划确立后，按计划组织公司总部、施工项目部及加工厂的全体人员进行有效的培训，从而具备完成应急任务所需的知识和技能。

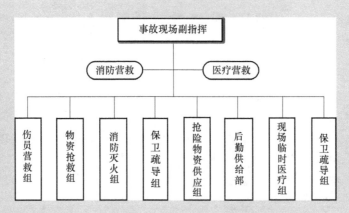

图 4-27　工程项目经理部二级反应组织机构框架图

1）一级应急组织每年进行一次培训。

2）二级应急组织每一项目开工前或半年进行一次培训。

3）新加入的人员及时培训。

主要培训以下内容：

1）灭火器的使用以及灭火步骤的训练。

2）施工安全防护、作业区内安全警示设置、个人的防护措施、施工用电常识、在建工程的交通安全、大型机械的安全使用。

3）对危险源的突显特性辨识。

4）事故报警。

5）紧急情况下人员的安全疏散。

6）现场抢救的基本知识。

（2）演练：应急预案和应急计划确立后，经过有效的培训，公司总部人员、加工厂人员每年演练一次。施工项目在项目开工后演练一次，根据工程工期长短不定期举行演练，施工作业人员变动较大时增加演练次数。每次演练结束，及时做出总结，对存有一定差距的在日后的工作中加以提高。

4. 事故报告指定机构人员、联系电话

公司的质安部是事故报告的指定机构，联系人：×××，电话：×××，质安部接到报告后及时向总指挥报告，总指挥根据有关法规及时、如实地向负责安全生产监督管理的部门、建设行政主管部门或其他有关部门报告，特种设备发生事故的，还应当同时向特种设备安全监督管理部门报告。

5. 救援器材、设备、车辆等落实

公司每年从利润提取一定比例的费用，根据公司施工生产的性质、特点以及应急救援工作的实际需要有针对、有选择地配备应急救援器材、设备，并对应急救援器材、设备进行经常性维护、保养，不得挪作他用。启动应急救援预案后，公司的机械设备、运输车辆统一纳入应急救援工作之中。

6. 应急救援预案的启动、终止和终止后工作恢复

当事故的评估预测达到启动应急救援预案条件时，由应急总指挥启动应急反应预案令。

对事故现场经过应急救援预案实施后，引起事故的危险源得到有效控制、消除；所有现场人员均得到清点；不存在其他影响应急救援预案终止的因素；应急救援行动已完全转化为社会公共救援；应急总指挥认为事故的发展状态必须终止的；应急总指挥下达应急终止令。

应急救援预案实施终止后，应采取有效措施防止事故扩大，保护事故现场和物证，经有关部门认可后可恢复施工生产。对应急救援预案实施的全过程认真科学地做出总结，完善应急救援预案中的不足和缺陷，为今后的预立、制定、修改提供经验和完善的依据。

4.3.1 施工安全事故的应急救援

1. 应急救援的基本概念

事故应急救援一般是指针对突发、具有破坏力的紧急事件采取预防、预备、响应和恢复的活动与计划。根据紧急事件的不同类型，分为卫生应急、交通应急、消防应急、地震应急、厂矿应急、家庭应急等领域的应急救援。本节主要讲述的是建筑施工现场的事故应急救援。

事故应急救援预案（又称应急预案、应急方案）是根据预测危险源，并分析危险源可能发生事故的类别、危害程度等内容，而事先制订具有针对性的应急救援措施，使一旦事故发生时能够采取及时、有效、有序的应急救援行动。它是安全管理体系的重要组成部分，也是建筑工程安全管理的重要文件。

2. 事故应急救援预案的作用

有三个方面的作用：

（1）事故预防。通过危险辨识、事故后果分析，采用技术和管理手段降低事故发生的可能性，且使可能发生的事故控制在局部，防止事故曼延。

（2）应急处理。当事故（或故障）一旦发生，有应急处理程序和方法，能快速反应处理故障或将事故消除在萌芽状态。

（3）抢险救援。采用预定的现场抢险和抢救的方式，控制或减少事故造成的损失。

3. 应急救援预案的分级

除生产经营单位应当制定应急救援预案外，《安全生产法》规定县级以上地方各级人民政府应当组织有关部门制定本行政区域内特大生产安全事故应急救援预案，建立应急救援体系。根据应急救援预案的权力机构不同，应急救援预案分为5个级别：

（1）Ⅰ级（企业级）。事故的有害影响仅局限于某个生产经营单位的厂界内，并且可被现场的操作者遏制和控制在该区域内。这类事故可能需要投入整个单位的力量来控制，但预期其影响不会扩大到社区（公共区）。

（2）Ⅱ级（县、市级）。事故的影响可能扩大到公共区，但可被该县（市、区）的力量，加上所涉及的生产经营单位的力量所控制。

（3）Ⅲ级（市、地级）。事故影响范围大，后果严重，或是发生在两个县或县级市管辖区边界上的事故，应急救援需动用地区力量。

（4）Ⅳ级（省级）。对可能发生的特大火灾、爆炸、毒物泄漏等事故，特大矿山事故以及属省级特大事故隐患、重大危险源的设施或场所，应建立省级事故应急预案。它可能是一种规模较大的灾难事故，或是一种需要用事故发生地的城市或地区所没有的特殊技术和设备进行处理的特殊事故。这类意外事故需用全省范围内的力量来控制。

（5）Ⅴ级（国家级）。事故后果超过省、直辖市、自治区边界，以及列为国家级事故隐患、重大危险源的设施或场所，应制订国家级应急预案。

4.3.2 事故应急救援预案的编制

1. 应急救援预案编制的原则

（1）目的性原则。制订的应急救援预案必须明确编制的目的，并具有针对性，不能局限于形式。

（2）科学性原则。制订应急救援预案应当在全面调查研究的基础上，进行科学的分析和论证，制定出统一、完整、严密、迅速的应急救援方案，使预案具有科学性。

（3）实用性原则。制订的应急救援预案必须讲究实效。应急救援预案应符合企业、施工现场和环境的实际情况，具有实用性和可行性。

（4）权威性原则。救援工作是一项紧急状态下的应急性工作，所制订的应急救援预案应明确救援工作的管理体系，明确救援行动的组织指挥权限和各级救援组织的职责和任务等一系列的行政性管理规定。应急预案一旦启动，各相关部门和人员必须服从指挥，协调配合，迅速投入应急救援之中。

（5）从重、从大的原则。制定的事故应急救援预案要从本单位可能发生的最高级别或重大的事故考虑，不能避重就轻、避大就小。

（6）分级的原则。事故应急救援预案必须分级制订，分级管理和实施。

2. 应急救援预案的编制内容

以建筑施工企业为例，事故应急救援预案编写应包括以下主要内容：

（1）编制目的及原则。

（2）危险性分析（包括项目概况和危险源情况等内容）。

（3）应急救援组织机构与职责（包括应急救援领导小组与职责，应急救援下设机构及职责等内容）。

（4）预防与预警（预防应包括土方坍塌、高处坠落、触电、机械伤害、物体打击、火灾、爆炸等事故的预防措施，预警应包括事故发生后的信息报告程序等内容）。

（5）应急响应（包括坍塌事故应急处置、大型脚手架及高处坠落事故应急处置、触电事故应急处置、电焊伤害事故应急处置、车辆火灾事故应急处置、重大交通事故应急处置、火灾和爆炸事故应急处置、机械伤害事故应急处置等内容）。

（6）应急物资及装备（包括应急救援所需的人员、物资、资金和技术等）。

（7）预案管理（包括培训及演练等）。

（8）预案修订与完善。

（9）相关附件。

3. 应急救援预案编制的程序

(1) 编制的组织。《安全生产法》第十七条规定：生产经营单位的主要负责人具有组织制定并实施本单位的生产事故应急救援预案的职责。具体到施工项目上，项目经理应是应急救援预案编制的责任人，项目技术负责人、施工员、安全员、质检员等技术管理人员应当参与编制工作。

(2) 编制的程序：

1) 成立应急救援预案编制小组并进行分工；拟订编制方案，明确职责。

2) 根据需要收集相关资料，包括施工区域的气象、地理、水文、环境、人口、危险源分布情况、社会公用设施和应急救援力量现状等资料。

3) 进行危险辨识与风险评价。

4) 对应急资源进行评估（包括软件、硬件）。

5) 确定指挥机构和人员及其职责。

6) 编制应急救援预案。

7) 对应急救援预案进行评估。

8) 修订完善，形成应急救援预案的文件体系。

9) 按规定将预案上报有关部门和相关单位审核批准。

10) 对应急救援预案进行修订和维护。

【基础与技能训练】

一、单选题

1. 按照危险源分类的概念，存放易燃易爆物品的仓库属于（　　）危险源。

A. 第一类　　　　B. 第二类　　　　C. 第三类　　　　D. 第四类

2. 起重吊装作业中由于吊物坠落导致的人员伤亡事故属于（　　）。

A. 高处坠落　　B. 物体打击　　　C. 起重伤害　　　　D. 坍塌

3. 操作人员未经培训尚未掌握安全生产知识技能，这一因素属于（　　）。

A. 人的不安全意识　　　　　　　B. 环境的不安全因素

C. 人的不安全行为　　　　　　　D. 个体固有的不安全因素

4. 建筑施工现场发生常见的事故类型中，发生比例最高的是（　　）。

A. 坍塌　　　　　B. 物体打击　　　C. 高处坠落　　　D. 触电

5. 在吊装作业中，有（　　）情况者，可以起吊。

A. 吊绳打结　　　　　　　　　　B. 重物下站人

C. 指挥信号不明　　　　　　　　D. 质量员不在现场

6. 外伤救护的四项基本技术（其正确顺序）是（　　）。

A. 止血、包扎、固定、搬运　　　B. 固定、搬运、止血、包扎

C. 搬运、止血、包扎、固定　　　D. 包扎、固定、止血、搬运

7. 一位救护员搬运的方法不包括（　　）。

A. 背负法　　　B. 扶行法　　　　C. 轿杠式　　　　D. 抱持法

8. 适用于清醒伤病者，没有骨折，伤势不重，能自己行走的伤病者的搬运方法

是（　　）。

    A. 背负法   B. 扶行法   C. 爬行法   D. 抱持法

9. 事故应急响应的目标是（　　）抢救受害人员、保护可能受威胁的人群，尽可能控制并消除事故。

    A. 立即   B. 马上   C. 尽可能地   D. 全力以赴

10. 应急结束后应依据有关规定，对事故过程中的（　　）进行奖罚，妥善处理好在事故中伤亡人的善后工作。

    A. 失职人员   B. 渎职人员   C. 功过人员   D. 抢险人员

二、多选题

1. 建筑施工现场的"五大伤害"包括（　　）。

    A. 触电   B. 物体打击   C. 火灾

    D. 高处坠落   E. 中毒和窒息

2. 下列属于人为因素的有（　　）。

    A. 个人防护用品用具有缺陷   B. 照明、通风不良   C. 用手代替工具操作

    D. 节假日前后的情绪波动   E. 信号等装置缺乏

3. 下列关于高处坠落事故的预防措施正确的有（　　）。

    A. 作业人员可任意利用吊车臂架等施工设备进行攀登

    B. 遇有雨雪天气不得进行露天攀登与悬空高处作业

    C. 各种垂直运输接料平台的入口应设置安全门或活动防护栏杆

    D. 使用安全带应做垂直悬挂，低挂高用较为安全

    E. 高处作业人员应经过体检，合格后方可上岗

4. 止血的方法有（　　）。

    A. 三角巾包扎法   B. 加压包扎止血法   C. 压迫止血法

    D. 加垫屈肢止血法   E. 止血带止血法

5. 根据事故类型和损害严重程度，现场恢复的应考虑的内容包括（　　）。

    A. 事故单位调整领导层

    B. 组织重新进入和人群返回

    C. 恢复损坏的水、电等供应

    D. 抢救被事故损坏的物质和设备

    E. 宣布应急结束

三、案例题

某省 A 市某运动中心项目，由甲施工企业施工，该项目为四层框架结构，总建筑面积为 23000m²，其中，地上 18000m²，地下 5000m²。运动中心的二、三层为共享大厅，该厅南北共设置 6 根（1.2m×1.2m）柱，柱距 36m，东西为 24m 跨，主跨梁为钢筋混凝土结构，梁截面 800mm×1500mm。支模高度为 11.6m，支模总面积为 864m²。2012 年 8 月 12 日，在浇筑混凝土过程中，支模系统发生坍塌，坍塌面积 720m²，共造成 4 人死亡，1 人受伤，直接经济损失 800 万元。请根据以上背景资料，回答下列问题：

    ❓ 问题 1（单选题）：根据《生产安全事故报告和调查处理条例》的规定，这是一起（　　）等级事故。

A. 特别重大

B. 重大

C. 较大

D. 一般

？问题2（单选题）：根据《企业职工伤亡事故分类标准》，这是一起（　　　）事故。

A. 坍塌

B. 高处坠落

C. 物体打击

D. 机械伤害

？问题3（多选题）：下列哪些是现浇混凝土工程支撑系统搭设过程安全隐患的表现形式（　　　）。

A. 架体的杆件间距或步距过大。

B. 架体未按规定设置斜杆、剪刀撑和扫地杆。

C. 架体整体或局部变形、倾斜、架体出现异常响声。

D. 过早的拆除支撑和模板。

E. 混凝土浇筑方案不当使支撑架受力不均衡，产生过大的集中荷载、偏心荷载、冲击荷载或侧压力。

？问题4（判断题）：钢筋加工及绑扎质量是现浇混凝土工程安全控制的主要内容。（　　　）

？问题5（判断题）：该工程混凝土模板支撑系统专项方案必须进行专家论证。（　　　）

施工现场安全生产管理

【学习目标】

1. 熟悉土石方工程、拆除工程施工安全措施。
2. 掌握脚手架工程、模板工程、高处作业与安全防护施工措施。

【能力目标】

1. 能阅读和审查土石方工程专项施工方案。
2. 能组织施工人员正确安装、使用和拆除各种脚手架。
3. 能编制模板施工安全交底资料，组织安全技术交底活动，组织模板工程安全验收及安全拆除活动。
4. 能按照拆除工程施工安全技术和要求，正确指导工人进行拆除工程施工。
5. 能结合工程实际参与编制高处作业安全技术防护方案，做好临边和洞口作业的防护。

课题1　土方工程施工安全措施

【导入案例】

某市大剧院地基基础工程由某建设工程有限公司承建。该项目的地下室基坑围护设计方案由挡土支撑的钻孔灌注桩和起止作用的水泥旋喷桩组成，其中旋喷桩部分由某地质矿产工程公司直属工程处分包施工。同年12月中旬，负责土建的某建设集团有限公司进行了动力机房基坑开挖，于第二年1月20日发现坑壁局部有水夹粉土渗漏，要求某地质矿产工程公司进场补做，地质矿产工程公司直属工程处副经理兼旋喷桩项目经理胡某带领施工人员进行堵漏抢险。

2月2日上午，胡某在工地指挥普工周某、童某等4人堵漏，中午回公司，下午2时返回工地继续指挥堵漏，晚6时15分，地矿公司普工周某等3人晚饭后下基坑东侧的渗漏点堵漏；胡某于晚6时20分左右到基坑观察堵漏情况，当时天已黑，基坑内侧仅有中央的碘钨灯照明，堵漏点光线暗淡；胡某站在基坑东南侧的圈梁上向下观察，这时，在基坑堵漏的童某等人只听到背后发出似水泥包掉下坑底的声音，周某迅速赶到出事点，见胡某已倒在坑底，就立即将其送医院抢救，到医院时发现已死亡。

事故原因分析：

（1）死者胡某缺乏安全意识，不戴安全帽，在无护栏的基坑边缘冒险观察、指挥作业。

（2）在相对高差 6m 深的基坑未按规定设置防护栏及防护网措施。

（3）作业环境不良，基坑边缘泥泞，且有散落水泥块等障碍物；天色已晚，照明度不足。

事故责任分析及处理：

（1）死者胡某安全意识淡薄，对此起事故负有直接责任。鉴于已死亡，不予追究。

（2）施工单位负责人对施工现场指导、监督不力，对此起事故负有一定责任。建议有关部门对该单位进行通报批评，并给予经济处罚。

（3）施工单位法定代表人洪某对职工的安全教育不够，安全监督不力，对此起事故的发生负有领导责任。建议有关部门给予经济处罚。

5.1.1　施工准备

（1）勘查现场，清除地面及地上障碍物。

（2）做好施工场地防洪排水工作，全面规划场地，平整各部分的标高，保证施工场地排水通畅不积水，场地周围设置必要的截水沟、排水沟。

（3）保护测量基准桩，以保证土方开挖标高位置与尺寸准确无误。

（4）备好施工用电、用水及其他设施，平整施工道路。

（5）需要做挡土桩的深基坑，要先做挡土桩。

5.1.2　土方开挖的安全技术

（1）在施工组织设计中，要有单项土方工程施工方案，对施工准备、开挖方法、放坡、排水、边坡支护应根据有关规范要求进行设计，边坡支护要有设计计算书。

（2）土石方作业和基坑支护的设计、施工应根据现场的环境、地质与水文情况，针对基坑开挖深度、范围大小，综合考虑支护方案、土方开挖、降排水方法以及对周边环境采取的措施来进行。

（3）根据土方工程开挖深度和工程量的大小，选择机械和人工挖土或机械挖土方案。挖掘应自上而下进行，严禁先挖坡脚。软土基坑无可靠措施时应分层均衡开挖，层高不宜超过 1m。坑（槽）沟边 1m 以内不得堆土、堆料，不得停放机械。

（4）基坑工程应贯彻先设计后施工；先支撑后开挖；边施工边监测；边施工边治理的原则。严禁坑边超载，相邻基坑施工应有防止相互干扰的技术措施。

（5）挖土方前对周围环境要认真检查，不能在危险岩石或建筑物下面进行作业。

（6）人工挖基坑时，操作人员之间要保持安全距离，一般大于 2.5m，多台机械开挖，挖土机间距应大于10m。

（7）机械挖土，多台机械同时开挖土方时，应验算边坡的稳定性。根据规定和验算结果确定挖土机离边坡的安全距离。

（8）如开挖的基坑（槽）比邻近建筑物基础深时，开挖应保持一定距离和坡度，以免在施工时影响邻近建筑物的稳定，如不能满足要求，应采取边坡支撑加固措施，并在施工过程中进行沉降和位移观测。

（9）当基坑施工深度超过2m时，坑边应按照高处作业的要求设置临边防护，作业人员上下应有专用梯道。当深基坑施工中形成立体交叉作业时，应合理布局基位、人员、运输通道，并设置防止落物伤害的防护层。

（10）为防止基坑底的土被扰动，基坑挖好后要尽量减少暴露时间，及时进行下一道工序的施工。如不能立即进行下一道工序，要预留15~30cm厚覆盖土层，待基础施工时再挖去。

（11）应加强基坑工程的监测和预报工作，包括对支护结构、周围环境及对岩土变化的监测，应通过监测分析及时预报并提出建议，做到信息化施工，防止隐患扩大和随时检验设计施工的正确性。

（12）弃土应及时运出，如需要临时堆土，或留作回填土，堆土坡脚至坑边距离应按挖坑深度、边坡坡度和土的类别确定，在边坡支护设计时应考虑堆土附加的侧压力。

（13）运土道路的坡度、转弯半径要符合有关安全规定。

（14）爆破土方要遵守爆破作业安全有关规定。

5.1.3 边坡稳定及支护安全技术

1. 影响边坡稳定的因素

（1）土的类别的影响。不同类别的土，其土体的内摩阻力和内聚力不同。例如，砂土的内聚力为零，只有内摩阻力，靠内摩阻力来保持边坡稳定平衡，而黏性土则同时存在内摩阻力和内聚力。因此，不同类别的土其保持边坡的最大坡度不同。

（2）土的湿化程度的影响。土内含水越多，湿化程度越高，土颗粒之间产生滑润作用，内摩阻力和内聚力均降低，使土的抗剪强度降低，边坡容易失去稳定。同时含水量增加，使土的自重增加，裂缝中产生静水压力，增加了土体内剪应力。

（3）气候的影响使土质松软，如冬季冻融又风化，也可降低土体抗剪强度。

（4）基坑边坡上面受附加荷载或外力松动的影响，能使土体中剪应力大大增加，甚至超过土体的抗剪强度，使边坡失去稳定而塌方。

2. 基坑（槽）边坡的稳定性

为了防止塌方，保证施工安全，开挖土方深度超过一定限度时，边坡均应做成一定坡度。土方边坡的坡度以其高度 H 与底宽 B 之比表示。

（1）基坑（槽）边坡的规定。当地质情况良好、土质均匀、地下水位低于基坑（槽）或管沟底面标高时，挖方深度在5m以内，不加支撑的边坡最陡坡度应按表5-1的规定。

（2）基坑（槽）无边坡垂直挖深高度规定：

1）无地下水或地下水位低于基坑（槽）或管沟底面标高且土质均匀时，其挖方边坡可做成直立壁不加支撑，挖方深度应根据土质确定，但不宜超过表5-2的规定。

表 5-1 基坑（槽）边坡的最陡坡规定

土 的 类 别	边坡坡度（高:宽）		
	坡顶无荷载	坡顶有荷载	坡顶有动载
中密砂土	1:1.00	1:1.25	1:1.50
中密的碎石类土（充填物为砂土）	1:0.75	1:1.00	1:1.25
硬塑的黏质粉土	1:0.67	1:0.75	1:1.00
中密的碎石类土（充填物为黏性土）	1:0.50	1:0.67	1:0.75
硬塑的粉质黏土、黏土	1:0.33	1:0.50	1:0.67
老黄土	1:0.10	1:0.25	1:0.33
软土（经井点降水后）	1:1.00	—	—

注：1. 静载指堆土或材料等，动载指机械挖土或汽车运输作业等。在挖方边坡上侧堆土或材料以及移动施工机械时，应与挖方边缘保持一定距离，以保证边坡的稳定，当土质良好时，堆土或材料应距挖方边缘 0.8m 以外，高度不宜超过 1.5m。

2. 若有成熟的经验或科学理论计算并经实验证明者可不受本表限制。

表 5-2 基坑（槽）做成直立壁不加支撑的深度规定

土 的 类 别	挖方深度/m
密实、中密的砂土和碎石类土（充填物为砂）	1.00
硬塑、可塑的粉土及粉质黏土	1.25
硬塑、可塑的黏土和碎石类土（充填物为黏性土）	1.50
坚硬的黏土	2.00

2）天然冻结的速度和深度，能确保施工挖方的安全，在深度为 4m 以内的基坑（槽）开挖时，允许采用天然冻结法垂直开挖而不设支撑，但在干燥的砂土中严禁采用冻结法施工。

采用直立壁挖土的基坑（槽）或管沟挖好后，应及时进行地下结构和安装工程施工，在施工过程中，应经常检查坑壁的稳定情况。

挖方深度超过表 5-2 的规定，应按表 5-1 的规定，放坡或直立壁加支撑。

3. 滑坡与边坡塌方的分析处理

（1）滑坡的产生和防治：

1）滑坡的产生原因。

① 震动的影响，如工程中采用大爆破而触发滑坡。

② 水的作用，多数滑坡的发生都是与水的参数有关，水的作用能增大土体重量，降低土的抗剪强度和内聚力，产生静水和动水压力，因此，滑坡多发生在雨季。

③ 土体（或岩体）本身层理发达，破碎严重，或内部夹有软泥、软弱层受水浸、震动滑坡。

④ 土层下岩层或夹层倾斜度较大，上表面堆土或堆材料较多，增加了土体重量，致使土体与夹层间、土体与岩石之间的抗剪强度降低而引起滑坡。

⑤ 不合理的开挖或加荷，如在开挖坡脚或在山坡上加荷过大，破坏原有的平衡而产生滑坡。

⑥ 若路堤、土坝筑于尚未稳定的古滑坡体上，或是易滑动的土层上，使重心改变产生滑坡。

2）滑坡的防治措施。

① 使边坡有足够的坡度，并应尽量将土坡削成较平缓的坡度或做成台阶形，使中间具有数个平台以增加稳定。土质不同时，可按不同土质削成不同坡度，一般可使坡度角小于土的内摩擦角。

② 禁止滑坡范围以外的水流入滑坡区域以内；对滑坡范围以内的地下水，应设置排水系统排干或引出。

③ 对于施工地段或危及建筑安全的地段设置抗滑结构，如抗滑桩、抗滑挡墙、锚杆挡墙等。这些结构物的基础底必须设置在滑动面以下的稳定土层或岩基中。

④ 将不稳定的陡坡部分削去，以减轻滑坡体重量，减少滑坡体的下滑力，达到滑体的静力平衡。

⑤ 严禁随意切割滑坡体的坡脚，同时也切忌在坡体被动区挖土。

（2）边坡塌方的防治：

1）边坡塌方的发生原因。

① 由于边坡太陡，土体本身的稳定性不够而发生塌方。

② 气候干燥，基坑暴露时间长，使土质松软或黏土中的夹层因浸水而产生润滑作用，以及饱和的细砂、粉砂因受震动而液化等原因引起土体内抗剪强度降低而发生塌方。

③ 边坡顶面附近有动荷载，或下雨使土体的含水量增加，导致土体的自重增加和水在土中渗流产生一定的动水压力，以及土体裂缝中的水产生静水压力等原因，引起土体抗剪应力的增加而产生塌方。

2）边坡塌方的防治措施。

① 开挖基坑（槽）时，若因场地限制不能放坡或放坡后所增加的土方量太大，为防止边坡塌方，可采用设置挡土支撑的方法。

② 严格控制坡顶护道内的静荷载或较大的动荷载。

③ 防止地表水流入坑槽内和渗入土坡体。

④ 对开挖深度大、施工时间长、坑边要停放机械等，应按规定的允许坡度适当的放平缓些，当基坑（槽）附近有主要建筑物时，基坑边坡的最大坡度为 1:1.5 ~ 1:1。

4. 坑（槽）壁支护工程施工安全要点

（1）一般坑壁支护都应进行设计计算，并绘制施工详图，比较浅的基坑（槽）若确有成熟可靠的经验，可根据经验绘制简明的施工图。

（2）选用坑壁支撑的木材，要选坚实的、无枯节的、无穿心裂折的松水或杉木，不宜用杂木。

（3）锚杆的锚固段应埋在稳定性较好的土层中或岩层中，并用水泥砂浆灌注密实。锚固须经计算或试验确定，不得锚固在松软土层中。

（4）挡土桩顶埋深的拉锚，应用挖沟方式埋设，沟宽尽可能小，不能采取全部开挖回填方式，扰动土体固结状态。拉锚安装后应按设计要求预拉应力进行预拉紧。

（5）当采用悬臂式结构支护时，基坑深度不宜大于 6m。基坑深度超过 6m 时，可选用单支点和多支点的支护结构。地下水位低的地区和能保证降水施工时，也可采用土钉支护。

（6）施工中应经常检查支撑和观测邻近建筑物的稳定与变形情况。如发现支撑有松动、变形、位移等现象，应及时采取加固措施。

（7）支撑的拆除应按回填顺序依次进行，多层支撑应自上而下逐层拆除，拆除一层，经回填夯实后，再拆上层。拆除支撑应注意防止附近建筑物或构筑物产生下沉或裂缝，必要时采取加固措施。

5.1.4　基坑排水安全技术

基坑开挖要注意预防基坑被浸泡、引起坍塌和滑坡事故的发生。为此在制定土方施工方案时应注意采取措施。

（1）土方开挖及地下工程要尽可能避开雨期施工，当地下水位较高、开挖土方较深时，应尽可能在枯水期施工，尽量避免在水位以下进行土方工程。

（2）为防止基坑浸泡，除做好排水沟外，要在坑四周做挡水堤，防止地面水流入坑内，坑内要做排水沟、集水井以排除暴雨和其他突然而来的明水倒灌，基坑边坡视需要可覆盖塑料布，应防止大雨对土坡的侵蚀。

（3）软土基坑、高水位地区应做截水帷幕，应防止单纯降水造成基土流失。

（4）开挖低于地下水位的基坑（槽）、管沟和其他挖方时，应根据当地工程地质资料，挖方深度和尺寸，选用集水坑或井点降水。

（5）采用井点降水，降水前应考虑降水影响范围内的已有建筑物和构筑物可能产生附加沉降、位移。定期进行沉降和水位观测并做好记录。发现问题，应及时采取措施。

（6）膨胀土场地应在基坑边缘采取抹水泥地面等防水措施，封闭坡顶及坡面，防止各种水流渗入坑壁。不得向基坑边缘倾倒各种废水并应防止水管泄漏冲走桩间土。

5.1.5　流沙的防治

基坑（槽）开挖，深入地下水位 0.5m 以下时，在坑（槽）内抽水，有时坑底土成为流动状态，随地下水涌起，边挖边冒，以致无法挖深的现象，称为流沙。

1. 流沙发生的原因

当土具有下列性质，就有可能发生流沙现象。

（1）土的颗粒组成中，黏土颗粒含量小于10%，粉粒（粒径为 0.005 ~ 0.05mm）含量大于75%。

（2）颗粒级配中，土的不均匀系数小于5。

（3）土的天然孔隙比大于0.75。

（4）土的天然含水量大于30%。

2. 流沙防治措施

根据不同情况可采取下列措施：

（1）枯水期施工。 当根据地质报告了解到必须在水位以下开挖粉细砂土层时，应尽量在枯水期施工。因地下水位低，坑内外压差小，动水压力可减少，就不易发生流沙现象。

（2）水下挖土法。 就是不排水挖土，使坑内水压与坑外地下水压相平衡，避免流沙现象发生，此法在沉井挖土过程中常采用，但水下挖土太深时不宜采用。

（3）人工降低地下水位方法。 采用井点降水，由于地下水的渗流向下，使动水压力的方向也朝下，增加土颗粒间的压力，从而有效地制止流沙现象发生，此法较可靠，采用较广。

（4）地下连续墙法。此方法是在地面上开挖一条狭长的深槽（一般宽 0.6～1m，深可达 10～50m），在槽内浇筑钢筋混凝土，可截水防止流沙，又可挡土护壁，并作为正式工程的承重挡土墙。

（5）采取加压措施。下面先铺芦席，然后抛大石块增加土的压力，以平衡动水压力。采取此法，应组织分段抢挖，使挖土速度超过冒砂速度，挖至标高（铺芦席）处加大石块把流沙压住。此法用以解决局部流沙或轻微流沙有效。如果坑底冒砂较快，土已失去承载力，抛入大石块会很快沉入土中，无法阻止流沙现象。

（6）打钢板桩法。以增加地下水从坑外流入坑内的渗流路线，减少水力坡度，从而减小动水压力，防止流沙发生，但此方法要投入大量钢板桩，不经济，较少采用。

 课题2　脚手架工程施工安全措施

【导入案例】

2001 年 3 月 4 日下午，在上海某建设总承包公司总包、上海某建筑公司主承包、上海某装饰公司专业分包的某高层住宅工程工地上，因 12 层以上的外粉刷施工基本完成，主承包公司的脚手架工程专业分包单位的架子班班长谭某征得分队长孙某同意后，安排三名作业人员进行Ⅲ段 19A 轴～20A 轴的 12～16 层阳台外立面高 5 步、长 1.5m、宽 0.9m 的钢管悬挑脚手架拆除作业。下午 15 时 50 分左右，三人拆除了 16～15 层全部和 14 层部分悬挑脚手架外立面以及连接 14 层阳台栏杆上固定脚手架拉杆和楼层立杆、拉杆。当拆至近 13 层时，悬挑脚手架突然失稳倾覆致使正在第三步悬挑脚手架体上的两名作业人员何某、喻某随悬挑脚手架体分别坠落到地面和三层阳台平台上（坠落高度分别为 39m 和 31m）。事故发生后，项目部立即将两人送往医院抢救，因二人伤势过重，经抢救无效死亡。

事故原因分析：

（1）作业前何某等三人，未对将拆除的悬挑脚手架进行检查、加固，就在上部将水平拉杆拆除，以至在水平拉杆拆除后，架体失稳倾覆，是造成本次事故的直接原因。

（2）专业分包单位分队长孙某，在拆除前未认真按规定进行安全技术交底，作业人员未按规定佩戴和使用安全带以及未落实危险作业的监护，是造成本次事故的间接原因。

（3）专业分包单位的架子工何某，作为经培训考核持证的架子工特种作业人员，在作业时负责楼层内水平拉杆和连杆的拆除工作，未按规定进行作业，先将水平拉杆、连杆予以拆除，导致架体失稳倾覆，是造成本次事故的主要原因。

5.2.1　脚手架的种类

脚手架是建筑施工中必不可少的辅助设施，是建筑施工中安全事故多发的部位，也是施工安全控制的重点。

脚手架的种类很多，不同类型的脚手架有不同的特点，其搭设方式也不同。常见的脚手架分类方法有以下几种。

1. 按用途划分

（1）操作（作业）脚手架。操作脚手架又分为结构作业脚手架（俗称砌筑脚手架）和装修作业脚手架，可分别简称为结构脚手架和装修脚手架，其架面施工荷载标准值分别规定为 $3kN/m^2$ 和 $2kN/m^2$。

（2）防护用脚手架。架面施工（搭设）荷载标准值可按 $1kN/m^2$ 计。

（3）承重、支撑用脚手架。架面荷载按实际使用值计。

2. 按构架方式划分

（1）杆件组合式脚手架。俗称多立杆式脚手架，简称杆组式脚手架。

（2）框架组合式脚手架。简称框组式脚手架，即由简单的平面框架（如门架、梯架、口字架、日字架和目字架等）与连接、撑拉杆件组合而成的脚手架，如门式钢管脚手架、梯式钢管脚手架和其他各种框式构件组装的鹰架等。

（3）格构件组合式脚手架。即由桁架梁和格构柱组合而成的脚手架，如桥式脚手架［分为提升（降）式和沿齿条爬升（降）式两种］。

（4）台架。台架是具有一定高度和操作平面的平台架，多为定型产品，其本身具有稳定的空间结构，可单独使用、立拼增高或水平连接扩大，常带有移动装置。

3. 按脚手架的设置形式划分

（1）单排脚手架。只有一排立杆的脚手架，其横向水平杆的另一端搁置在墙体结构上。

（2）双排脚手架。具有两排立杆的脚手架。

（3）多排脚手架。具有三排及以上立杆的脚手架。

（4）满堂脚手架。即按施工作业范围满设的、两个方向各有三排以上立杆的脚手架。

（5）满高脚手架。按墙体或施工作业最大高度由地面起满高度设置的脚手架。

（6）交圈（周边）脚手架。沿建筑物或作业范围周边设置并相互交圈连接的脚手架。

（7）特型脚手架。具有特殊平面和空间造型的脚手架，如用于烟囱、水塔、冷却塔以及其他平面为圆形、环形、外方内圆形、多边形和上扩、上缩等特殊形式的建筑施工脚手架。

4. 按脚手架的支固方式划分

（1）落地式脚手架。搭设（支座）在地面、楼面、屋面或其他平台结构之上的脚手架。

（2）悬挑脚手架。简称挑脚手架，即采用悬挑方式支固的脚手架，其挑支方式有三种：悬挑梁、悬挑三角桁架、杆件支挑结构。

（3）附墙悬挂脚手架。简称挂脚手架，即在上部或（和）中部挂设于墙体挑挂件上的定型脚手架。

（4）悬吊脚手架。简称吊脚手架，是悬吊于悬挑梁或工程结构之下的脚手架。当采用篮式作业架时，称为吊篮。

（5）附着升降脚手架。简称爬架，是附着于工程结构、依靠自身提升设备实现升降的悬空脚手架，其中实现整体提升者，也称为整体提升脚手架。

（6）水平移动脚手架。即带行走装置的脚手架（段）或操作平台架。

5. 按脚手架平、立杆的连接方式划分

（1）承插式脚手架。即在平杆与立杆之间采用承插连接的脚手架。常见的承插连接方式有插片和楔槽、插片和楔盘、插片和碗扣、套管和插头以及 U 形托挂等。

（2）扣接式脚手架。即使用扣件箍紧连接的脚手架。

（3）销栓式脚手架。即采用对穿螺栓或销杆连接的脚手架，此种形式已很少使用。

此外，还按脚手架的材料划分为竹脚手架、木脚手架、钢管或金属脚手架；按使用对象或场合划分为高层建筑脚手架、烟囱脚手架、水塔脚手架、凉水塔脚手架以及外脚手架、里脚手架等。

5.2.2 脚手架材料及一般要求

1. 脚手架杆件

（1）木脚手架的立杆、纵向水平杆、斜撑、剪刀撑、连墙件等应选用剥皮杉、落叶松木，横向水平杆应选用杉木、落叶松、柞木、水曲柳等，不得使用折裂、扭裂、虫蛀、纵向严重裂缝及腐朽的木杆。立杆有效部分的小头直径不得小于 70mm，纵向水平杆有效部分的小头直径不得小于 80mm。

（2）竹竿应选用生长期三年以上的毛竹或楠竹，不得使用弯曲、青嫩、枯脆、腐烂、裂纹连通两节以上及虫蛀的竹竿。立杆、顶撑、斜杆有效部分的小头直径不得小于 75mm，横向水平杆有效部分的小头直径不得小于 90mm，搁栅、栏杆的有效部分小头直径不得小于 60mm。对于小头直径在 60mm 以上不足 90mm 的竹竿可采用双杆。

（3）钢管材质应符合 Q235-A 级标准，不得使用有明显变形、裂纹及严重锈蚀的材料。钢管规格宜采用 $\phi 48 \times 3.5$，亦可采用 $\phi 51 \times 3.0$。钢管脚手架的杆件连接必须使用合格的钢扣件，不得使用铅丝和其他材料绑扎。

（4）同一脚手架中，不得混用两种质量标准的材料，也不得将两种规格钢管用于同一脚手架中。

2. 脚手架绑扎材料

（1）镀锌钢丝或回火钢丝严禁有锈蚀和损伤，且严禁重复使用。

（2）竹篾严禁发霉、虫蛀、断腰、有大节疤和折痕，使用其他绑扎材料时，应符合其质量规定。

（3）扣件应与钢管管径相配合，并符合现行国家标准的规定。

3. 脚手板

（1）木脚手板厚度不得小于 50mm，板宽宜为 200～300mm，两端用镀锌钢丝扎紧。材质不得低于国家 Ⅱ 等材标准的杉木和松木，且不得使用腐朽、劈裂的木板。

（2）竹串片脚手板应使用宽度不小于 50mm 的竹片，拼接螺栓间距不得大于 600mm，螺栓孔径与螺栓应紧密配合。

（3）各种形式金属脚手板，单块重量不宜超过 0.3kN，性能应符合设计使用要求，表面应有防滑构造。

4. 脚手架搭设高度

钢管脚手架中，扣件式单排架的搭设高度不宜超过 24m，扣件式双排架的搭设高度不宜超过 50m，门式架的搭设高度不宜超过 60m。木脚手架中，单排架的搭设高度不宜超过

20m，双排架的搭设高度不宜超过30m。竹脚手架不得搭设单排架，双排架的搭设高度不宜超过35m。

5. 脚手架的构造要求

（1）单双排脚手架的立杆纵距及水平杆步距不应大于2.1m，立杆横距不应大于1.6m，应按规定的间隔采用连墙件（或连墙杆）与主体结构连接，且在脚手架使用期间不得拆除。沿脚手架外侧应设剪刀撑，并与脚手架同步搭设和拆除。双排扣件式钢管脚手架的搭设高度超过24m时，应设置横向斜撑。

（2）门式钢管脚手架的顶层门架上部、连墙体设置层、防护棚设置处等必须设置水平架。

（3）竹脚手架应设置顶撑杆，并与立杆绑扎在一起，顶紧横向水平杆。

（4）脚手架高度超过40m且有风涡流作用时，应设置抗风涡流上翻作用的连墙措施。

（5）脚手板必须按脚手架宽度铺满、铺稳；脚手架与墙面的间隙不应大于200mm；作业层脚手板的下方必须设置防护层，作业层外侧应按规定设置防护栏和挡脚板。

（6）脚手架应按规定采用密目式安全网封闭。

5.2.3 脚手架安全作业的基本要求

脚手架搭设前，必须根据工程的特点及有关规范、规定的要求，制定施工方案和搭设安全技术措施。

脚手架搭设和拆除人员必须符合《特种作业人员安全技术培训考核管理规定》，经考核合格，并领取特种作业人员操作证。

操作人员应持证上岗，操作时必须佩戴安全帽、安全带，穿防滑鞋。

脚手架搭设的交底与验收要求：

（1）脚手架搭设前，工地施工员或安全员应根据施工方案及外脚手架检查评分表检查项目及其评分标准，并结合《建筑安装工人安全操作规程》的相关要求，写成书面交底资料，向持证上岗的架子工进行交底。

（2）通常，脚手架是在主体工程基本完工时才搭设完毕，即分段搭设、分段使用。脚手架分段搭设完毕，必须经施工负责人组织有关人员，按照施工方案及有关规范的要求进行检查验收。

（3）经验收合格，办理验收手续，填写脚手架底层搭设验收表、脚手架中段验收表、脚手架顶层验收表，有关人员签字后方可使用。

（4）经验收不合格的脚手架应立即进行整改。检查结果及整改情况应按实测数据进行记录，并由检测人员签字。

（5）脚手架与高压线路的水平距离和垂直距离必须按照《施工现场对外电线路的安全距离及防护的要求》有关条文要求执行。

（6）大雾及雨、雪天气和6级以上大风时，不得进行脚手架上的高处作业。雨、雪天后作业，必须采取安全防滑措施。

（7）脚手架搭设作业时，应按形成基本构架单元的要求逐排、逐跨进行搭设，矩形周边脚手架宜从其中的一个角开始向两个方向延伸搭设，并确保已搭部分稳定。

（8）门式脚手架以及其他纵向竖立面刚度较差的脚手架，连墙点设置层宜加设纵向水平长横杆与连接件连接。

（9）搭设作业时，应按以下要求做好自我保护，保证现场作业人员的安全：

1）作业前，应检查作业环境是否可靠，安全防护设施是否齐全、有效，确认无误后方可作业。

2）作业时，应随时清理落在架面上的材料，保持架面上规整、清洁，不要乱放材料、工具，以免影响作业的安全和发生掉物伤人事故。

3）在进行撬、拉、推等操作时，要采取正确的姿势，站稳脚跟，或一手把持在稳固的结构或支持物上，以免用力过猛身体失去平衡或把东西甩出。在脚手架上拆除模板时，应采取必要的支托措施。以防拆下的模板材料掉落架外。

4）当架面高度不够，需要垫高时，一定要采用稳定可靠的垫高办法，且垫高不要超过50cm；超过50cm时，应按搭设规定升高铺板层。升高作业面时，应相应加高防护设施。

5）在架面上运送材料经过正在作业的人员时，要及时发出"请注意""请让一让"的信号；材料要轻搁稳放，不准采用倾倒、猛磕或其他匆忙的卸料方式。

6）严禁在架面上打闹戏耍、倒退行走和跨坐在外防护横杆上休息；不要在架面上抢行、跑跳，相互避让时应注意身体不要失衡。

7）在脚手架上进行电气焊作业时，要铺铁皮接着火星或移去易燃物，以防火星点着易燃物，并应有防火措施。一旦着火，要及时予以扑灭。

（10）其他安全注意事项：

1）运送杆配件时，应尽量利用垂直运输设施或悬挂滑轮提升，并绑扎牢固，尽量避免或减少用人工层层传递。

2）搭设过程中，除必要的1~2步架的上下外，作业人员不得攀缘脚手架，应走房屋楼梯或另设安全人梯。

3）搭设脚手架时，不得使用不合格的架设材料。

4）作业人员要服从统一指挥，不得自行其是。

（11）钢管脚手架的高度超过周围建筑物或在雷暴较多的地区施工时，应安装防雷装置，其接地电阻应不大于4Ω。

（12）架上作业应执行规范或设计规定的允许荷载，严禁超载。

（13）架上作业时，不要随意拆除基本结构杆件和连墙件，因作业的需要必须拆除某些杆件和连墙点时，必须取得施工主管和技术人员的同意，并采取可靠的加固措施后方可拆除。

（14）架上作业时，不要随意拆除安全防护设施，未设置或设置不符合要求时，必须补设或改正后才能上架作业。

5.2.4　落地式脚手架搭设的安全要求与技术

落地式脚手架的基础应坚实、平整，并定期检查。立杆不埋设时，立杆底部均应设置垫板或底座，并设置纵、横向扫地杆。

落地式脚手架连墙件应符合下列规定：

（1）扣件式钢管脚手架双排架高在50m以下或单排架高在24m以下，按不大于40m² 设置一处；双排架高在50m以上，按不大于27m² 设置一处。

（2）门式钢管脚手架的架高在 45m 以下，基本风压不大于 $0.55kN/m^2$，按不大于 $48m^2$ 设置一处；架高在 45m 以下，基本风压大于 $0.55kN/m^2$，或架高在 45m 以上，按不大于 $24m^2$ 设置一处。

（3）一字形、开口形脚手架的两端，必须设置连墙件。连墙件必须采用可承受拉力和压力的构造，并与建筑结构连接。

落地式脚手架剪刀撑及横向斜撑应符合下列规定：

（1）扣件式钢管脚手架应沿全高设置剪刀撑。架高在 24m 以下时，沿脚手架长度间隔不大于 15m 设置剪刀撑；架高在 24m 以上时，沿脚手架全长连续设置剪刀撑，并设置横向斜撑；横向斜撑由架底至架顶呈"之"字形连续布置，沿脚手架长度间隔 6 跨设置一道。

（2）碗扣式钢管脚手架的架高在 24m 以下时，按外侧框格总数的 1/5 设置斜杆；架高在 24m 以上时，按框格总数的 1/3 设置斜杆。

（3）门式钢管脚手架的内外两个侧面除满设交叉支撑杆外，当架高超过 20m 时，还应在脚手架外侧沿长度和高度连续设置剪刀撑，剪刀撑钢管与门架钢管规格一致。当剪刀撑钢管直径与门架钢管直径不一致时，应采用异型扣件连接。

满堂扣件式钢管脚手架除沿脚手架外侧四周和中间设置竖向剪刀撑外，当脚手架高于 4m 时，还应沿脚手架每两步高度设置一道水平剪刀撑。

扣件式钢管脚手架的主节点处必须设置横向水平杆，且在脚手架使用期间严禁拆除。单排脚手架横向水平杆插入墙内长度不应小于 180mm。

扣件式钢管脚手架立杆接长时（除顶层外），相邻杆件的对接接头不应设在同步内，相邻纵向水平杆对接接头不宜设置在同步或同跨内。扣件式钢管脚手架立杆接长（除顶层外）应采用对接。木脚手架立杆接头的搭接长度应跨两根纵向水平杆，且不得小于 1.5m。竹脚手架立杆接头的搭接长度应超过一个步距，且不得小于 1.5m。

5.2.5 悬挑扣件式钢管脚手架搭设的安全要求与技术

斜挑立杆应按施工方案的要求与建筑结构连接牢固，禁止与模板系统的立柱连接。

悬挑式脚手架应按施工图搭设，并符合下列规定：

（1）悬挑梁是悬挑式脚手架的关键构件，对悬挑式脚手架的稳定与安全使用起至关重要的作用，因此，悬挑梁应按立杆的间距布置，设计图对此应明确规定。

（2）当采用悬挑架结构时，支撑悬挑架架设的结构构件，应足以承受悬挑架传给它的水平力和垂直力的作用；若根据施工需要只能设置在建筑结构的薄弱部位时，应加固结构，并设拉杆或压杆，将荷载传递给建筑结构的坚固部位。悬挑架与建筑结构的固定方法必须经计算确定。

（3）立杆的底部必须支撑在牢固的地方，并采取措施防止立杆底部发生位移。

（4）为确保架体的稳定，应按落地式外脚手架的搭设要求将架体与建筑结构拉结牢固。

（5）脚手架施工荷载：结构架为 $3kN/m^2$，装饰架为 $2kN/m^2$，工具式脚手架为 $1kN/m^2$。悬挑式脚手架施工荷载一般可按装饰架计算，施工时严禁超载。

（6）悬挑式脚手架操作层上，施工荷载要堆放均匀，不应集中，不得存放大宗材料和过重的设备。

（7）悬挑式脚手架的立杆间距、倾斜角度应符合施工方案的要求，不得随意更改。

（8）悬挑式脚手架的操作层外侧，应按临边防护的规定设置防护栏杆和挡脚板。防护栏杆由栏杆柱和上、下两道横杆组成，上杆距脚手板高度为 1.0 ~ 1.2m，下杆距脚手板高度为 0.5 ~ 0.6m。在栏杆下边设置严密固定的、高度不低于 180mm 的挡脚板。

（9）作业层下应按规定设置一道防护设施，防止施工人员或物料坠落。

（10）多层悬挑式脚手架应按落地式脚手架的要求在作业层满铺脚手板，铺设方法应符合规范要求，不得有空隙和探头板。

（11）作业层下搭设安全平网应每隔 3m 设一根支杆，支杆与地面保持 45°。安全网应外高内低，网与网之间必须拼接严密，网内杂物要随时清除。

（12）搭设悬挑式脚手架所用的各种杆件、扣件、脚手板等材料的质量、规格等必须符合有关规范和施工方案的规定。

（13）悬挑梁、悬挑架的用材应符合钢结构设计规范的有关规定，并应有试验报告。

5.2.6 附着式升降脚手架的安全要求与技术

1. 使用条件

（1）国务院建设行政主管部门对从事附着式升降脚手架工程的施工单位实行资质管理，未取得相应资质证书的不得施工；对附着式升降脚手架实行认证制度，即所使用的附着式升降脚手架必须经过国务院建设行政主管部门组织鉴定或者委托具有资格的单位进行认证。

（2）附着式升降脚手架工程的施工单位应当根据资质管理有关规定到当地建设行政主管部门办理相应审查手续。

（3）附着式升降脚手架处于研制阶段和在工程上使用前，应提出该阶段的各项安全措施，经使用单位的上级部门批准，并到当地安全监督管理部门备案。

（4）附着式升降脚手架应由专业队伍施工，对承包附着式升降脚手架工程任务的专业施工队伍进行资格认证，合格者发给证书，不合格者不准承接工程任务。

（5）附着式升降脚手架的结构构件在各地组装后，在有建设行政主管部门发放的生产和使用证的基础上，经当地建筑安全监督管理部门核实并具体检验后，发放准用证，方可使用。

（6）附着式升降脚手架的平面布置，附着支撑构造和组装节点图，防坠和防倾安全措施，提升机具、吊具及索具的技术性能和使用要求等从组装、使用到拆除的全过程，应有专项施工组织设计。施工组织设计包括附着式升降脚手架的设计、施工、检查、维护和管理等全部内容，对附着式升降脚手架使用过程中的安全管理做出明确规定，建立健全质量、安全保证体系及相关的管理制度。

2. 架体构造

（1）附着式升降脚手架要有定型的主框架和相邻两主框架中间的定型支撑框架（架底梁架），支撑框架还必须以主框架作为支座。组成竖向主框架和架底梁架的杆件必须有足够的强度和刚度，杆件的节点必须为刚性连接，以保证框架的刚度，使之工作时不变形，确保传力的可靠性。

（2）主框架间脚手架的立杆应将荷载直接传递到支撑框架上，支撑框架以主框架为支座，再将荷载传递到主框架上。

（3）架体部分按落地式脚手架的要求进行搭设，架宽 0.9 ~ 1.1m，立杆间距不大于

1.5m，直线布置的架体支承跨度不应大于8m；折线或曲线布置的架体支撑跨度不应大于5.4m；支撑跨度与架高的乘积不大于110m²；按规定设置剪刀撑和连墙杆。

（4）架体升降作业时，上部结构尚未达到足够的强度或要求的高度，不能及时设置附着支撑，此时，架体上部处于悬臂状态。为保证架体的稳定，《建筑施工附着升降脚手架管理暂行规定》（建建［2000］230号）中规定："升降和使用工况下，架体悬臂部分高度不得大于架高的2/5，并不大于6m"。

（5）支撑框架将主框架作为支座，再通过附着支撑将荷载传给建筑结构，这是为了确保架体传力的合理性。

3. 附着支撑

（1）主框架应在每个楼层设置固定拉杆和连墙连接螺栓，连墙杆垂直距离不大于4m，水平间距不大于6m。

（2）附着支撑或钢挑架与结构的连接质量必须满足设计要求，做到严密、平整、牢固。

（3）钢挑架上的螺栓与墙体连接应牢固，应采用梯形螺纹螺栓，严禁采用易磨损的三角形螺纹螺栓，以保证螺栓的受力性能；应采用双螺帽连接，螺杆露出螺母应不少于3扣，或加弹簧垫圈紧固，以防止滑脱；螺杆严禁焊接使用。

（4）钢挑架杆件按设计要求进行焊接，焊缝应满焊，不得有焊瘤、漏焊、假焊、开焊及裂纹，焊条、焊丝和焊剂应与焊接材料相适应。钢挑架焊接后，应进行探伤试验检测，以保证其焊接质量。

4. 升降装置

（1）同步升降可使用电动葫芦，并且必须设置同步升降装置，以控制脚手架平稳升降。同步升降装置在使用之前应经过检测，确保其工作灵敏可靠。同步及荷载控制系统应通过控制各提升设备间的升降差和控制各提升设备的荷载来控制各提升设备的同步性，且应具备超载报警停机、欠载报警等功能。

（2）升降机构中使用的索具、吊具的安全系数不得小于6.0。

（3）有两个吊点的单跨脚手架升降可使用手动葫芦；当使用三个及以上的葫芦群吊时，不得使用手动葫芦，以防因不同步而导致的安全事故。

（4）升降时，架体的附着支撑装置应成对设置，保证架体处于垂直稳定状态。

（5）升降时，架体上不准堆放模板、钢管等，架体上不准站人，架子作业区下方不得有人。

5. 防坠落、防倾斜装置

（1）脚手架在升降时，为防止发生断绳、折轴等故障而引起坠落，必须设置防坠落装置。

（2）防坠落装置应设置在竖向主框架部位，且每一竖向主框架提升设备处必须设置一个。防坠落装置与提升设备必须分别设置在两套附着支承结构上，若有一套失效，另一套必须能独立承担全部坠落荷载。

（3）整体升降脚手架必须设置防倾装置，防止架体内外倾斜，保证脚手架升降运行平稳、垂直。防倾斜装置必须具有足够的刚度。防倾装置用螺栓同竖向框架或附着支承结构连接，不得采用钢管扣件或碗扣方式。在升降和使用两种工况下，位于同一竖向平面的防倾装置均不得少于两处，并且其最上和最下防倾覆支承点之间的最小间距不得小于架体全高的

1/3。

（4）防坠装置应经现场动作试验，确认其动作可靠、灵敏，符合设计要求。防坠装置制动距离，对于整体式附着升降脚手架不得大于80mm，对于单片式附着升降脚手架不得大于150mm。

6. 分段验收

（1）每次提升或下降作业前，均要对定型主框架、支撑框架、防坠与防倾安全保险装置、安全防护措施、架体与建筑结构连接点、电动葫芦及同步升降装置等按施工组织设计的要求进行全面检查，各检查项目均符合要求后再提升或下降。

（2）每次提升后和使用前，均要检查验收螺栓紧固情况、架子拉结情况等，确认架体稳定、无安全隐患方可使用。

7. 脚手板

（1）脚手板应满铺，并与架体固定绑牢，无探头板出现。

（2）脚手架离墙空隙应铺上统一设计的翻板或插板，并与平台有较牢靠的连接，作业层架体与墙之间空隙必须封严，防止落人、落物。

（3）脚手板应使用木板或钢板，材质要符合要求，不准使用竹脚手板。

8. 防护

（1）密目式安全网必须有国家指定的监督检验部门的批量验证和工厂检验合格证，各项技术要求应符合现行国家标准《安全网》（GB 5725—2009）的规定。

（2）悬空高处作业应有牢固的立足点，各作业层必须设置防护栏网、栏杆及挡脚板等安全设施。

（3）架子外侧应用密目式安全立网作为全封闭防护，每张立网应拴紧扎牢，各立网的搭接处无空隙。

（4）底部作业层下方悬空处应用木板、密目网及平网等做全封闭防护，确保大件物品及人员不坠落。

5.2.7　吊篮脚手架的安全要求与技术

1. 制作与组装

（1）挑梁一般用工字钢或槽钢制成，用U形锚环或预埋螺栓固定在屋顶上。

（2）挑梁必须按设计要求与主体结构固定牢靠。承受挑梁拉力的预埋吊环，应用直径不小于16mm的圆钢，埋入混凝土的长度不小于360mm，并与主筋焊接牢固。挑梁的挑出端应高于固定端，挑梁之间纵向用钢管或其他材料连接成一个整体。

（3）挑梁挑出长度应使吊篮钢丝绳垂直于地面。

（4）必须保证挑梁抵抗力矩大于倾覆力矩的3倍。

（5）当挑梁采用压重时，配重的位置和重力应符合设计要求，并采取固定措施。

（6）吊篮平台可采用焊接或螺栓连接进行组装，禁止使用钢管扣件连接。

（7）电动（手扳）葫芦必须有产品合格证和说明书，非合格产品不得使用。

（8）吊篮组装后应经加载试验，确认合格后方可使用，有关参加试验人员须在试验报告上签字。脚手架上须标明允许载重量。

2. 安全装置

（1）使用手扳葫芦时应设置保险卡，保险卡要能有效地限制手扳葫芦的升降，防止吊篮平台发生下滑。

（2）吊篮组装完毕，经检查合格后，接上钢丝绳，同时将提升钢丝绳和保险绳分别插入提升机构及安全锁中。使用中，必须有两根直径为 12.5mm 及以上的钢丝绳作为保险绳，接头卡扣不少于 3 个，不准使用有接头的钢丝绳。

（3）使用吊钩时，应有防止钢丝绳滑脱的保险装置（卡子），将吊钩和吊索卡死。

（4）吊篮内作业人员必须系安全带，安全带挂钩应挂在作业人员上方固定的物体上，不准挂在吊篮工作钢丝绳上，以防工作钢丝绳断开。

3. 脚手板

（1）脚手板必须满铺，并按要求将脚手板与脚手架绑扎牢固。

（2）吊篮脚手架可使用木脚手板或钢脚手板。木脚手板应为 50mm 厚杉木或松木板，不得使用脆性木材，凡有腐朽、扭曲、斜纹、破裂和大横透节的木板不得使用。钢脚手板应有防滑措施。

（3）脚手板的搭接长度不得小于 200mm，不得出现探头板。

4. 防护

（1）吊篮脚手架外侧应设高度 1.2m 以上的两道防护栏杆及 18cm 高的挡脚板，内侧应设置高度不小于 80cm 的防护栏杆。防护栏杆及挡脚板材质要符合要求，安装要牢固。

（2）吊篮脚手架外侧应用密目式安全网整齐封闭。

（3）单片吊篮升降时，两端应加设防护栏杆，并用密目式安全网封闭严密。

5. 防护顶板

（1）当有多层吊篮进行上下立体交叉作业时，不得在同一垂直方向上操作。上下作业的位置必须处于依上层高度确定的可能坠落范围之外，不符合以上条件时，应设置安全防护层，即防护顶板。

（2）防护顶板可用 5mm 厚木板，也可采用其他具有足够强度的材料。防护顶板应绑扎牢固、满铺，能承受坠落物的冲击，不会被砸破、贯通，能起到防护作用。

6. 架体稳定

（1）为了保证吊篮安全使用，当吊篮脚手架升降到位后，必须将吊篮与建筑物固定牢固；吊篮内侧两端应装有可伸缩的附墙装置，使吊篮工作时与结构面靠紧，以减少架体的晃动。确认脚手架已固定、不晃动以后方可上人作业。

（2）吊篮钢丝绳应随时与地面保持垂直，不得斜拉。吊篮内侧与建筑物的间距（缝隙）不得过大，一般为 100～200mm。

7. 荷载

（1）吊篮脚手架的设计施工荷载为 $1kN/m^2$，不得超载使用。

（2）脚手架上堆放的物料不得过于集中。

8. 升降操作注意事项

（1）操作升降属于特种作业，作业人员应接受专业培训，合格后颁发上岗证，持证上岗，且应固定岗位。

（2）升降时不超过两人同时作业，其他非升降操作人员不得在吊篮内停留。

（3）单片吊篮升降对，可使用手扳葫芦；两片或多片吊篮连在一起同步升降时，必须采用电动葫芦，并有控制同步升降的装置。

5.2.8 脚手架的拆除要求

（1）脚手架拆除作业前，应制定详细的拆除施工方案和安全技术措施，并对参加作业的全体人员进行安全技术交底，在统一指挥下，按照确定的方案进行拆除作业。

（2）脚手架拆除时，应划分作业区，周围设围护或设立警戒标志，地面设专人指挥，禁止非作业人员入内。

（3）一定要按照先上后下、先外后里、先架面材料后构架材料、先辅件后结构件、先结构件后附墙件的顺序，一件一件地松开连接，取出并随即吊下或集中到毗邻未拆的架面上扎捆后吊下。

（4）拆卸脚手板、杆件、门架及其他较长、较重、有两端连结的部件时，必须要两人或多人一组进行，禁止单人进行拆卸作业，防止把持杆件不稳、失衡而发生事故。拆除水平杆件时，松开连结后，水平托持取下；拆除立杆时，在把稳上端后，再松开下端连结取下。

（5）多人或多组进行拆卸作业时，应加强指挥，并相互询问和协调作业步骤，严禁不按程序进行的任意拆卸。

（6）因拆除上部或一侧的附墙拉结而使架子不稳时，应加设临时撑拉措施，以防架子晃动影响作业安全。

（7）严禁将拆卸下的杆部件和材料向地面抛掷，已吊至地面的架设材料应随时运出拆卸区域。

（8）连墙杆应随拆除进度逐层拆除，拆抛撑前，应设立临时支柱。

（9）拆除时严禁碰撞附近电源线，防止事故发生。

（10）拆下的材料用绳索拴牢，利用滑轮放下，严禁抛扔。

（11）在拆除过程中，不能中途换人，如需要中途换人时，应将拆除情况交接清楚后方可离开。

（12）脚手架具的外侧边缘与外电架空线路的边线之间的最小安全操作距离如表5-3所示。

表5-3 最小安全操作距离

外电线路电压/kV	<1	1~10	35~110	150~220	330~500
最小安全操作距离/m	4	6	8	10	15

 ## 课题3 模板工程施工安全措施

【导入案例】

2010年1月3日下午14：20时，云南省昆明市，某建工市政公司承建的昆明新机场航站楼配套引桥工程在混凝土浇筑施工中，突然发生了支架垮塌事故，造成7人死亡、8人重伤、26人轻伤，直接经济损失616.75万元。

模板工程，就其材料用量、人工、费用及工期来说，在混凝土结构工程施工中是十分重要的组成部分，在整个建筑施工中也占有相当重要的位置。据统计 $1m^2$ 竣工面积需要配置 $0.15m^2$ 模板。模板工程的劳动用工约占混凝土工程总用工的 1/3，特别是近年来城市建设高层建筑增多，现浇钢筋混凝土结构数量增加，据测算约占全部混凝土工程的 70% 以上，模板工程的重要性更为突出。

5.3.1 模板的构造与设计

一般模板通常由 3 部分组成：模板面、支承结构（包括水平支承结构，如龙骨、桁架、小梁等，以及垂直支承结构，如立柱、格构柱等）和连接配件（包括穿墙螺栓、模板面联结卡扣、模板面与支承构件以及支承构件之间连接零配件等）。模板构造必须满足以下要求。

（1）各种模板的支架应自成体系，严禁与脚手架进行连接。

（2）模板支架立杆在安装的同时，应加设水平支撑，立杆高度大于 2m 时，应设两道水平支撑，每增高 1.5~2m 时，再增设一道水平支撑。

（3）满堂模板立杆除必须在四周及中间设置纵、横双向水平支撑外，当立杆高度超过 4m 以上时，尚应每隔 2 步设置一道水平剪刀撑。

（4）模板支架立杆底部应设置垫板，不得使用砖及脆性材料铺垫。并应在支架的两端和中间部分与建筑结构进行连接。

（5）当采用多层支模时，上下各层立杆应保持在同一垂直线上。

（6）需进行二次支撑的模板，当安装二次支撑时，模板上不得有施工荷载。

（7）应严格控制模板上堆料及设备荷载，当采用小推车运输时，应搭设小车运输通道，将荷载传给建筑结构。

（8）模板支架的安装应按照设计图纸进行，安装完毕浇筑混凝土前，应经验收确认符合要求。

模板的结构设计，必须能承受作用于模板结构上的所有垂直荷载和水平荷载（包括混凝土的侧压力、振捣和倾倒混凝土产生的侧压力、风力等）。在所有可能产生的荷载中要选择最不利的荷载组合验算模板整体结构和构件及配件的强度、刚度和稳定性。当然在模板结构设计上必须保证模板结构形成空间稳定结构体系。模板结构必须经过计算设计，并绘制模板施工图，制定相应的施工安全技术措施。为了保证模板工程设计与施工的安全，要加强安全检查监督，要求安全技术人员必须有一定的基本知识，如混凝土对模板的侧压力、作用在模板上的荷载重、模板材料的物理力学性质和结构计算的基本知识，各类模板的安全施工的知识等。了解模板结构安全的关键所在，能更好地在施工过程中进行安全监督指导。

5.3.2 模板安全作业基本要求

1. 模板工程的一般要求

（1）模板工程的施工方案必须经过上一级技术部门批准。

（2）模板施工前现场负责人要认真审查施工组织设计中关于模板的设计资料，模板设计的主要内容如下：

1）绘制模板设计图，包括细部构造大样图和节点大样，注明所选材料的规格、尺寸和连接方法，绘制支撑系统的平面图和立面图，并注明间距及剪刀撑的设置。

2）根据施工条件确定荷载，并按所有可能产生的荷载中最不利组合验算模板整体结构和支撑系统的强度、刚度和稳定性，并有相应的计算书。

3）制定模板的制作、安装和拆除等施工程序、方法。应根据混凝土输送方法（泵送混凝土、人力挑送混凝土、在浇灌运输道上用手推翻斗车运送混凝土）制定模板工程中有针对性的安全措施。

（3）模板施工前的准备工作：

1）模板施工前，现场施工负责人应认真向有关工作人员进行安全交底。

2）模板构件进场后，应认真检查构件和材料是否符合设计要求。

3）做好模板垂直运输的安全施工准备工作，排除模板施工中现场的不安全因素。

4）支撑模板立柱宜采用钢材，材料的材质应符合有关规定。当采用木材时，其树种可根据各地实际情况选用，立杆的有效尾径不得小于80mm，立杆要直顺，接头数量不得超过30%，且不应集中。

2. 模板的安装

（1）基础及地下工程模板的安装，应先检查基坑土壁边坡的稳定情况，发现有塌方的危险时，必须采取加固安全措施后，才能开始作业。

（2）混凝土柱模板支模时，四周必须设牢固支撑或用钢筋、钢丝绳拉结牢固，避免柱模整体歪斜甚至倾倒。

（3）混凝土墙模板安装时，应从内、外墙角开始，向相互垂直的两个方向拼装，连接模板的U形卡要正反交替安装，同一道墙（梁）的两侧模板应同时组合，以便确保模板安装时的稳定。

（4）单梁或整体楼盖支模，应搭设牢固的操作平台，设防身栏。

（5）支圈梁模板需有操作平台，不允许在墙上操作。支阳台模板的操作地点要设护身栏、安全网。底层阳台支模立柱支撑在散水回填土上，一定要夯实并垫垫板，否则雨季下沉、冬季冻胀都可能造成事故。

（6）模板支撑不能固定在脚手架或门窗上，避免发生倒塌或模板位移。

（7）竖向模板和支架的立柱部分，当安装在基土上时应加设垫板，且基土必须坚实并有排水措施；对湿陷性黄土，还应有防水措施；对冻胀性土，必须有防冻融措施。

（8）当极少数立柱长度不足时，应采用相同材料加固接长，不得采用垫砖增高的方法。

（9）当支柱高度小于4m时，应设上下两道水平撑和垂直剪刀撑。以后支柱每增高2m再增加一道水平撑，水平撑之间还需增加一道剪刀撑。

（10）当楼层高度超过10m时，模板的支柱应选用长料，同一支柱的连接接头不宜超过

2个。

（11）主梁及大跨度梁的立杆应由底到顶整体设置剪刀撑，与地面成45°～60°夹角。设置间距不大于5m，若跨度大于5m的应连接设置。

（12）各排立柱应用水平杆纵横拉接，每高2m拉接一次，使各排立柱杆形成一个整体，剪刀撑、水平杆的设置应符合设计要求。

（13）大模板立放易倾倒，应采取支撑、围系、绑箍等防倾倒措施，视具体情况而定。长期存放的大模板，应用拉杆连接绑牢。存放在楼层时，须在大模板横梁上挂钢丝绳或花篮螺栓钩在楼板吊钩或墙体钢筋上。没有支撑或自稳角不足的大模板，要存放在专用的堆放架上或卧倒平放，不应靠在其他模板或构件上。

（14）2m以上高处支模或拆模要搭设脚手架，满铺架板，使操作人员有可靠的立足点，并应按高处、悬空和临边作业的要求采取防护措施。不准站在拉杆、支撑杆上操作，也不准在梁底模上行走操作。

（15）走道垫板应铺设平稳，垫板两端应用镀锌铁丝扎紧，或用压条扣紧，牢固不松动。

（16）作业面孔洞及临边必须设置牢固的盖板、防护栏杆、安全网或其他防坠落的防护设施，具体要求应符合《建筑施工高处作业安全技术规范》（JGJ 80—2016）的有关规定。

（17）模板安装时，应先内后外，单面模板就位后，用工具将其支撑牢固。双面板就位后，用拉杆和螺栓固定，未就位和未固定前不得摘钩。

（18）里外角膜和临时悬挂的面板与大模板必须连接牢固，防止脱开和断裂坠落。

（19）支模应按规定的作业程序进行，模板未固定前不得进行下一道工序。严禁在连接件和支撑件上上下攀登，并严禁在上下同一垂直面安装、拆模板。

（20）支设高度在3m以上的柱模板，四周应设斜撑，并应设立操作平台，低于3m的可用马凳操作。

（21）支设悬挑式的模板时，应有稳定的立足点。支设临空构建物模板时，应搭设支架。模板上有预留洞时，应在安装后将洞盖没。混凝土板上拆模后形成的临边或洞口，应按规定进行防护。

（22）在架空输电线路下面安装和拆除组合钢模板时，吊机起重臂、吊物、钢丝绳、外脚手架和操作人员等与架空线路的最小安全距离应符合有关规范的要求。当不能满足最小安全距离要求时，要停电作业；不能停电时，应有隔离防护措施。

（23）楼层高度超过4m或二层及以上的建筑物，安装和拆除模板时，周围应设安全网或搭设脚手架和加设防护栏杆。在临街及交通要道地区，尚应设警示牌，并设专人维持安全，防止伤及行人。

（24）现浇多层房屋和构筑物，应采取分层分段支模方法。

（25）烟囱、水塔及其他高大特殊的构筑物模板工程，要进行专门设计，制定专项安全技术措施，并经主管安全技术部门审批。

3. 模板的拆除

（1）模板拆除前，现浇梁柱侧模的拆除，拆模时要确保梁、柱边角的完整，施工班组长应向项目经理部施工负责人口头报告，经同意后再拆除。

（2）工作前，应检查所使用的工具是否牢固，扳手等工具必须用绳链系挂在身上，工作时思想要集中，防止钉子扎脚和从空中滑落。

（3）现浇或预制梁、板、柱混凝土模板拆除前，应有 7d 和 28d 龄期强度报告，达到强度要求后，再拆除模板。

（4）各类模板拆除的顺序和方法，应根据模板设计的规定进行，如无具体规定，应按先支的后拆、先拆非承重的模板、后拆承重的模板和支架的顺序进行拆除。模板拆除应按区域逐块进行，定型钢模板拆除不得大面积撬落。拆除薄壳模板从结构中心向四周均匀放松，向周边对称进行。

（5）大模板拆除前，要用起重机垂直吊牢，然后再进行拆除。

（6）拆除模板一般采用长撬杠，严禁操作人员站在正拆除的模板下。在拆除楼板模板时，要注意防止整块模板掉下，尤其是定型模板做平台模板时，更要注意防止模板突然全部掉下伤人。

（7）严禁站在悬臂结构上面敲拆底模。严禁在同一垂直平面上操作。

（8）拆除较大跨度梁下支柱时，应先从跨中开始，分别向两端拆除。拆除多层楼板支柱时，应确认上部施工荷载不需要传递的情况下方可拆除下部支柱。

（9）当水平支撑超过两道以上时，应先拆除两道以上水平支撑，最下一道大横杆与立杆应同时拆除。

（10）拆模高处作业，应配置登高用具或搭设支架，必要时应戴安全带。

（11）拆模时必须设置警戒区域，并派人监护。拆模必须拆除干净彻底，不得留有悬空模板。

（12）拆模间歇时，应将已活动的模板、牵杠、支撑等运走或妥善堆放，防止因踏空、扶空而坠落。

（13）在混凝土墙体、平板上有预留洞时，应在模板拆除后，随即在墙洞上做好安全护栏，或将板的洞盖严。

（14）拆下的模板不准随意向下抛掷，应及时清理。临时堆放处离楼层边沿不应小于 1m，堆放高度不得超过 1m，楼层边口、通道、脚手架边缘严禁堆放任何拆下物件。

（15）拆模后模板或木方上的钉子，应及时拔除或敲平，防止钉子扎脚。

（16）模板拆除后，在清扫和涂刷隔离剂时，模板要临时固定好，板面相对停放的模板之间应留出 50～60cm 宽的人行通道，模板上方要用拉杆固定。

课题 4　拆除工程施工安全措施

【导入案例】

某市市政道路因拓宽改造的需要，需将某单位的临街房屋拆除。经协商该拆迁单位将其部分房屋及附属物的拆除任务委托给了某建筑施工单位。同年 9 月 18 日签订了拆迁协议。

签订协议后，拆迁单位程某、邱某等人为了单位创收，与建筑施工单位的副经理杨某、经营科长蒋某口头协议，要将拆除房屋中的文化中心和实验室拆除任务另行安排。据此书面协议，某建筑施工单位将协议范围内的拆除物于年底前拆除完毕，而对拆迁单位口头协议下的文化中心和实验室未安排队伍拆除。

当年10月，拆迁单位程某将文化中心和实验室拆除业务安排给了个体户陈某。陈某在完成了实验室和文化中心的屋顶拆除后，将剩余的工程又转包给韩某拆除。

过了半年后，即在第二年8月13日上午，文化中心只剩下东面墙体未拆除（高约4m，长约7m），其余的墙体已全部拆除。工人韩某等3人在东山墙西侧约3m的地方清理红砖。约9时40分，东山墙突然向西倒塌，将正在清理红砖的3人砸倒，当场死亡。

事故原因分析：

（1）拆除人韩某在未对拆除工程制订拆除方案的情况下对房屋进行拆除时，采取了错误的分段拆除方法，并没有采取任何安全防护措施，导致墙体失稳，突然倒塌。

（2）拆迁单位对内部人员失之管理，且工程发包后，对工程未采取监督措施。

（3）某建筑公司作为合同中的承包人，执行合同不严，现场管理交接不清。

（4）拆迁单位职工程某、邱某利用身份和工作便利，弄虚作假、徇私舞弊，违法将拆迁业务安排给无资质的个体户。

（5）承包人个体户陈某无拆除资质，利用非法手段承揽拆迁业务，又非法转包给另一个个体户韩某。

5.4.1　拆除工程施工准备

拆除工程的建设单位与施工单位在签订施工合同时，应签订安全生产管理协议，明确双方的安全管理责任。建设单位、监理单位应对拆除工程施工安全负检查督促责任；施工单位应对拆除工程的安全技术管理负直接责任。

建设单位应向施工单位提供以下资料：

（1）拆除工程的有关图纸和资料。

（2）拆除工程涉及区域的地上、地下建筑及设施分布情况资料。

（3）建设单位应负责做好影响拆除工程安全施工的各种管线的切断、迁移工作。当建筑外侧有架空线路或电缆线路时，应与有关部门取得联系，采取防护措施，确认安全后方可施工。

（4）施工单位应全面了解拆除工程的图纸和资料，进行实地勘察，并应编制施工组织设计或方案和安全技术措施。

（5）施工单位应对从事拆除作业的人员依法办理意外伤害保险。

（6）拆除工程必须制定生产安全事故应急救援预案，成立组织机构，并应配备抢险救援器材。

（7）当拆除工程对周围相邻建筑安全可能产生危险时，必须采取相应保护措施，并应对建筑内的人员进行撤离安置。

（8）拆除工程施工区应设置硬质围挡，围挡高度不应低于1.8m，非施工人员不得进入施工区。当临街的被拆除建筑与交通道路的安全距离不能满足要求时，必须采取相应的安全隔离措施。

（9）在拆除作业前，施工单位应检查建筑内各类管线情况，确认全部切断后方可施工。

（10）在拆除工程作业中，发现不明物体，应停止施工，采取相应的应急措施，保护现场并应及时向有关部门报告。

5.4.2 拆除工程安全施工管理

1. 人工拆除

（1）当采用手动工具进行人工拆除建筑时，施工程序应从上至下，分层拆除，作业人员应在脚手架或稳固的结构上操作，被拆除的构件应有安全的放置场所。

（2）拆除施工应分段进行，不得垂直交叉作业。作业面的孔洞应封闭。

（3）人工拆除建筑墙体时，不得采用掏掘或推倒的方法。楼板上严禁多人聚集或堆放材料。

（4）拆除建筑的栏杆、楼梯、楼板等构件，应与建筑结构整体拆除进度相配合，不得先行拆除。建筑的承重梁、柱，应在其所承载的全部构件拆除后，再进行拆除。

（5）拆除横梁时，应确保其下落能有有效控制时，方可切断两端的钢筋，逐端缓慢放下。

（6）拆除柱子时，应沿柱子底部剔凿出钢筋，使用手动倒链定向牵引，采用气焊切割柱子三面钢筋，保留牵引方向正面的钢筋。

（7）拆除管道及容器时，必须查清其残留物的种类、化学性质，采取相应措施后，方可进行拆除施工。

（8）楼层内的施工垃圾，应采用封闭的垃圾道或垃圾袋运下，不得向下抛掷。

2. 机械拆除

（1）当采用机械拆除建筑时，应从上至下、逐层逐段进行；应先拆除非承重结构，再拆除承重结构。对只进行部分拆除的建筑，必须先将保留部分加固，再进行分离拆除。

（2）施工中必须由专人负责监测被拆除建筑的结构状态，并应做好记录。当发现有不稳定状态的趋势时，必须停止作业，采取有效措施，消除隐患。

（3）机械拆除时，严禁超载作业或任意扩大使用范围，供机械设备使用的场地必须保证足够的承载力。作业中不得同时回转、行走。机械不得带故障运转。

（4）当进行高处拆除作业时，对较大尺寸的构件或沉重的材料，必须采用起重机具及时吊下。拆卸下来的各种材料应及时清理，分类堆放在指定场所，严禁向下抛掷。

（5）拆除框架结构建筑，必须按楼板、次梁、主梁、柱子的顺序进行施工。

3. 爆破拆除

（1）爆破拆除工程应根据周围环境条件、拆除对象类别、爆破规模，并应按照现行国家标准《爆破安全规程》（GB 6722—2014）分为 A、B、C 三级。爆破拆除工程设计必须经当地有关部门审核，做出安全评估批准后方可实施。

（2）从事爆破拆除工程的施工单位，必须持有所在地有关部门核发的爆炸物品使用许可证，承担相应等级或低于企业级别的爆破拆除工程。爆破拆除设计人员应具有承担爆破拆除作业范围和相应级别的爆破工程技术人员作业证。从事爆破拆除施工的作业人员应持证上岗。

（3）爆破拆除所采用的爆破器材，必须同当地有关部门申请爆破物品购买证，到指定的供应点购买。严禁赠送、转让、转卖、转借爆破器材。

（4）运输爆破器材时，必须向所在地有关部门申请领取爆破物品运输证。应按照规定路线运输，并应派专人押送。

（5）爆破器材临时保管地点，必须经当地有关部门批准。严禁同室保管与爆破器材无关的物品。

（6）爆破拆除的预拆除施工应确保建筑安全和稳定。预拆除施工可采用机械和人工方法拆除非承重的墙体或不影响结构稳定的构件。

（7）对烟囱、水塔类构筑物采用定向爆破拆除工程时，爆破拆除设计应控制建筑倒塌时的触地振动，必要时应在倒塌范围铺设缓冲材料或开挖防震沟。

（8）为保护临近建筑和设施的安全，爆破震动强度应符合现行国家标准《爆破安全规程》（GB 6722—2014）的有关规定。建筑基础爆破拆除时，应限制一次同时爆破的用药量。

（9）建筑爆破拆除施工时，应对爆破部位进行覆盖和遮挡防护，覆盖材料和遮挡设施应牢固可靠。

（10）爆破拆除应采用电力起爆网路和非电导爆管起爆网路。

（11）爆破拆除工程的实施应在当地政府主管部门领导下成立爆破指挥部，并应按设计确定的安全距离设置警戒。

4. 静力破碎及基础处理

（1）静力破碎方法适用于建筑基础或局部块体的拆除。

（2）采用静力破碎作业时，灌浆人员必须戴防护手套和防护眼镜。孔内注入破碎剂后，严禁人员在注孔区行走，并应保持一定的安全距离。

（3）静力破碎剂严禁与其他材料混放。

（4）在相邻的两孔之间，严禁钻孔与注入破碎剂施工同步进行。

（5）拆除地下构筑物时，应了解地下构筑物情况，切断进入构筑物的管线。

（6）建筑基础破碎拆除时，挖出的土方应及时运出现场或清理出工作面，在基坑边沿1m内严禁堆放物料。

（7）建筑基础暴露和破碎时，发生异常情况，必须停止作业。查清原因并采取相应措施后，方可继续施工。

5.4.3 拆除工程安全技术管理

（1）拆除工程开工前，应根据工程特点、构造情况、工程量编制安全施工组织设计或方案。爆破拆除和被拆除建筑面积大于$1000m^2$的拆除工程，应编制安全施工组织设计；被拆除建筑面积小于$1000m^2$的拆除工程，应编制安全技术方案。

（2）拆除工程的安全施工组织设计或方案，应由技术负责人审核，经上级主管部门批准后实施。施工过程中，如需变更安全施工组织设计或方案，应经原审批人批准，方可实施。

（3）项目经理必须对拆除工程的安全生产负全面领导责任。项目经理部应设专职安全员，检查落实各项安全技术措施。

（4）进入施工现场的人员，必须佩戴安全帽。凡在 2m 及以上高处作业无可靠防护设施时，必须使用安全带。在恶劣的气候条件下，严禁进行拆除作业。

（5）当日拆除施工结束后，所有机械设备应停放在远离被拆除建筑的地方。施工期间的临时设施，应与被拆除建筑保持一定的安全距离。

（6）拆除工程施工现场的安全管理应由施工单位负责。从业人员应办理相关手续，签订劳动合同，进行安全培训，考试合格后，方可上岗作业。

（7）拆除工程施工前，必须对施工作业人员进行书面安全技术交底。

（8）拆除工程施工必须建立安全技术档案，并应包括下列内容：拆除工程安全施工组织设计或方案；安全技术交底；脚手架及安全防护检查验收记录；劳务用工合同及安全管理协议书；机械租赁合同及安全管理协议书。

（9）施工现场临时用电必须按照国家现行标准《施工现场临时用电安全技术规范》（JGJ 46—2005）的有关规定执行。夜间施工必须有足够照明。

（10）电动机械和电动工具必须装设漏电保护器，其保护零线的电气连接应符合要求。对产生振动的设备，其保护零线的连接点不应少于 2 处。

（11）拆除工程施工过程中，当发生重大险情或生产安全事故时，应及时排除险情、组织抢救、保护事故现场，并向有关部门报告。

（12）施工单位必须依据拆除工程安全施工组织设计或方案，划定危险区域。施工前应发出告示，通报施工注意事项，并应采取可靠的安全防护措施。

课题5　高处作业与安全防护措施

【导入案例】

上海铁路分局某工程建筑面积 16950m²，建筑总高度 61.5m，由上海市某建筑公司总承包，上海另一建筑公司分包土建工程。

2001 年 8 月 1 日，由土建分包公司安排架工班组搭设电梯井内的脚手架。该工程共有 4 部电梯，其中有两单体电梯井和两联体电梯井，至 8 月 6 日完成两单体电梯井脚手架后，开始搭设两联体电梯井内的脚手架。

8 月 7 日，3 名作业人员已将电梯井内脚手架搭设到了 8 层的高度，此时脚手管已用完，于是 3 人便去拆除 10 层高度处的安全平网，打算使用其脚手管继续搭脚手架。由于拆除安全网之前未进行仔细检查，未发现安全网东侧的固定点已被破坏，当 3 人踏入平网后，安全网即发生倾斜脱落，于是 3 人便从已搭设的电梯井脚手架的空隙间坠落地面，造成了 3 人死亡。

事故原因分析：

（1）搭设高层建筑电梯井脚手架属危险作业，应预先编制专项施工方案，此 3 名作业人员既没有配备安全带进行个人防护，同时脚手架已搭设 8 层高度也未及时设置安全网防护。因此，当发生意外时，无任何安全措施，以致造成重大事故，说明该搭设脚手架方案有严重失误。

（2）搭设脚手架之前，项目负责人未与架工班组一起对现场作业环境进行详细调查和进行作业前的交底。高处架设作业人员因其作业危险和常处于独立悬空作业情况，所以作业前应给每人配备安全带，并要求正确使用。而该3名作业人员全都没配备安全带，当工作中偶然发生失误时，便失去人身安全，完全依靠个人注意来保证作业安全，没有任何安全措施，也是技术措施的严重失误。

（3）总包单位疏于对分包单位的管理，61.5m高的建筑物，4部电梯井内脚手架搭设方案，按《建筑法》规定应该编制专项施工组织设计，并采取安全措施。总包未对分包的这一工作实行全过程监管，以致方案中出现重大失误。

（4）分包单位在作业之前未与班组一起对现场作业环境进行调查和进行交底，以致未发现井道10层处安全平网由于长期失于维修管理，拉结处被破坏，留下隐患，而作业时又未配给每人安全带个人防护用品，危险作业时没有起码的安全措施。

5.5.1 高处作业安全措施

1. 高处作业的概念

按照国家标准规定："凡在坠落高度基准面2m以上（含2m）有可能坠落的高处进行的作业称为高处作业。"其含义有两个：一是相对概念，可能坠落的底面高度大于或等于2m，也就是不论在单层、多层或高层建筑物作业，即使是在平地，只要作业处的侧面有可能导致人员坠落的坑、井、洞或空间，其高度达到2m及以上，都属于高处作业；二是高低差距标准定为2m，一般情况下，当人在2m以上的高度坠落时，就很可能会造成重伤、残废甚至死亡，因此高处作业须按规定进行安全防护。

2. 高处作业安全防护措施

（1）进行高处作业时，必须使用脚手架、平台、梯子、防护围栏、挡脚板、安全带和安全网等。作业前，应认真检查所用的安全设施是否牢固、可靠。

（2）从事高处作业人员应接受高处作业安全知识的教育；特殊高处作业人员应持证上岗，上岗前应依据有关规定进行专门的安全技术交底。采用新工艺、新技术、新材料和新设备的，应按规定对作业人员进行相关安全技术教育。

（3）高处作业人员应经过体检，合格后方可上岗。施工单位应为作业人员提供合格的安全帽、安全带等必备的个人安全防护用具，作业人员应按规定正确佩戴和使用。

（4）施工单位应按类别有针对性地将各类安全警示标志悬挂于施工现场各相应部位，夜间应设红灯示警。

（5）高处作业所用工具、材料等严禁投掷，上下立体交叉作业确有需要时，中间须设隔离设施。

（6）高处作业应设置可靠扶梯，作业人员应沿着扶梯上下，不得沿着立杆与栏杆攀登。

（7）雨雪天应采取防滑措施，当风速在10.8m/s以上和雷电、暴雨、大雾等气候条件下，不得进行露天高处作业。

（8）高处作业的上下应设置联系信号或通信装置，并指定专人负责。

（9）高处作业前，工程项目部应组织有关部门对安全防护设施进行验收，经验收合格签字方可作业。需要临时拆除或变动安全设施的，应经项目技术负责人审批签字，并组织有关部门验收，经验收合格签字后方可实施。

5.5.2　临边作业安全措施

在建筑工程施工中，施工人员大部分时间处在未完成建筑物的各层、各部位或构件的边缘或洞口处作业。临边与洞口处是施工过程中极易发生坠落事故的场合，不得缺少安全防护设施。

1. 防护栏杆的设置场合

（1）尚未装栏板的阳台、料台与各种平台周边、雨篷与挑檐边、无外脚手架的屋面和楼层边，以及水箱周边。

（2）分层施工的楼梯口和楼段边，必须设防护栏杆；顶层楼梯口应随工程结构的进度安装正式栏杆或临时栏杆；楼梯休息平台上尚未堵砌的洞口边也应设防护栏杆。

（3）井架与施工用的电梯、脚手架与建筑物通道的两边、各种垂直运输接料平台等，除两侧设置防护栏杆外，平台口还应设置安全门或活动防护栏杆；地面通道上部应装设安全防护棚。双笼井架通道中间，应分隔封闭。

（4）栏杆的横杆不应有悬臂，以免坠落时横杆头撞击伤人。

2. 防护栏杆措施要求

临边防护用的栏杆是由栏杆立柱和上、下两道横杆组成，上横杆称为扶手。栏杆的材料应按规范、标准的要求选择，选材时除需满足力学条件外，其规格尺寸和连接方式还应符合构造上的要求，应紧固而不动摇，能够承受突然冲击，阻挡人员在可能状态下的下跌和防止物料的坠落，还要有一定的耐久性。

搭设临边防护栏杆时，上杆离地高度为 1.0~1.2m，下杆离地高度为 0.5~0.6m；坡度大于 1:2.2 的屋面，防护栏杆应高于 1.5m，并加挂安全立网。除经设计计算外，横杆长度大于 2m 时，必须加设栏杆立柱。栏杆柱的固定及其与横杆的连接，其整体构造应使防护栏杆上杆的任何部位能经受任何方向的 1000N 外力。当栏杆所处位置有发生人群拥挤、车辆冲击或物件碰撞的可能时，应加大横杆截面或加密柱距。防护栏杆必须自上而下用安全立网封闭。

栏杆柱的固定应符合下列要求：

（1）在基坑四周固定时，可采用钢管并打入地面 50~70cm 深；钢管离边口的距离，不应小于 50cm。当基坑周边采用板桩时，钢管可打在板桩外侧。

（2）在混凝土楼面、屋面或墙面固定时，可用预埋件与钢管或钢筋焊牢。采用竹、木栏杆时，可在预埋件上焊接 30cm 长的 ∟50×5 角钢，其上下各钻一孔，用 10mm 螺栓与竹、木杆件拴牢。

（3）在砖或砌块等砌体上固定时，可预先砌入规格相适应的 80mm×6mm 弯转扁钢作预埋铁的混凝土块，然后用上下方法固定。

5.5.3　洞口作业安全措施

在建工程施工现场往往存在着各式各样的洞口，在洞口旁的作业称为洞口作业。在水平的楼面、屋面、平台等上面短边尺寸小于 25cm、大于 2.5cm 的称为孔，短边尺寸等于 25cm

的称为洞。在垂直于楼面、地面的垂直面上，高度小于 75cm 的称为孔，高度等于或大于 75cm，宽度大于 45cm 的均称为洞。凡深度在 2m 及 2m 以上的桩孔、人孔、沟槽与管道等孔洞边沿上的高处作业都属于洞口作业范围。进行洞口作业以及在因工程和工序需要而产生的使人与物体有坠落危险和有人身安全危险的其他洞口进行高处作业时，必须设置防护设施。

1. 防护栏杆的设置场合

（1）各种板与墙的洞口，按其大小和性质分别设置牢固的盖板、防护栏杆、安全网或其他防坠落的防护设施。

（2）电梯井口，根据具体情况设防护栏或固定栅门与工具式栅门；电梯井内每隔两层且最多 10m 设一道安全平网，也可以按当地习惯在井口设固定的格栅或采取砌筑坚实的矮墙等措施。

（3）钢管桩、钻孔桩等桩孔口，柱基、条基等上口，未填土的坑、槽口，以及天窗和化粪池等处，都要作为洞口采取符合规范的防护措施。

（4）施工现场与场地通道附近的各类洞口、深度在 2m 以上的敞口等处除设置防护设施与安全标志外，夜间还应设红灯示警。

（5）物料提升机上料口，应装设有连锁装置的安全门，同时采用断绳保护装置或安全停靠装置；通道口走道板应平行于建筑物满铺并固定牢靠，两侧边应设置符合要求的防护栏杆和挡脚板，并用密目式安全网封闭两侧。

2. 洞口安全防护措施要求

洞口作业时，要根据具体情况采取设置防护栏杆、加盖件、张挂安全网与装栅门措施。

（1）楼板面的洞口，可用竹、木等作盖板。盖板须能保持四周搁置均衡，并有固定其位置的措施。

（2）短边边长为 50～150cm 的洞口，必须设置以扣件扣接钢管而成的网格，并在其上满铺竹笆或脚手板；也可采用贯穿于混凝土板内的钢筋构成防护网，钢筋网格间距不得大于 20cm。

（3）边长在 150cm 以上的洞口，四周设防护栏杆，洞口下张设安全平网。

（4）墙面等处的竖向洞口，凡落地的洞口应加装开关式、工具式或固定式的防护门，门栅网格的间距不应大于 15cm，也可采用防护栏杆，下设挡脚板（笆）。

（5）下边沿至楼板或底面低于 80cm 的窗台等竖向的洞口，如侧边落差大于 2m，则应加设 1.2m 高的临时护栏。

5.5.4 安全帽、安全带与安全网的安全措施

建筑施工现场是高危险性的作业场所，所有进入施工现场的人员必须戴安全帽，登高作业必须系安全带，安全防护必须按规定架设安全网。建筑工人称安全帽、安全带、安全网为救命"三宝"。目前，这三种防护用品都有产品标准，使用时也应选择符合建筑施工要求的产品。

1. 安全帽

（1）进入施工现场者必须戴安全帽。施工现场的安全帽应分色佩戴。

（2）要正确使用安全帽，不准使用缺衬及破损的安全帽。

（3）安全帽应符合国家标准《安全帽》（GB 2811—2007）。

2. 安全带

（1）建筑施工中的攀登作业、独立悬空作业，如搭设脚手架，吊装混凝土构件、钢构件及设备等都属于高空作业，操作人员都应系安全带。

（2）安全带应选用符合标准要求的合格产品。

（3）使用安全带时要注意：

1）安全带应高挂低用，挂在牢固可靠处，不准将绳打结使用，防止摆动和碰撞；安全带上的各种部件不得任意拆掉。

2）安全带使用两年以后，使用单位应按购进批量的大小，选择一定比例的数量做一次抽检，用 80kg 的沙袋做自由落体试验，若未破断可继续使用，但抽检的样带应更换新的挂绳后才能使用；若试验不合格，购进的这批安全带就应报废。

3）安全带外观有破损或发现有异味时，应立即更换。

4）安全带使用 3～5 年即应报废。

3. 安全网

目前，建筑工地所使用的安全网，按其形式及作用可分为平网和立网两种。由于这两种网使用中的受力情况不同，因此它们的规格、尺寸和强度要求等也有所不同。平网，指其安装平面平行于水平面，主要用来承接人和物的坠落；立网，指其安装平面垂直于水平面，主要用来阻止人和物的坠落。

（1）安全网的构造和材料。安全网的材料，要求其密度小、强度高、耐磨性好、延伸率大和耐久性较强，此外，还应有一定的耐气候性能，受潮湿后其强度下降不太大。目前，安全网以化学纤维为主要材料。一张安全网上所有的网绳都要采用同一材料，所有材料的湿、干强力比不得低于 75%。通常，多采用维纶和尼龙等合成化纤作网绳。丙纶性能不稳定，禁止使用。此外，只要符合国家有关规定的要求，亦可采用棉、麻、棕等植物材料做原料。不论用何种材料，每张安全平网的质量一般不宜超过 15kg，并要能承受 800N 的冲击力。

（2）密目式安全网。根据《建筑施工安全检查标准》（JGJ 59—2011）规定，P3×6 的大网眼的安全平网只能在电梯井、外脚手架的跳板下方、脚手架与墙体间的空隙等处使用。

密目式安全网的目数为网上任意一处 10cm×10cm 的面积上大于 2000 目（孔眼大于 2000 个）。目前，生产密目式安全网的厂家很多，品种也很多，产品质量参差不齐，为了保证使用合格的密目式安全网，施工单位采购来以后，应做现场试验，除外观、尺寸、质量、目数等检查以外，还要做以下两项试验：

1）贯穿试验。将 1.8m×6m 的安全网与地面成 30°夹角放好，四边拉直固定。在网中心上方 3m 的地方，用一根 φ48×3.5 的 5kg 钢管自由落下。网不贯穿，即为合格；网贯穿，即为不合格。

2）冲击试验。将密目式安全网水平放置，四边拉紧固定。在网中心上方 1.5m 处，用一个 100kg 的沙袋自由落下，网边撕裂的长度小于 200mm 即为合格。

用密目式安全网对在建工程外围及外脚手架的外侧全封闭，使得施工现场用大网眼的平网作水平防护的敞开式防护，用栏杆或小网眼立网作防护的半封闭式防护，实现了全封闭式防护。

（3）安全网防护：

1）高处作业点下方必须设安全网。凡无外架防护的施工，必须在高度 4~6m 处设一层水平投影外挑宽度不小于 6m 的固定的安全网，每隔四层楼再设一道固定的安全网，并同时设一道随墙体逐层上升的安全网。

2）施工现场应积极使用密目式安全网，架子外侧、楼层临边井架等处用密目式安全网封闭栏杆，安全网放在杆件里侧。

3）单层悬挑架一般只搭设一层脚手板为作业层，须在紧贴脚手板下部挂一道平网做防护层；当脚手板下挂平网有困难时，可沿外挑斜立杆的密目网里侧斜挂一道平网，作为人员坠落的防护层。

4）单层悬挑架包括防护栏杆及斜立杆部分，全部用密目网封严。多层悬挑架上搭设的脚手架，用密目网封严。

5）架体外侧用密目网封严。

6）安全网作防护层时，必须封挂严密、牢靠；水平防护时，必须采用平网，不准用立网代替平网。

7）安全网应绷紧、扎牢，拼接严密，不得使用破损的安全网。

8）安全网必须有产品生产许可证和质量合格证，不准使用无证和不合格产品。

【基础与技能训练】

一、单选题

1. 绑扎（　　）的柱钢筋，必须搭设操作平台。

A. ≥2m　　　　B. ≥3m　　　　C. ≥1m　　　　D. ≥0.5m

2. 在基坑四周固定防护栏杆柱时，可采用钢管并打入地面（　　）深。

A. 30~50cm　　B. 50~70cm　　C. 10~20cm　　D. 20~30cm

3. 开挖深度超过（　　）的基坑工程应实施基坑工程监测。

A. 3m　　　　　B. 4m　　　　　C. 5m　　　　　D. 2m

4. 在支护结构的支撑与开挖之间必须遵守的原则是（　　）。

A. 先开挖后支撑　　　　　　　B. 先支撑后开挖

C. 支撑与开挖同时　　　　　　D. 支护结构混凝土浇筑完立即开挖

5. 脚手架作业层的脚手板对接平铺时，接头处应设两根横向水平杆，脚手板外伸长度应取（　　）mm。

A. 100　　　　　B. 150　　　　　C. 200　　　　　D. 250

6. 对高度（　　）以上的双排脚手架，应采用刚性连墙件与建筑物连接。

A. 15m　　　　　B. 24m　　　　　C. 10m　　　　　D. 5m

7. 高大模板支撑系统应在搭设完成后，应组织验收，验收人员不包括（　　）。

A. 建设单位项目负责人　　　　B. 施工单位项目负责人

C. 施工单位和项目两级技术人员　D. 总监理工程师

8. 高大模板支撑系统搭设前，应由（　　）组织对需要处理或加固的地基、基础进行验收，并留存记录。

A. 安全员   B. 施工项目技术负责人

C. 施工企业技术负责人   D. 项目负责人

9. 井架与施工用电梯和脚手架等与建筑物通道的两侧边，必须（   ）。

A. 设置临时防护   B. 设活动防护栏杆

C. 设置安全门   D. 设防护栏杆

10. 分层施工的楼梯口和梯段边，必须安装临时防护栏。顶层楼梯口应随工程结构进度（   ）。

A. 用密目网封闭   B. 安装活动防护栏杆

C. 安装正式防护栏杆   D. 安装临时防护栏杆

二、多选题

1. 施工现场通道附近的各类洞口与坑槽等处，应设置（   ）。

A. 防护设施   B. 安全标志   C. 夜间红灯示警

D. 建设单位每天监督   E. 设计单位每天监督

2. 附着式升降脚手架应在下列阶段进行检查和验收（   ）。

A. 首次安装完毕   B. 提升前   C. 下降前

D. 提升、下降到位，投入使用前   E. 上人前

3. 基坑开挖前应编制监测方案，监测方案应包括（   ）等。

A. 监测内容和项目

B. 监测期和监测频率

C. 监测报警及异常情况下的监测措施

D. 监测点的布设与保护

E. 应急预案

4. 高度在 24m 以下的扣件式钢管脚手架，必须在外侧（   ）的立面上，由底至顶连续设置剪刀撑。

A. 两端

B. 转角

C. 中间间隔不超过 15m

D. 两端和中间间隔不超过 25m

E. 转角和中间间隔不超过 20m

5. 模板的拆除顺序和方法如设计无规定时，可采取（   ）。

A. 先支的后拆

B. 后支的先拆

C. 先拆非承重模板，后拆承重模板

D. 先支的先拆

E. 从上而下

三、案例分析题

某住宅楼工程施工，房屋檐口标高 32.00m，室外自然地坪标高 −0.50m。该工程外架采用双排钢管扣件式落地架，钢管 ϕ48.3 ×3.6，步距 1.50m，立杆横距 1.05m，跨距 1.50m，连墙件按"三步四跨"设置，开口架和封闭架都存在，密目式安全立网封闭，采

用竹串片脚手板，为装饰用途外架。请根据以上背景资料，回答下列问题：

❓ 问题1（单选题）：对该工程的脚手架，下列说法正确的是（　　）。

A. 不需要编制专项施工方案

B. 跨距1.5m太小，改为2.5m

C. 需要编制专项施工方案

D. 需要编制专项施工方案并组织专家论证

❓ 问题2（单选题）：该外架搭设高度宜高出房屋檐口高度（　　）。

A. 0.5m　　　　　　B. 1.0m　　　　　　C. 1.5m　　　　　　D. 2.0m

❓ 问题3（多选题）：关于该外架构造加强的说法，正确的是（　　）。

A. 外侧不设置剪刀撑

B. 外侧立面间隔15m设置剪刀撑

C. 外侧全立面连续设置剪刀撑

D. 开口架两端必须设置横向斜撑

E. 封闭型脚手架不需要设置横向斜撑

❓ 问题4（判断题）：按《建筑施工安全检查标准》（JGJ 59—2011）对该外架检查评分，杆件搭接属于保证项目。（　　）

❓ 问题5（判断题）：该外架连墙件设置符合规范要求。（　　）

施工机械与安全用电管理

【学习目标】

1. 了解施工机械的分类、技术要求和安全规程。
2. 熟悉施工现场安全用电的基本要求、用电保护和技术要求。
3. 掌握施工现场机械和用电安全管理的主要内容、技术规程。

【能力目标】

1. 能结合工程实际进行施工机械的安装、验收、运行和日常管理。
2. 能根据工程检查安全用电的技术要求和管理要求的落实情况。
3. 能分析某一工程项目在施工机械使用或安全用电管理方面的问题并提出解决办法。

课题1　施工机械安全管理

【导入案例】

　　2008年2月11日白班，HN建工集团设备分公司加工车间甲班主安排剪切工张某锯切铝管芯（直径150mm）。8时40分，在已经锯完6根之后，打开锯床加紧装置，用右手拉铝管芯时，铝管芯端头突然上翘，把右手大拇指挤在锯条和铝管芯之间，造成右手大拇指末节指甲中段远端挤压，伤口深2~3mm，送医院进行治疗，初步诊断为右拇指挤压伤。

　　事故原因分析：

　　（1）张某非机械作业人员，违章操作锯床，严重违反锯床安全技术操作规程，是事故发生的主要原因。

　　（2）张某在操作锯床过程中未认真检查锯床支架小车位置，锯床支架小车因偏斜，随着铝管芯前移和锯床加紧装置反复纠正，铝管芯逐渐偏出支架小车支撑槽，提拉时铝管芯从支架小车滚落，锯切端突然翘起，把右手拇指挤在锯条和铝管芯之间，张某精神不集中，思想上麻痹大意，是造成自伤的直接原因。

（3）车间甲班违章指挥，对张某压伤手指负直接管理责任。

（4）车间甲班对近期连续发生挤碰伤事故重视不够，措施不力，对张某压伤手指负重要管理责任。

6.1.1　施工机械管理概述

1. 施工机械的分类

建筑施工现场机械包括手持式电动工具、小型电动建筑机械和大型施工机械。

2. 施工机械安全管理的一般规定

（1）机械设备应按其技术性能的要求正确使用。

（2）严禁拆除机械设备上的自动控制机构、力矩限位器等安全装置，以及监测、指示、仪表、警报器等自动报警、信号装置。其调试和故障的排除应由专业人员负责进行，电气设备必须由专职电工进行维护和检修。电工检修电气设备时严禁带电作业，必须切断电源并悬挂"有人工作，禁止合闸"的警告牌。

（3）新购或经过大修、改装和拆卸后重新安装的机械设备，必须按原厂说明书的要求进行测试和试运转。处在运行和运转中的机械严禁对其进行维修、保养或调整等作业。

（4）机械设备应按时进行保养，当发现有漏保、失修或超载带病运转等情况时，有关部门应停止其使用。

（5）机械设备的操作人员必须经过专业培训考试合格，取得有关部门颁发的操作证后，方可独立操作。机械作业时，操作人员不得擅自离开工作岗位或将机械交给非本机操作人员操作。严禁无关人员进入作业区和操作室内。严禁酒后操作。

（6）凡违反相关操作规程的命令，操作人员有权拒绝执行。由于发令人强制违章作业而造成事故者，应追究发令人的责任，直至追究刑事责任。

（7）机械操作人员和配合人员，都必须按规定穿戴劳动保护用品。长发不得外露。高空作业必须戴安全带，不得穿硬底鞋和拖鞋。严禁从高处往下抛掷物件。

（8）进行日作业两班及以上的机械设备均须实行交接班制，操作人员要认真填写交接班记录。机械进入作业地点后，施工技术人员应向机械操作人员进行施工任务及安全技术措施交底。操作人员应熟悉作业环境和施工条件，听从指挥，遵守现场安全规则。

（9）当机械设备发生事故或未遂恶性事故时，必须及时抢救，保护现场，并立即报告领导和有关部门听候处理。企业领导对事故应按"四不放过"的原则进行处理。

6.1.2　手持式电动工具管理

1. 概述

（1）选购的手持式电动工具及其用电安全装置符合相应的国家现行有关强制性标准的规定，且具有产品合格证和使用说明书。接地和漏电保护符合要求，运行时产生振动的设备的金属基座、外壳与 PE 线的连接点不少于 2 处。建立和执行专人专机负责制，并定期检查和维修保养。

（2）手持式电动工具中的塑料外壳Ⅱ类工具和一般场所手持式电动工具中的Ⅲ类工具可不连接PE线。电缆芯线数应根据负荷及其控制电器的相数和线数确定，其中 PE 线应采用绿-黄双色绝缘导线。

（3）每一台手持式电动工具的开关箱内，除应装设过载、短路、漏电保护电器外，还应装设隔离开关或具有可见分断点的断路器和控制装置。正、反向运转控制装置中的控制电器应采用接触器、继电器等自动控制电器，不得采用手动双向转换开关作为控制电器。

2. 安全技术要点

（1）使用手持式电动工具时，必须按规定穿戴绝缘防护用品。空气湿度小于75%的一般场所可选用Ⅰ类或Ⅱ类手持式电动工具，其金属外壳与PE线的连接点不得少于两处，所用插座和插头在结构上应保持一致，避免导电触头和保护触头混用。

（2）在潮湿场所或金属构架上操作时，必须选用Ⅱ类或由安全隔离变压器供电的Ⅲ类手持式电动工具。金属外壳Ⅱ类手持式电动工具使用时，开关箱和控制箱应设置在作业场所外面。

（3）手持式电动工具的负荷线应采用耐气候型的橡皮护套铜芯软电缆，并不得有接头。手持式电动工具的外壳、手柄、插头、开关、负荷线等必须完好无损，使用前必须做绝缘检查和空载检查，在绝缘合格、空载运转正常后方可使用。

6.1.3 小型建筑机械管理

1. 概述

（1）选购的小型电动建筑机械及其用电安全装置符合相应的国家现行有关强制性标准的规定，且具有产品合格证和使用说明书。接地和漏电保护符合要求，运行时产生振动的设备的金属基座、外壳与PE线的连接点不少于2处。建立和执行专人专机负责制，并定期检查和维修保养。

（2）电动建筑机械的负荷线应按其计算负荷选用无接头的橡皮护套铜芯软电缆。

（3）电缆芯线数应根据负荷及其控制电器的相数和线数确定，其中 PE 线应采用绿-黄双色绝缘导线。

（4）每一台电动建筑机械的开关箱内，除应装设过载、短路、漏电保护电器外，还应装设隔离开关或具有可见分断点的断路器和控制装置。

2. 安全技术要点

（1）夯土机械：

1）夯土机械开关箱中的漏电保护器必须符合潮湿场所选用漏电保护器的要求。

2）夯土机械PE线的连接点不得少于2处。负荷线应采用耐气候型橡皮护套铜芯软电缆。夯土机械的操作扶手必须绝缘。夯土机械检修或搬运时必须切断电源。

3）使用夯土机械必须按规定穿戴绝缘用品，使用过程应有专人调整电缆，电缆长度不应大于50m。电缆严禁缠绕、扭结和被夯土机械跨越。

4）多台夯土机械并列工作时，其间距不得小于5m；前后工作时，其间距不得小于10m。

（2）焊接机械：

1）电焊机械应放置在防雨、干燥和通风良好的地方。焊接现场不得有易燃易爆品。

2）交流弧焊机变压器的一次侧电源线长度不应大于 5m，电源进线处必须设置防护罩。发电机式直流电焊机的换向器应经常检查和维护。

3）电焊机械开关箱中的漏电保护器必须符合要求，交流电焊机械应配装防二次侧触保护器。电焊机械的二次线应采用防水橡皮护套铜芯软电缆，电缆长度不应大于 30m，不得采用金属构件或结构钢筋代替二次线的地线。

4）进行焊接作业时所用的焊钳及电缆必须完整无破损，使用电焊机械焊接时必须穿戴防护用品。严禁露天冒雨从事电焊作业。

（3）混凝土施工机械：

1）混凝土搅拌机、插入式振动器、平板振动器、地面抹光机、水磨石机等设备的漏电保护应符合《施工现场临时用电安全技术规范》（JGJ 46—2005）要求，负荷线必须采用耐气候型橡皮护套铜芯软电缆，并不得有任何破损和接头。

2）对混凝土搅拌机等设备进行清理、检查、维修时，必须首先将其开关箱分闸断电，呈现可见电源分断点，并关门上锁。

（4）钢筋加工机械：

1）钢筋加工机械包括钢筋切断机、钢筋调直机、钢筋套丝机、钢筋弯曲机等。钢筋加工机械的漏电保护应符合《施工现场临时用电安全技术规范》（JGJ 46—2005）要求。设置漏电保护装置。

2）钢筋加工机械的负荷线必须采用耐气候型橡皮护套铜芯软电缆，并不得有任何破损和接头。对钢筋加工机械等设备进行清理、检查、维修时，必须首先将其开关箱分闸断电，呈现可见电源分断点，并关门上锁。

6.1.4 大型施工机械管理

1. 概述

（1）施工现场大型机械主要包括塔式起重机械、物料提升机、施工升降机等。

（2）施工现场的大型施工机械的选购、使用、检查和维修应遵守国家规范。建立和执行专人专机负责制，并定期检查和维修保养。

（3）需要设置避雷装置的除应连接 PE 线外，还应做重复接地。设备的金属结构构件之间应保证电气连接。

2. 安全技术要点

（1）塔式起重机的电气设备应符合现行国家标准《塔式起重机安全规程》（GB 5144—2006）的要求。塔式起重机与外电线路的安全距离应符合《施工现场临时用电安全技术规范》（JGJ 46—2005）要求。

（2）塔式起重机应按《施工现场临时用电安全技术规范》（JGJ 46—2005）做重复接地和防雷接地。轨道两端各设一级接地装置。

（3）轨道式塔式起重机的电缆不得拖地行走。需要夜间工作的塔式起重机，应设置正对工作面的投光灯。

（4）塔身高于 30m 的塔式起重机，应在塔顶和臂架端部设红色信号灯。

（5）在强电磁波源附近工作的塔式起重机，操作人员应戴绝缘手套和穿绝缘鞋，并应在吊钩与机体间采取绝缘隔离措施，或在吊钩吊装地面物体时，在吊钩上挂接临时接地装置。

（6）外用电梯梯笼内、外均应安装紧急停止开关。上、下极限位置应设置限位开关。在每日工作前必须对行程开关、限位开关、紧急停止开关、驱动机构和制动器等进行空载检查，正常后方可使用。检查时必须有防坠落措施。

（7）配电箱、开关箱内的电器配置和接线严禁随意改动。熔断器的熔体更换时，严禁采用不符合原规格的熔体代替。漏电保护器每天使用前应启动漏电试验按钮试跳一次，试跳不正常时严禁继续使用。

3. 塔式起重机

塔式起重机是一种塔身直立，起重臂铰接在塔帽下部，能够作360°回转的起重机，通常用于房屋建筑和设备安装的场所，具有适用范围广、起升高度高、回转半径大、工作效率高、操作简便、运转可靠等特点。

（1）塔机的安全装置。为了确保塔机的安全作业，防止发生意外事故，塔机必须配备各类安全保护装置。主要包括起重力矩限制器、起重量限制器、起重高度限制器、幅度限制器、塔机行走限位器、吊钩保险装置、钢丝绳防脱槽装置、夹轨钳、回转限制器、风速仪、电器控制中的零位保护和紧急安全开关等。

（2）塔机安装、拆卸的安全要求：

塔机安装的安全要求包括以下几方面：

1）起重机安装过程中，必须分阶段进行技术检验。用旋转塔身方法进行整体安装及拆卸时，应保证自身的稳定性。

2）轨道路基必须经过平整压实，基础经处理后，土壤的承载能力要达到 $8 \sim 10t/m^2$。塔式起重机的基础及轨道铺设，符合要求后，方可进行塔式起重机的安装。

3）安装及拆卸作业前，必须认真研究施工方案，严格按照架设程序分工负责，统一指挥。安装起重机时，必须将大车行走缓冲止挡器和限位开关装置安装牢固可靠，并应将各部位的栏杆、平台、扶杆、护圈等安全防护装置装齐。

4）采用高强度螺栓连接的结构，应使用原厂制造的连接螺栓，自制螺栓应有质量合格的试验证明，否则不得使用。连接螺栓时，应采用扭矩扳手或专用扳手，并应按装配技术要求拧紧。所有的螺栓都要拧紧，并达到紧固力矩要求。对钢丝绳要进行严格检查有否断丝磨损现象，如有损坏，立即更换。

5）塔式起重机附墙杆件的布置和间隔，应符合说明书的规定。在塔式起重机未拆卸至允许悬臂高度前，严禁拆卸附墙杆件。

6）两台起重机之间的最小架设距离应保证处于低位的起重机的臂架端部与另一台起重机的塔身之间至少有 2m 的距离；处于高位起重机的最低位置的部件与低位起重机中处于最高位置部件之间的垂直距离不得小于 2m。在有建筑物的场所，应注意起重机的尾部与建筑物外转施工设施之间的距离不小于 0.5m。

7）有架空输电线的场所，起重机的任何部位与输电线的安全距离应符合规范规定，以避免起重机结构进入输电线的危险区。

塔机拆卸的安全要求包括以下几方面：

1）塔机拆卸人员必须经过专业理论和技能培训，考核合格后持证上岗。严格按照塔机的装拆方案和操作规程中的有关规定、程序进行装拆，正确使用劳动保护用品。

2）塔机装拆前，施工企业必须编制专项的装拆施工方案，并经过企业技术负责人审批。必须向全体作业人员进行装拆方案和安全操作技术的书面交底，履行签字手续；施工企业必须具备装拆作业的资质，按照资质的等级进行装拆相对应的塔机，并有技术和安全人员在场监护；施工企业必须建立塔机的装拆专业班组并且配有起重工、电工、起重指挥。

3）拆装作业前检查项目：路基和轨道铺设或混凝土基础应符合技术要求；检查路轨路基和各金属结构的受力状况；对所拆装起重机的各机构、构件、部件、线路等进行检查，使隐患排除于拆装作业之前；对自升塔式起重机顶升液压系统进行检查，及时处理存在的问题；对制动系统等进行检查；检查辅助机械，应状况良好，技术性能应能保证拆装作业的需要；对拆装人员劳保用品使用进行检查，不合格者立即更换；检查拆装现场电源电压、运输道路、作业场地等具备拆装作业条件；安全监督岗的设置及安全技术措施的贯彻落实已达到要求；装拆塔机的作业要统一指挥，专人监护，设立警界区域。

4）作业中遇有大雨、雾和风力超过 4 级时应停止作业。

4. 物料提升机

（1）物料提升机的类型、基本构造与设计：

1）物料提升机类型。提升高度 30m 以下（含 30m）为低架物料提升机，提升高度 31 ~ 150m 为高架物料提升机。一般常用有龙门架提升机和井架提升机两种。

2）物料提升机的结构设计计算应符合现行行业标准规定。物料提升机设计提升结构的同时，应对其安全防护装置进行设计和选型。物料提升机应有标牌，标明额定起重量、最大提升高度及制造单位、制造日期。

（2）安全防护装置：

1）安全停靠装置。当吊篮停靠到位时，该装置应能可靠地将吊篮定位，并能承担吊篮自重、额定荷载及运卸料人员和装卸物料时的工作荷载。

2）断绳保护装置。断绳保护装置就是在吊篮运行过程中发生钢丝绳突然断裂、钢丝绳尾端固定点松脱或吊篮会从高处坠落时，装置即刻起动，将吊篮卡在架体上，避免产生严重的事故。

3）吊篮安全门。吊篮的上下料口处应装设安全门，此门应制成自动开启型。

4）楼层口通道门。物料提升机与各楼层进料口一般均搭设了运料通道。在楼层进料口与运料通道的结合处必须设置通道安全门，此门在吊篮上下运行时应处于常闭状态，只有在卸运料时才能打开，以保证施工作业人员不在此处发生高处坠落事故。

5）上料口防护棚。物料提升机地面进料口是运料人员经常出入和停留的地方，吊篮在运行过程中易发生落物伤人事故，因此搭设上料口防护棚是防止落物伤人的有效措施。

6）上极限限位器。该装置为防止司机误操作或机械、电气故障而引起吊篮上升高度失控造成事故而设置的安全装置。当吊篮上升达到极限位置时，限位器即行动作，切断电源，使吊篮只能下降，不能上升。

7）紧急断电开关。该装置应设在司机便于操作的位置，在紧急情况下，能及时切断提升机的总控制电源。

8）信号装置。该装置由司机控制，能与各楼层进行简单的音响或灯光联络，以确定吊篮的需求情况。音量应能使各楼层使用提升机装卸物料人员清晰听到。

9）高架提升机除应满足上述规定外，安全装置还有下极限限位器、缓冲器、超载限制器、通信装置等均需满足相应技术要求。

（3）架体稳定要求：

1）井架式提升机的架体，在与各楼层通道相接的开口处，应采取加强措施。提升机架体顶部的自由高度不得大于 6m。提升机的天梁应使用型钢，宜选用两根槽钢，其截面高度应经计算确定，但不得小于两根。

2）高架提升机的基础、附墙架等应符合设计要求。

3）基础应有排水措施。距基础边缘 5m 范围内，开挖沟槽或有较大振动的施工时，必须有保证架体稳定的措施。

4）缆风绳的地锚，根据土质情况及受力大小设置，应经计算确定。一般宜采用水平式地锚，当土质坚实，地锚受力小于 15kN 时，也可选用桩式地锚。

（4）提升机的安装与拆除要求：

1）提升机安装前的准备工作：编制架体的安装方案；对作业人员根据方案进行安全技术交底，操作人员必须持证上岗；划定安全警戒区域，专人监护；检查高度是否符合设计要求，金属结构、提升机构、电气设备、基础位置和做法，地锚位置、连墙杆（附墙杆）连接埋件的位置正确性和牢靠性，提升机周围环境条件有无影响作业安全的因素等。

2）架体安装时，每安装 2 个标准节（一般不大于 8m），应采取临时支撑或临时缆风绳固定。安装龙门架时，两边立柱应交替进行，每安装 2 节，除将单肢柱进行固定外，尚应将两立柱横向连接成一体。装设摇臂扒杆时，应符合以下要求。扒杆不得装在架体的自由端，扒杆底座要高出工作面，其顶部不得高出架体，扒杆与水平面夹角应在 45°~70° 之间，转向时不得碰到缆风绳，扒杆应安装保险钢丝绳。起重吊钩应采用符合有关规定的吊具并设置吊钩上极限限位装置。

3）架体安装完毕后，企业必须组织有关职能部门和人员提升机进行试验和验收，检查验收合格后方能交付使用。利用建筑物内井道做架体时，各楼层进料口处的停靠门，必须与司机操作处装设的层站标志灯进行连锁，阴暗处应装照明。架体各节点的螺栓必须紧固且符合孔径要求。

4）物料提升机架体应随安装固定，架体的缆风绳必须采用钢丝绳。附墙杆必须与物料提升机架体材质相同，严禁将附墙杆连接在脚手架上，必须可靠地与建筑结构相连接。架体顶端自由高度与附墙间距应符合设计要求。物料提升机、卷扬机应安装在视线良好，远离危险作业区域。钢丝绳应能在卷筒上整齐排列，其吊篮处于最低工作位置时，卷筒上应留有不少于 3 圈的钢丝绳。

5）提升机的安装和拆卸工作必须按照施工方案进行，专人统一指挥。物料提升机采用旋转法整体安装或拆卸时，必须对架体采取加固措施，拆卸时必须待起重机吊点索具垂直拉紧后，方可松开缆风绳或拆除附墙杆件。拆除作业宜在白天进行，夜间确需作业的应有良好的照明，因故中断作业时，应采取临时稳固措施。

5. 施工升降机

施工升降机是高层建筑施工中运送施工人员及建筑材料和工具设备上下必备的、重要的垂直运输设施。施工升降机又称为施工电梯，是一种使工作笼（吊笼）沿导轨作垂直或倾斜运动的机械。施工升降机按其传动形式可分为齿轮齿条式、钢丝绳式和混合式等 3 种。

（1）施工升降机的基本构造。建筑施工升降机主要由钢结构、驱动装置、安全装置和电器设备等 4 部分组成。

（2）施工升降机的安全装置：

1）限速器。齿条驱动的建筑施工升降机，为了防止吊笼坠落均装有锥鼓式限速器，并可分为单向式和双向式两种，单向限速器只能沿吊笼下降方向起限速作用，双向限速器则可以沿吊笼的上升和下降两个方向起限速作用。

2）缓冲弹簧。在建筑施工升降机底笼的底盘上装有缓冲弹簧，以便当吊笼发生坠落事故时，减轻吊笼的冲击，同时保证吊笼和配重下降着地时呈柔性接触，缓冲吊笼和配重着地时的冲击。

3）上、下限位器。为防止吊笼上、下时超过需停位置，因司机误操作和电气故障等原因继续上行或下降引发事故而设置的装置，安装在吊轨架和吊笼上，属于自动复位型的。

4）上、下极限限位器。上、下极限限位器是在上、下限位器不起作用时，当吊笼运行超过限位开关和越程（越程是指限位开关与极限限位开关之间所规定的安全距离）后，能及时切断电源使吊笼停车。

5）安全钩。安全钩是为防止吊笼到达预先设定位置，上限位器和上极限限位器因各种原因不能及时动作、吊笼继续向上运行，将导致吊笼冲击导轨架顶部而发生倾翻坠落事故而设置的。安全钩是安装在吊笼上部也是最后一道安全装置，它能使吊笼上行到导轨架顶部的时候，安全钩钩住导轨架，保证吊笼不发生倾翻坠落事故。

6）急停开关。当吊笼在运行过程中发生各种原因的紧急情况时，司机能在任何时候按下急停开关，使吊笼停止运行。急停开关必须是非自行复位的安全装置，安装在吊笼顶部。

7）吊笼门、底笼门连锁装置。施工升降机的吊笼门、底笼门均装有电气连锁开关，它们能有效地防止因吊笼或底笼门未关闭就启动运行而造成人员坠落和物料滚落，只有当吊笼门和底笼门安全关闭时才能启动运动。

8）楼层通道门。施工升降机与各楼层均搭设了运料和人员进出的通道，在通道口与升降机结合部必须设置楼层通道门。此门在吊笼上下运行时处于常闭状态，只有在吊笼停靠时才能由吊笼内的人打开。应做到楼层内的人员无法打开此门，以确保通道口处在封闭的条件下不出现危险的边缘。楼层通道门的高度应不低于 1.8m。

9）通信装置。由于司机的操作室位于吊笼内，无法知道各楼层的需求情况和分辨不清哪个层面发出信号，因此必须安装一个闭路的双向电气通信装置，司机应能听到或看到每一层的需求信号。

10）地面出入口防护棚。升降机在安装完毕时，应及时搭设地面出入后的防护棚。防护棚搭设的材质要选用普通脚手架钢管、防护棚长度不应小于 5m，有条件的可与地面通道防护棚连接起来。宽度应不小于升降机底笼最外部尺寸。其顶部材料可采用 50mm 厚木板或两层竹笆，上下竹笆间距应不小于 700mm。

（3）施工升降机的安装与拆卸要求：

1）施工升降机每次安装与拆卸作业之前，企业应根据施工现场工作环境及辅助设备情况编制安装拆卸方案，经企业技术负责人审批同意后方能实施。

2）每次安装或拆除作业之前，应对作业人员按不同的工程和作业内容进行详细的技术、安装交底。参与装拆作业的人员必须持有专门的资格证书。

3）升降机的装拆作业必须是经当地建筑行政主管部门认可、持有相应的装拆资质证书的专业单位实施。

4）升降机每次安装后，施工企业应当组织有关职能部门和专业人员对升降机进行必要的试验和验收。确认合格后应当向当地建设行政主管部门认定的检测机构申报，经专业检测机构检测合格后，才能正式投入使用。

5）施工升降机在安装作业前，应对升降机的各部件作如下检查：①导轨架、吊笼等金属结构的成套性和完好性；②传动系统的齿轮、限速器的装配精度及其接触长度；③电气设备主电路和控制电路是否符合国家规定的产品标准；④基础位置和做法是否符合该产品的设计要求；⑤附墙架设置处的混凝土强度和螺栓孔是否符合安装条件；⑥各安全装置是否齐全，安装位置是否正确牢固，各限位开关动作是否灵敏、可靠；⑦升降机安装作业环境有无影响作业安全的因素。

6）安装作业应严格按照预先制定的安装方案和施工工艺要求实施，安装过程中有专人统一指挥，划出警戒区域，并有专人监控。

7）施工升降机处于安装工况，应按照现行国家标准《施工升降机》（GB/T 10054—2005）及说明书的规定，依次进行不少于两节导轨架标准节的接高试验。

8）施工升降机导轨架随标准节接高的同时，必须按说明书规定进行附墙连接，导轨架顶部悬臂部分不得超过说明书规定的高度。

9）施工升降机吊笼与吊杆不得同时使用。吊笼顶部应装设安全开关，当人员在吊笼顶部作业时，安全开关应处于吊笼不能启动的断路状态。

10）有对重的施工升降机在安装或拆卸过程中，吊笼处于无对重运行时，应严格控制吊笼内载荷及避免超速刹车。

11）施工升降机安装或拆卸导轨架作业不得与铺设或拆除各层通道作业上下同时进行。当搭设或拆除楼层通道时，吊笼严禁运行。

12）施工升降拆卸前，应对各机构、制动器及附墙进行检查，确认正常时方可进行拆卸工作。

13）作业人员应按高处作业的要求，系好安全带，做好防护工作。

 课题2　施工用电安全管理

【导入案例】

　　JZ办公楼建筑工地拟举行开工仪式，连日下雨导致场地大量积水无法铺地毯。为此，建筑公司负责人决定在场地打孔安装潜水泵排水。民工张某等人便使用外借的电镐进行打孔作业，当打完孔将潜水泵放置孔中准备排水时，发现没电了。负责人余某安排电工王某去配电箱检查原因，张某跟着前去，将手中电镐交给一旁的民工裴某。裴某手扶电镐赤脚站立积水中。王某用电笔检查配电箱，发现B相电源连接的空气开关输出端带电，便将电镐、潜水泵电源插座的相线由与A相电源相连的空气开关输出端更换到与B相电源相连的空气开关的输出端上，并合上与B相电源相连的空气开关送电。手扶电镐的裴某当即触电倒地，后经抢救无效死亡。

事故原因分析：

根据事故致因理论，导致事故发生的原因通常包括三个方面：人的不安全行为、物的不安全状态以及管理的缺失。其中，人的不安全行为和物的不安全状态是导致事故发生的直接原因，管理上的缺失是导致事故的深层次原因。通过调查分析，造成这次触电事故的原因主要有以下几个方面：

1. 直接原因

（1）作业人员违规，在潮湿环境中使用电镐。该电镐属于Ⅰ类手持电动工具，根据规定Ⅰ类手持电动工具不能在潮湿环境中使用。然而事发当天，该电镐用于排除连日降雨导致的地面积水，电镐暴露在雨中使用，且未设置遮雨设施。

（2）当事人裴某安全意识淡薄，在自身未穿绝缘靴、未戴绝缘手套的情况下，手持电镐赤脚站在水里。

（3）电镐存在安全隐患。在现场勘察时专家对事故使用的电镐进行了技术鉴定，检测发现电镐内相线与零线错位连接，接地线路短路，无漏电保护功能。通电后接错的零线与金属外壳导通，造成电镐金属外壳带电。

（4）配电设备存在缺陷。开关箱无漏电保护器，且线路未按规定连接。

2. 间接原因

（1）安全管理制度不健全。该公司的安全生产责任制未建立，安全生产规章制度和安全操作规程未制定。

（2）安全管理制度未落实。具体表现为作业人员的安全教育未落实，作业人员的个人劳动防护用品未配备，所提供配电设备的安全防护功能不具备，特种作业人员未持证上岗。

（3）现场安全管理不到位。施工现场未配备与本单位所从事的生产经营活动相适应的安全生产管理人员，施工安全技术交底未落实，指派未取得电工作业操作证的人员从事电工作业。

6.2.1 临时用电安全管理基本要求

施工现场临时用电应按《建筑施工安全检查标准》（JGJ 59—2011）的要求，从用电环境、接地接零、配电线路、配电箱及开关、照明等安全用电方面进行安全管理和控制。从技术上、制度上确保施工现场临时用电安全。

1. 施工现场临时用电组织设计要求

（1）按照《施工现场临时用电安全技术规范》（JGJ 46—2005）的规定，临时用电设备在 5 台及以上或设备总容量在 50kW 及以上，应编制临时施工组织设计；临时用电设备在 5 台以下和设备总容量在 50kW 以下，应制定安全用电技术措施及电气防火措施。

（2）施工现场临时用电组织设计的主要内容包括现场勘测，确定电源进线、变电所或配电室、配电装置、用电设备位置及线路走向，进行负荷计算，选择变压器，设计配电系统等。

（3）配电系统设计的主要内容包括设计配电线路，选择导线或电缆；设计配电装置，选择电器；设计接地装置，绘制临时用电工工程图纸（用电工程总平面图、配电装置布置图、配电系统接线图、接地装置设计图）；设计防雷装置；确定防护措施；制定安全用电措施和电气防火措施。

（4）临时用电工程图纸应单独绘制，临时用电工程应按图施工。

（5）临时用电组织设计及变更时，必须履行"编制、审核、批准"程序，由电气工程技术人员组织编制，经相关部门审核及具有法人资格企业的技术负责人批准后实施。变更用电组织设计时应补充有关图纸资料。

（6）临时用电工程必须经编制、审核、批准部门和使用单位共同验收，合格后方可投入使用。

2. 电工及用电人员要求

（1）电工必须经过按国家现行标准考核合格后，持证上岗工作；其他用电人员必须通过相关安全教育培训和技术交底，考核合格后方可上岗工作。各类用电人员应掌握安全用电基本知识和所用设备的性能。

（2）安装、巡检、维修或拆除临时用电设备和线路，必须由电工完成，并应有人监护。

（3）使用电气设备前必须按规定穿戴和配备好相应的劳动防护用品，并应检查电气装置和保护设施，严禁设备带"缺陷"运转。用电人员保管和维护所用设备，发现问题及时报告解决。

（4）现场暂时停用设备的开关箱必须分断电源隔离开关，并应关门上锁。用电人员移动电气设备时，必须经电工切断电源并做妥善处理后进行。

3. 安全技术交底要求

（1）开机前，认真检查开关箱内的控制开关设备是否齐全有效，漏电保护器是否可靠，发现问题及时向工长汇报。

（2）严格执行安全用电规范，凡一切属于电气维修、安装的工作，必须由电工来操作，严禁非电工进行电工作业。

（3）施工现场临时用电施工，必须执行施工组织设计和安全操作规程。

4. 临时用电线路和电气设备保护

（1）外电线路防护。外电线路是指施工现场内原有的架空输电电路，施工企业必须严格按有关规范的要求妥善处理好外电线路的防护工作。在建工程不得在外电架空线路正下方施工，搭设作业棚，建造生活设施或堆放构件、架具、材料及其他杂物等。在建工程的周边与外电架空线路的边线之间的距离，架空线路的最低点与路面的垂直距离，起重机的任何部位或被吊物边缘在最大偏斜时与架空线路边线的距离等均应满足最小安全距离要求。

（2）电气设备防护。电气设备现场周围不得存放易燃易爆物、污源和腐蚀介质，否则应予清除或做防护处置，其防护等级必须与环境条件相适应。电气设备设置场所应能避免物体打击和机械损伤，否则应做防护处置。

6.2.2 电气设备接零或接地管理

1. 概述

（1）在施工现场专用变压器的供电的 TN-S 接零保护系统中，电气设备的金属外壳必须与保护零线连接。保护零线应由工作接地线、配电室电源侧零线或总漏电保护器电源侧零线处引出。

（2）当施工现场与外电线路共用同一供电系统时，电气设备的接地、接零保护应与原系统保持一致。不得一部分设备做保护接零，另一部分设备做保护接地。

（3）采用 TN 系统做保护接零时，工作零线必须通过总漏电保护器，保护零线必须由电源进线零线重复接地处或总漏电保护器电源侧零线处引出，开成局部 TN-S 接零保护系统。通过总漏电保护器的工作零线与保护零线之间不得再做电气连接。PE 零线应单独敷设。重复接地线必须与 PE 线相连接，严禁与 N 线相连接。保护零线必须采用绝缘导线。

（4）使用一次侧由 50V 以上电压的接零保护系统供电，二次侧为 50V 及以下电压的安全隔离变压器时，二次侧不得接地，并应将二次线路用绝缘管保护或采用橡皮护套软线。

（5）当采用普通隔离变压器时，其二次侧一端应接地，且变压器正常不带电的外露可导电部分应与一次回路保护零线相连接。变压器应采取防直接接触带电体的保护措施。

（6）TN 系统中的保护零线除必须在配电室或总配电箱处做重复接地外，还必须在配电系统的中间处和末端处做重复接地。严禁将单独敷设的工作零线再做重复接地。

（7）接地装置的设置应考虑土壤干燥或冻结及季节变化的影响，并应符合规定，接地电阻值在四季中均应符合要求。

（8）配电装置和电动机械相连接的 PE 线应为截面不小于 2.5mm^2 的绝缘多股铜线。手持式电动工具的 PE 线应为截面不小于 1.5mm^2 的绝缘多股铜线。

（9）PE 线上严禁装设开关或熔断器，严禁通过工作电源，且严禁断线。相线、N 线、PE 线的颜色标记必须符合以下规定：相线 L1（A）、L2（B）、L3（C）相序的绝缘颜色依次为黄、绿、红色；N 线的绝缘颜色为淡蓝色；PE 线的绝缘颜色为绿-黄双色。任何情况下上述颜色标记严禁混用和互相代用。

2. 保护接零安全技术要点

（1）在 TN 系统中，电气设备不带电的外露可导电部分应做保护接零的主要包括：电机、变压器、电器、照明器具、手持式电动工具的金属外壳；电气设备传动装置的金属部件；配电柜与控制柜的金属框架；配电装置的金属箱体、框架及靠近带电部分的金属围栏和金属门等。

（2）城防、人防、隧道等潮湿或条件特别恶劣施工现场的电气设备必须采用保护接零。

3. 接地与接地电阻的安全技术要点

（1）单台容量超过 100kVA 或使用同一接地装置并联运行且总容量超过 100kVA 的电力变压器或发电机的工作接地电阻不得大于 4Ω，不超过 100kVA 时电阻值不得大于 10Ω。

（2）在 TN 系统中，保护零线每一处重复接地装置的接地电阻值不应大于 10Ω。在工作接地电阻值允许达到 10Ω 的电力系统中，所有重复接地的等效电阻值不应大于 10Ω。

（3）每一接地装置的接地线应采用 2 根及以上导体，在不同点与接地体做电气连接。

（4）不得采用铝导体做接地体或地下接地线。垂直接地体宜采用角钢、钢管或光面圆钢，不得采用螺纹钢。接地可利用自然接地体，但应保证其电气连接和热稳定。

（5）移动式发电机供电的用电设备，其金属外壳或底座应与发电机电源的接地装置有可靠的电气连接。

6.2.3 配电室安全用电管理

1. 概述

（1）配电室应靠近电源，并应在灰尘少、潮气少、振动小、无腐蚀介质、无易燃易爆物及道路畅通的地方。配电室的建筑物和构筑物的耐火等级不低于3级，室内配置沙箱和可用于扑灭电气火灾的灭火器。配电室和控制室应能自然通风，并应采取防止雨雪侵入和动物进入的措施。配电室的门向外开，并配锁。配电室的照明分别设置正常照明和事故照明。配电室应保持整洁，不得堆放任何妨碍操作、维修的杂物。

（2）成列的配电柜和控制柜两端应与重复接地线及保护零线做电气连接。配电柜应编号，并应有用途标记。配电柜或配电线路停电维修时，应连接地线，并应悬挂"禁止合闸、有人工作"停电标志牌。停送电必须由专人负责。

2. 安全技术要点

（1）配电柜正面的操作通道宽度：单列布置或双列背对背布置不小于1.5m，双列面对面布置不小于2m。配电柜后面的维护通道宽度：单列布置或双列面对面布置不小于0.8m，双列背对背布置不小于1.5m，个别地点有建筑物结构凸出的地方，则此点通道宽度可减少0.2m。配电柜侧面的维护通道宽度不小于1m。配电室的顶棚与地面的距离不低于3m。配电装置的上端距顶棚不小于0.5m。配电室围栏上端与其正上方带电部分的净距不小于0.075m。

（2）配电室内设置值班或检修室时，该室边缘距配电水平距离大于1m，并采取屏障隔离。配电室内的裸母线与地面垂直距离小于2.5m时，采用遮拦隔离，遮拦下面通道的高度不小于1.9m。

（3）配电柜应装设电度表，并应装设电流、电压表。电流表与计费电度表不得共用一组电流互感器。配电柜应装设电源隔离开关及短路、过载、漏电保护电器。电源隔离开关分断时应有明显可见分断点。

6.2.4 配电箱及开关箱安全用电管理

1. 概述

（1）配电箱、开关箱应装设在干燥、通风及常温场所，不得装设在有严重损伤作用的瓦斯、烟气、潮气及其他有害介质中，亦不得装设在易受外来固体物撞击、强烈振动、液体浸溅及热源烘烤场所。否则，应予清除或做防护处理。

（2）总配电箱应设在靠近电源的区域，分配电箱应设在用电设备或负荷相对集中的区域。配电箱、开关箱周围应有足够2人同时工作的空间和通道，不得堆放杂物。

（3）动力配电箱与照明配电箱若合并设置为同一配电箱时，动力和照明应分路配电；动力开关箱与照明开关箱必须分设。

（4）配电箱、开关箱应采用冷轧钢板或阻燃绝缘材料制作，钢板厚度应为1.2～2.0mm，其中开关箱箱体钢板厚度不得小于1.2mm，配电箱箱体钢板厚度不得小于1.5mm，箱体表面应体做防腐处理。

（5）配电箱、开关箱内的连接线必须采用铜芯绝缘导线。导线绝缘的颜色标志应按要求配置并排列整齐；导线分支接头不得采用螺栓压接，应采用焊接并做绝缘包扎，不得有外露带电部分。导线的进线口和出线口应设在箱体的下底面。

（6）配电箱、开关箱外形结构应能防雨、防尘。

2. 安全技术要点

（1）每台用电设备必须有各自专用的开关箱，严禁用同一个开关箱直接控制 2 台及 2 台以上用电设备（含插座）。

（2）配电箱、开关箱应装设端正、牢固。固定式配电箱、开关箱的中心点与地面的垂直距离应为 1.4～1.6m。移动式配电箱、开关箱应装设在坚固、稳定的支架上。其中心点与地面的垂直距离宜为 0.8～1.6m。

（3）配电箱、开关箱内的电器（含插座）应先安装在金属或非木质阻燃绝缘电器安装板上，然后方可整体坚固在配电箱、开关箱箱体内。金属电器安装板与金属箱体应做电气连接。配电箱、开关箱内的电器（含插座）应按其规定位置紧固在电器安装板上，不得歪斜和松动。

（4）配电箱的电器安装板上必须分设 N 线端子板和 PE 线端子板。N 线端子板必须与金属电器安装板绝缘；PE 线端子板必须与金属电器安装板做电气连接。进出线中的 N 线必须通过 N 线端子板连接；PE 线必须通过 PE 线端子板连接。

（5）配电箱、开关箱的箱体尺寸应与箱内电器的数量和尺寸相适应。

6.2.5 施工用电线路管理

1. 概述

（1）架空线和室内配线必须采用绝缘导线或电缆。

（2）架空线导线中的计算负荷电流不大于其长期连续负荷允许载流量。线路末端电压偏移不大于其额定电压的 5%。三相四线制线路的 N 线和 PE 线截面不小于相线截面的 50%，单相线路的零线截面与相线截面相同。按机械强度要求，绝缘铜线截面不小于 $10mm^2$，绝缘铝线截面不小于 $16mm^2$。在跨越铁路、公路、河流、电力线路挡距内，绝缘铜线截面不小于 $16mm^2$，绝缘铝线截面不小于 $25mm^2$。

（3）架空线路宜采用钢筋混凝土或木杆。钢筋混凝土不得有露筋、宽度大于 0.4mm 的裂纹和扭曲；木杆不得腐朽，其梢径不应小于 140mm。电杆埋设深度宜为杆长的 1/10 加 0.6m，回填土应分层夯实。在松软土质处宜加大埋入深度或采用卡盘等加固。

（4）电缆中必须包含全部工作芯线和用作保护零线或保护线的芯线。需要三相四线制配电的电缆线路必须采用五芯电缆。五芯电缆必须包含淡蓝、绿-黄二种颜色绝缘芯线。淡蓝色芯线必须用作 N 线；绿-黄双色芯线必须用作 PE 线，严禁混用。

（5）电缆线路应采用埋地或架空敷设，严禁沿地面明设，并应避免机械损伤和介质腐蚀。埋地电缆路径应设方位标志。埋地电缆在穿越建筑物、构筑物、道路、易受机械损伤、介质腐蚀场所及引出地面从 2.0m 高到地下 0.2m 处，必须加设防护套管，防护套管内径不应小于电缆外径的 1.5 倍。

（6）在建工程内的电缆线路必须采用电缆埋地引入，严禁穿越脚手架引入。电缆垂直敷设应充分利用在建工程的竖井、垂直孔洞等，并宜靠近用电负荷中心，固定点每楼层不得少于一处。电缆水平敷设宜沿墙或门口刚性固定，最大弧垂距地不得小于 2.0m。

（7）室内配线应根据配线类型采用瓷瓶、瓷夹、嵌绝缘槽、穿管或钢索敷设。潮湿场所或埋地非电缆配线必须穿管敷设，管口和管接头应密封；当采用金属管敷设时，金属管必须做等电位连接，且必须与 PE 线相连接。

（8）架空线路、电缆线路和室内配线必须有短路保护和过载保护。

2. 架空线路安全技术要点

（1）架空线必须架设在专用电杆上，严禁架设在树木、脚手架及其他设施上。架空线路的线间距不得小于 0.3m，靠近电杆的两导线的间距不得小于 0.5m。

（2）架空线路的挡距不得大于 35m。架空线在一个挡距内，每层导线的接头数不得超过该层导线条数的 50%，且一条导线应只有一个接头。在跨越铁路、公路、河流、电力线路挡距内，架空线不得有接头。

（3）电杆的拉线宜采用不少于 3 根直径 4.0mm 的镀锌钢丝。拉线与电杆的夹角在 30°～45°之间。拉线埋设深度不得小于 1m。电杆拉线如从导线之间穿过，应在高于地面 2.5m 处装设拉线绝缘子。

（4）因受地形环境限制不能装设拉线时，可采用撑杆代替拉线，撑杆埋设深度不得小于 0.8m，其底部应垫底盘或石块。撑杆与电杆夹角宜为 30°。接户线在挡距内不得有接头，进线处离地高度不得小于 2.5m。

3. 电缆线路的安全技术要点

（1）电缆直接埋地敷设的深度不应小于 0.7m，并应在电缆紧邻四周均匀敷设不小于 50mm 厚的细砂，然后覆盖砖或混凝土板等硬质保护层。

（2）埋地电缆与其附近外电电缆和管沟的平行间距不得小于 2m，交叉间距不得小于 1m。

（3）埋地电缆的接头应设在地面上的接线盒内，接线盒应能防水、防尘、防机械损伤，并应远离易燃、易爆、易腐蚀场所。

（4）架空电缆应沿电杆、支架或墙壁敷设，并采用绝缘子固定，绑扎线必须采用绝缘线，固定点间距应保证电缆能随自重所带来的荷载，敷设高度应符合《施工现场临时用电安全技术规范》（JGJ 46—2005）对架空线路敷设高度的要求，但沿墙壁敷设时最大弧垂距地不得小于 2.0m。

（5）架空电缆严禁沿脚手架、树木或其他设施敷设。

6.2.6 施工照明安全用电管理

1. 概述

（1）现场照明宜选用额定电压为 220V 的照明器，采用高光效、长寿命的照明光源。对需大面积照明的场所，应采用高压汞灯、高压钠灯或混光用的卤钨灯等。

（2）照明变压器必须使用双绕组型安全隔离变压器，严禁使用自耦变压器。

（3）照明系统宜使三相负荷平衡，其中每一单相回路上，灯具和插座数量不宜超过 25 个，负荷电流不宜超过 15A。

（4）路灯的每个灯具应单独装设熔断器保护。灯头线应做防水弯。荧光灯管应采用管座固定或用吊链悬挂。荧光灯的镇流器不得安装在易燃的结构物上。投光灯的底座应安装牢固，应按需要的光轴方向将枢轴拧紧固定。

（5）灯具内的接线必须牢固，灯具外的接线必须做可靠的防水绝缘包扎。接线必须经开关控制，不得将相线直接引入灯具。

（6）对夜间影响飞机或车辆通行的在建工程及机械设备，必须设置醒目的红色信号灯，其电源应设在施工现场总电源开关的前侧，并应设置外电线路停止供电时的应急自备电源。

（7）无自然采光的地下大空间施工场所，应编制单项照明用电方案。

2. 安全技术要点

（1）室外220V灯具距地面不得低于3m，室内220V灯具距地面不得低于2.5m。

（2）普通灯具与易燃物距离不宜小于300mm；聚光灯、碘钨灯等高热灯具与易燃物距离不宜小于500mm，且不得直接照射易燃物。达不到规定安全距离时，应采取隔热措施。

（3）碘钨灯及钠、铊、铟等金属卤化物灯具的安装高度宜在3m以上，灯线应固定在接线柱上，不得靠近灯具表面。螺口灯头的绝缘外壳无损伤、无漏电。

（4）暂设工程的照明灯具宜采用拉线开关控制，拉线开关距地面高度为2~3m，与出入口的水平距离为0.15~0.2m。

（5）携带式变压器的一次侧电源线应采用橡皮护套或塑料护套铜芯软电缆，中间不得有接头，长度不宜超过3m，其中绿-黄双色线只可作PE线使用，电源插销应有保护触头。

（6）隧道、人防工程、高温、有导电灰尘、比较潮湿或灯具离地面高度低于2.5m等场所的照明，电源电压不应大于36V。

（7）行灯电源电压不大于36V，灯体与手柄应坚固、绝缘良好并耐热耐潮湿。灯头与灯体结合牢固，灯头无开关，灯泡外部有金属保护网。金属网、反光罩、悬吊挂钩固定在灯具的绝缘部位上。

▼

【基础与技能训练】

一、单选题

1. 新购或经过大修、改装和拆卸后重新安装的机械设备，必须按（　　　）的要求进行测试和试运转。

A. 原厂说明书　　　　　　　　　　B. 出厂合格证

C. 国家规范标准　　　　　　　　　D. 保修卡

2. 施工用电线路架空设置，高度一般不低于7.0m，作业面的用电路线设置高度不能低于（　　　）。

A. 1.5m　　　　B. 2.5m　　　　C. 3.5m　　　　D. 5.0m

3. 电灯线不应太长，灯头离地面应不小于（　　　）m。

A. 1　　　　B. 2　　　　C. 3　　　　D. 4

4. 当机械设备发生事故或未遂恶性事故时，必须及时抢救，保护现场，并立即报告（　　　）听候处理。

A. 班组长和项目经理　　　　　　　B. 家属和公安部门

C. 领导和有关部门　　　　　　　　D. 安全员和设备公司

5. 如果有人躺在掉落的电线上，最先应该（　　　）。

A. 近前查看　　　　　　　　　　　B. 用手推开人

C. 用干燥的木棍挑开电线　　　　　D. 拨打120

6. 电力系统是由发电、输电、变电、配电、用电等设备和相应的辅助系统，按规定的技术和经济要求组成的，将（　　）转换为电能并输送和分配到用户的一个统一系统。

A. 光能　　　　　　　B. 一次能源　　　　C. 机械能　　　　　　D. 热能

7. 某台灯电键断开着插入电源插座，当闭合电键时熔丝熔断，可能的故障是（　　）。

A. 台灯电源线短路　　　　　　　　　B. 台灯电源线断路

C. 灯丝断了　　　　　　　　　　　　D. 灯座接线柱间短路

8. 电焊机械开关箱中的（　　）必须符合要求，交流电焊机械应配装防二次侧触保护器。

A. 漏电保护器　　　B. 箱体材料　　　　C. 电缆线　　　　　　D. 保险丝

9. 国际规定，电压（　　）V 以下不必考虑防止电击的危险。

A. 36　　　　　　　　B. 65　　　　　　　　C. 120　　　　　　　D. 220

10. 停电检修时，在一经合闸即可送电到工作地点的开关或刀闸的操作把手上，应悬挂（　　）标示牌。

A. 在此工作　　　　　　　　　　　　B. 止步、高压危险

C. 禁止合闸、有人工作　　　　　　　D. 机房重地、闲人免进

二、多选题

1. 下列属于钢筋加工机械的有（　　）。

A. 钢筋切断机　　　B. 钢筋调直机　　　C. 钢筋套丝机

D. 钢筋弯曲机　　　E. 钢筋断线钳

2. 按照人体触及带电体的方式和电流通过人体的途径，电击可分为（　　）。

A. 单相电击　　　　B. 两相电击　　　　C. 跨步电压电击

D. 直接电击　　　　E. 多重电击

3. 我国安全生产方针是（　　）。

A. 安全第一　　　　B. 预防为主　　　　C. 以人为本

D. 齐抓共管　　　　E. 责任追究

4. 塔机拆卸人员必须（　　）。

A. 经过专业理论培训　　　　　　　　B. 取得操作证书

C. 经过专业技能培训　　　　　　　　D. 经过企业审核

E. 经过行业认证

5. 安全操作规程是指从业人员操作机器设备或仪器仪表、在作业岗位具体作业时必须遵守的（　　）。

A. 劳动纪律　　　　B. 程序　　　　　　C. 注意事项

D. 职业道德　　　　E. 法律法规

三、案例题

某商品混凝土公司搅拌站仓库发生一起重大触电伤亡责任事故，6 人触电，其中 3 人死亡，3 人经抢救脱险。当天上午，商品混凝土公司仓库 10 人准备上石子，但是 10m 长的皮带运输机所处位置不利上料，他们在组长冯某的指挥下将该机由西北向东移动。稍停后，感觉还不合适，仍需向东调整。当再次调整时，因设备上操作电源箱里三相电源的中相发生单相接地，致使设备外壳带电，导致这起事故发生。

事后分析，皮带输送机额定电压为380V，应该用四芯电缆。而安装该机时，却使用三芯电缆。中间相电源线在操作箱（铁制）的入口处简单地用麻绳缠绕，并且很松动。操作箱内原为三个15A螺旋保险，后因多次更换保险，除后边一相仍为螺旋保险外，左边、中间二相用保险丝上下缠绕勾连。保险座应用两个螺丝固定牢，实际只有一个，未固定牢致使在移动皮带机过程中，电源线松动，牵动了操作箱内螺旋保险底座向左滑动，造成了中间一相电源线头与保险丝和操作箱铁底板接触，使整个设备带电。而且，这些工作人员为临时工，只经私人介绍，仓库就同意到料库干活，没有按规定签订用工合同。请根据以上背景资料，回答下列问题：

　问题1（单选题）：人触电后能自行摆脱带电体的最大电流称为（　　　）。

A. 感知电流　　　　B. 摆脱电流　　　　C. 致命电流　　　　D. 室颤电流

　问题2（单选题）：属于基本安全用具的是（　　　）。

A. 绝缘手套　　　　B. 绝缘靴　　　　C. 绝缘衣服　　　　D. 绝缘夹钳

　问题3（多选题）：漏电保护器是防止直接接触电击和间接接触电击的重要措施，以下应该安装漏电保护器的是（　　　）。

A. 所有移动式电气设备

B. 安装在潮湿或强腐蚀场所的电气设备

C. 临时性电气设备

D. 触电危险性较大的设备插座

E. 所有手持电动工具

　问题4（判断题）：简单分析本次事故发生的主要原因是临时工在移动设备时，未切断操作箱上的进线电源。（　　　）

　问题5（判断题）：没有按规定签订劳动用工合同，未经安全教育培训，是不可以进企业从事相关工作。（　　　）

7

安全文明施工管理

【学习目标】

1. 了解文明施工的内容，施工现场环境管理体系的运行模式，环境管理的程序，建筑职业病的种类和危害因素。

2. 熟悉文明施工管理的基本要求，建筑工程安全防护和文明施工措施费的管理规定，施工现场环境保护的内容，建筑职业病危害因素的识别。

3. 掌握施工现场环境保护的措施，建筑职业病预防控制的措施。

【能力目标】

1. 能对文明施工组织安全检查和评分。

2. 能编制施工现场方案，能对环境保护与环境卫生进行安全检查验收。

3. 能对常见的建筑职业病采取预防控制措施。

课题 1　施工现场文明施工管理

【导入案例】

某市市政道路因拓宽改造的需要，需将某单位的临街房屋拆除。经协商该拆迁单位将其部分房屋及附属物的拆除任务委托给了某建筑施工单位。同年 9 月 18 日签订了拆迁协议。

签订协议后，拆迁单位程某、邱某等人为了单位创收，与建筑施工单位的副经理杨某、经营科长蒋某口头协议，要将拆除房屋中的文化中心和实验室拆除任务另行安排。据此书面协议，某建筑施工单位将协议范围内的拆除物于年底前拆除完毕，而对拆迁单位口头协议留下的文化中心和实验室未安排队伍拆除。

当年 10 月，拆迁单位程某将文化中心和实验室拆除业务安排给了个体户陈某。陈某在完成了实验室和文化中心的屋顶拆除后，将剩余的工程又转包给韩某拆除。

过了半年后，即在第二年8月13日上午，文化中心只剩下东面墙体未拆除（高约4m，长约7m），其余的墙体已全部拆除。工人韩某等3人在东山墙西侧约3m的地方清理红砖。约9时40分，东山墙突然向西倒塌，将正在清理红砖的3人砸倒，当场死亡。

事故原因分析：

（1）拆除人韩某在未对拆除工程制订拆除方案的情况下对房屋进行拆除时，采取了错误的分段拆除方法，并没有采取任何安全防护措施，导致墙体失稳，突然倒塌。因此，缺少施工方案和安全技术措施是此次事故的技术原因。

（2）拆迁单位对内部人员失之管理，且工程发包后，对工程未采取监督措施。

（3）某建筑公司作为合同中的承包人，执行合同不严，现场管理交接不清。

（4）拆迁单位职工程某、邱某利用身份和工作便利，弄虚作假、徇私舞弊，违法将拆迁业务安排给无资质的个体户。

（5）承包人个体户陈某无拆除资质，利用非法手段承揽拆迁业务，又非法转包给另一个个体户韩某。

7.1.1 文明施工管理的内容和基本要求

建筑施工现场文明施工管理是为保障作业人员的身体健康和生命安全，改善作业人员的工作环境与生活条件，保护生态环境，防治施工过程对环境造成污染和各类疾病发生的一项重要管理内容；也是构建和谐社会，贯彻以人为本的重要措施。文明施工是现代化施工一个重要标志，是建筑施工企业的一项基础性管理工作。修改后颁布的《建筑施工安全检查标准》（JGJ 59—2011）增加了文明施工检查评分的内容，把文明施工作为对建筑施工现场考核的重要内容之一。《建筑工程施工现场环境与卫生标准》（JGJ 146—2013）中也对文明施工有明确的规定。

施工现场文明施工的管理范围既包括施工作业区的管理，也包括办公区和生活区的管理。

1. 管理内容

文明施工管理主要包括下列工作内容：

（1）进行现场文化建设。

（2）规范场容，保持作业环境整洁卫生。

（3）创造有序生产的条件。

（4）减少对居民和环境的不利影响。

由于各地对施工现场文明施工的要求不尽一致，项目经理部在进行文明施工管理时还应按照当地的要求进行，并与当地的社区文化、民族特点及风土人情有机结合，建立文明施工管理的良好社会信誉。

2. 基本要求

（1）现场围挡：

1）施工现场必须采用封闭围挡，并根据地质、气候、围挡材料进行设计与计算，确保围挡的稳定性、安全性。

2）围挡高度不得小于1.8m，建造多层、高层建筑的，还应设置安全防护设施。在市区主要路段和市容景观道路及机场、码头、车站广场设置的围挡高度不得低于2.5m，在其他路段设置的围挡高度不得低于1.8m。

3）施工现场的施工区域应与办公、生活区划分清晰，并应采取相应的隔离措施。

4）围挡使用的材料应保证围挡坚固、整洁、美观，不宜使用彩布条、竹笆或安全网等。

5）市政工程现场，可按工程进度分段设置围栏，或按规定使用统一的连续性围挡设施。

6）施工单位不得在现场围挡内侧堆放泥土、砂石、建筑材料、垃圾和废弃物等，严禁将围挡做挡土墙使用。

7）在经批准临时占用的区域，应严格按批准的占地范围和使用性质存放、堆卸建筑材料或机具设备等，临时区域四周应设置高于1m的围挡。

8）在有条件的工地，四周围墙、宿舍外墙等地方，应张挂、书写反映企业精神、时代风貌及人性化的醒目宣传标语或绘画。

9）雨后、大风后以及冻融季节应及时检查围挡的稳定性，发现问题及时处理。

（2）封闭管理：

1）施工现场进出口应设置固定的大门，且要求牢固、美观，门头按规定设置企业名称或标志（施工现场的门斗、大门，各企业应统一标准，施工企业可根据各自的特色，标明集团、企业的规范简称）。

2）门口要设置专职门卫或保安人员，并制定门卫管理制度，来访人员应进行登记，禁止外来人员随意出入，所有进出材料或机具要有相应的手续。

3）进入施工现场的各类工作人员应按规定佩戴工作胸卡和安全帽。

4）施工现场机动车辆出入口应设置车辆冲洗设施。

（3）施工场地：

1）施工现场的主要道路必须进行硬化处理，土方应集中堆放。集中堆放的土方和裸露的场地应采取覆盖、固化或绿化等措施。

2）现场内各类道路应保持畅通。

3）施工现场地面应平整，且应有良好的排水系统，保持排水畅通。

4）制定防止泥浆、污水、废水外流以及堵塞排水管沟和河道的措施，实行二级沉淀、三级排放。

5）工地应按要求设置吸烟处，有烟缸或水盆，禁止流动吸烟。

6）现场存放的油料、化学溶剂等易燃易爆物品，应按分类要求放置于设有专门的库房内，地面应进行防渗漏处理。

7）施工现场地面应经常洒水，对粉尘源进行覆盖或采取其他有效防止扬尘的措施。

8）施工现场长期裸露的土质区域，在温暖季节应进行绿化布置，以美化环境，并防止扬尘现象。

（4）材料堆放：

1）施工现场各种建筑材料、构件、机具应按施工总平面布置图的要求堆放。

2）材料堆放要按照品种、规格堆放整齐，并按规定挂置名称、品种、产地、规格、数量、进货日期等内容及状态的标牌（已检合格、待检、不合格等）。

3）工作面每日应做到工完料清、场地净。

4）施工现场材料码放应采取防火、防锈蚀、防雨等措施。

5）建筑物内施工垃圾的清运，应采用器具或管道运输，严禁随意抛掷。

6）易燃易爆物品应分类储藏在专用库房内，并应制定防火措施。

（5）现场办公与宿舍：

1）施工作业、材料存放区与办公、生活区应划分清晰，并应采取相应的隔离措施。

2）在建工程、伙房、库房不得兼做宿舍。

3）宿舍、办公用房的防火等级应符合规范要求。

4）宿舍应设置可开启式窗户，床铺不得超过 2 层，通道宽度不应小于 0.9m。

5）宿舍内住宿人员人均面积不应小于 $2.5m^2$，且不得超过 16 人。

6）冬季宿舍内应有采暖和防一氧化碳中毒措施。

7）夏季宿舍内应有防暑降温和防蚊蝇措施。

8）生活用品应摆放整齐，环境卫生应良好。

9）生活区应保持整齐、整洁、有序、文明，并符合安全消防、防台风、防汛、卫生防疫、环境保护等方面的要求。

10）宿舍应设置在通风、干燥、地势较高的位置，防止污水、雨水流入。

11）宿舍内严禁存放施工材料、施工机具和其他杂物。

12）宿舍周围应当搞好环境卫生，按要求设置垃圾桶、鞋柜或鞋架，生活区内应提供为作业人员晾晒衣物的场地。

13）宿舍外道路应平整，并尽可能地保持夜间应有足够的照明。

14）宿舍不得留宿外来人员，特殊情况必须经有关领导及行政主管部门批准方可留宿，并报保卫人员备查。

15）考虑到职工家属的来访，宜在宿舍区设置适量固定的亲属探亲宿舍。

16）应当制订职工宿舍管理责任制，安排人员轮流负责生活区的环境卫生和管理或安排专人管理。

（6）现场防火：

1）制订防火安全措施及管理制度、制定消防措施，施工区域和生活、办公区域应配备足够数量的灭火器材并保证可靠有效。

2）根据消防要求，在不同场所合理配置种类合适的灭火器材；严格存放易燃、易爆物品，设置专门仓库存放。

3）施工现场主要道路必须符合消防要求，并时刻保持畅通。

4）高层建筑应按规定设置消防水源，并能满足消防要求，坚持安全生产的"三同时"原则。

5）施工现场防火必须建立防火安全组织机构、义务消防队，明确项目负责人、其他管理人员及各操作人员的防火安全职责，落实防火制度和措施。

6）施工现场需动用明火作业的，如电焊、气焊、气割、黏结防水卷材等，必须严格执行三级动火审批手续，并落实动火监护和防范措施。

7）应按施工区域或施工层合理划分动火级别，动火必须具有"二证一器一监护"（焊工证、动火证、灭火器、监护人）。

8）建立现场防火档案，并纳入施工资料管理。

9）施工现场临时用房和作业场所的防火设计应符合规范要求。

（7）现场治安综合治理：

1）生活区应按精神文明建设的要求设置学习和娱乐场所，如电视机室、阅览室和其他文体活动场所，并配备相应器具。

2）建立健全现场治安保卫制度，责任落实到人。

3）落实现场治安防范措施，杜绝盗窃、斗殴、赌博等违法乱纪事件。

4）加强现场治安综合治理，做到目标管理、职责分明，治安防范措施有力，重点要害部位防范措施到位。

5）与施工现场的分包队伍须签订治安综合治理协议书，并加强法制教育。

（8）施工现场标牌：

1）施工现场入口处的醒目位置，应当公示"九牌三图"（工程概况牌、岗位监督牌、安全生产牌、消防保卫牌、文明施工牌、环境保护牌、进入施工现场告知牌、领导带班制度公示牌、企业简介牌（大型工程使用）、施工现场平面布置图、施工现场安全平面布置图、效果图），标牌书写字迹要规范，内容要简明实用。标志牌规格：宽1.2m、高0.9m，标牌底边距地高为1.2m；各企业可结合本地区、本工程的特点进行设置，也可以增加应急程序牌、卫生须知牌、卫生包干图、管理程序图、施工的安民告示牌等内容。

2）施工单位应当在施工现场入口处、施工起重机械、临时用电设施、脚手架、出入通道口、楼梯口、电梯井口、孔洞口、桥梁口、隧道口、基坑边沿、爆破物及有害危险气体和液体存放处等危险部位，设置明显的安全警示标志，安全警示标志必须符合国家标准。

3）在施工现场的明显处，应有必要的安全内容的标语，标语尽可能地考虑人性化的内容。

4）施工现场应设置"两栏一报"（即宣传栏、读报栏和黑板报），应及时反映工地内外各类动态。

5）按文明施工的要求，宣传教育用字须规范，不使用繁体字和不规范的词句。

（9）生活设施：

1）卫生设施：①施工现场应设置水冲式或移动式卫生间，卫生间地面应作硬化和防滑处理，门窗应齐全，蹲位之间宜设置隔板，隔板高度不宜低于0.9m；②卫生间大小应根据作业人员的数量设置。高层建筑施工超过8层以后，每隔4层宜设置临时卫生间，卫生间应设专人负责清扫、消毒，防止蚊蝇滋生，化粪池应及时清理；③淋浴间内应设置满足需要的淋浴喷头，可设置储衣柜或挂衣架，并保证24h的热水供应；④盥洗设施应设置满足作业人员使用要求的盥洗池，并应使用节水用具。

2）现场食堂：①现场食堂必须有卫生许可证，炊事人员必须持身体健康证上岗；②现场食堂应设置独立的制作间、储藏间，门扇下方应设不低于0.2m的防鼠挡板；③现场食堂应设在远离卫生间、垃圾站、有毒有害场所等污染源的地方；④制作间灶台及其周边应贴瓷砖，所贴瓷砖高度不宜低于1.5m，地面应作硬化和防滑处理；⑤粮食存放台与墙和地面的距离不得小于0.2m；⑥现场食堂应配备必要的排风和冷藏设施；⑦现场食堂的燃气罐应单独设置存放间，存放间应通风良好并严禁存放其他物品；⑧现场食堂制作间的炊具宜存放在封闭的橱柜内，刀、盆、案板等炊具应生熟分开，食品应有遮盖，遮盖物品正面应有标识；⑨各种食用调料和副食应存放在密闭器皿内，并应有标识；⑩现场食堂外应设置密闭式泔水桶，并应及时清运。

3）其他要求：①落实卫生责任制及各项卫生管理制度；②生活区应设置开水炉、电热水器或饮用水保温桶，施工区应配备流动保温水桶；③生活垃圾应有专人管理，分类盛放于有盖的容器内，并及时清运，严禁与建筑垃圾混装。

（10）保健急救：

1）施工现场应按规定设置医务室或配备符合要求的急救箱，医务人员对现场卫生要起到监督作用，定期检查食堂饮食等卫生情况。

2）落实急救措施和急救器材（担架、绷带、夹板等）。

3）培训急救人员，掌握急救知识，进行现场急救演练。

4）适时开展卫生防病和健康宣传教育，保障施工人员身心健康。

（11）社区服务：

1）制订并落实防止粉尘飞扬和降低噪声的方案或措施。

2）夜间施工除应按当地有关部门的规定执行许可证制度外，还应张挂安民告示牌。

3）严禁现场焚烧有毒、有害物质。

4）切实落实各类施工不扰民措施，消除泥浆、噪声、粉尘等影响周边环境的因素。

7.1.2 建筑工程安全防护、文明施工措施费用的管理

安全防护、文明施工措施费用，是指按照国家现行的建筑施工安全、施工现场环境与卫生标准和有关规定，购置和更新施工安全防护用具及设施、改善安全生产条件和作业环境所需要的费用。

1. 费用管理

（1）费用的构成及用途：

1）建设单位对建筑工程安全防护、文明施工措施有其他要求的，所发生费用一并计入安全防护、文明施工措施费。

2）安全防护、文明施工措施费用是由《建筑安装工程费用项目组成》（建标［2013］44号）中措施费所含的文明施工费、环境保护费、临时设施费、安全施工费组成。

3）环境保护费是指施工现场为达到环保部门要求所需要的各项费用。包括施工现场的扬尘采取洒水措施治理；施工噪声控制措施；施工现场排污治理措施等发生的费用。

4）文明施工费是指施工现场文明施工所需要的各项费用。包括施工现场围栏规范搭设；施工现场道路硬化；施工现场文明施工标语、标示；施工现场及生活区卫生整洁；现场材料堆放整齐有序；施工现场统一着装；施工现场文明施工的教育培训及管理等所需费用。

5）安全施工费是指施工现场安全施工所需要的各项费用。包括现场安全管理、机构人员设置、安全教育培训（包括特种作业人员培训）、安全设施（安全网、安全帽、安全绳、安全带、临边防护及各种防护设施、安全设施的检测等）、安全标示标牌标语等所发生的费用。

6）临时设施费是指施工企业为进行建设工程所必须搭设的生活和生产用的临时建筑物、构筑物和其他临时设施费用。包括临时设施的搭设费、维修费、拆除费、清理费或摊销费等。

（2）费用计取：

1）建设单位、设计单位在编制工程概（预）算时，应当合理确定工程安全防护、文明施工措施费。

2）依法进行工程招投标的项目，招标方或具有资质的中介机构编制招标文件时，应当按照有关规定并结合工程实际单独列出安全防护、文明施工措施项目清单。

3）投标方应当根据现行标准、规范，结合工程特点、工期进度和作业环境等要求，在施工组织设计文件中制定相应的安全防护、文明施工措施，并按照招标文件要求结合自身的施工技术和管理水平对工程安全防护、文明施工措施项目单独报价。投标方安全防护、文明施工措施的报价，不得低于依据工程所在地工程造价管理机构测定费率计算所需费用总额的90％。

4）建设单位与施工单位应当在施工合同中明确安全防护、文明施工措施项目总费用，以及费用预付、支付计划、使用要求、调整方式等条款。

5）建设单位与施工单位在施工合同中对安全防护、文明施工措施费用预付、支付计划未作约定或约定不明的，合同工期在一年以内的，建设单位预付安全防护、文明施工措施项目费率不得低于该费用总额的50％；合同工期在一年以上的（含一年），预付安全防护、文明施工措施费用不得低于该费用总额的30％，其余费用应当按照施工进度支付。

2. 使用与管理

（1）实行工程总承包的，总承包单位依法将建筑工程分包给其他单位的，总承包单位与分包单位应当在分包合同中明确安全防护、文明施工措施费用由总承包单位统一管理。安全防护、文明施工措施由分包单位实施的，由分包单位提出专项安全防护措施及施工方案，经总承包单位批准后及时支付所需费用。总承包单位不按规定和合同约定支付该费用，造成分包单位不能及时落实安全防护措施导致发生事故的，由总承包单位负主要责任。

（2）施工单位应当确保安全防护、文明施工措施费专款专用，在财务管理中单独列出安全防护、文明施工措施项目费用清单备查。施工单位安全生产管理机构和专职安全生产管理人员负责对建筑工程安全防护、文明施工措施的组织实施进行现场监督检查，并有权向建设行政主管部门反映情况。

3. 监督管理

（1）建设单位申请领取建筑工程施工许可证或开工报告时，应当将施工合同中约定的安全防护、文明施工措施费用支付计划作为保证工程安全的具体措施提交有关行政主管部门，未提交的，行政主管部门不予核发施工许可证或开工报告。

（2）工程监理单位应当对施工单位落实安全防护、文明施工措施情况进行现场监理。发现施工单位未落实施工组织设计及专项施工方案中安全防护和文明施工措施的，有权责令其立即整改；对拒不整改或未按期限要求完成整改的，应当及时向建设单位和建设行政主管部门报告，必要时责令其暂停施工。

（3）建设行政主管部门应当按照现行标准规范对施工现场安全防护、文明施工措施落实情况进行监督检查，并对建设单位支付及施工单位使用安全防护、文明施工措施费用情况进行监督。

4. 安全防护、文明施工措施（项目清单见表 7-1）

表 7-1　建筑工程安全防护、文明施工措施项目清单

类别	项目名称		具体要求
环境与施工	安全警示标志牌		在易发伤亡事或危险处设置明显的、符合国家标准要求的安全警示牌
	现场围挡		1. 现场采用封闭围挡，高度不小于 1.8m； 2. 围挡材料可采用彩色、定型钢板，砖、混凝土砌块等墙体
	九牌三图		在进门处悬挂工程概况牌、岗位监督牌、安全生产牌、消防保卫牌、文明施工牌、环境保护牌、进入施工现场告知牌、领导带班制度公示牌、企业简介牌（大型工程使用）、施工现场平面布置图、施工现场安全平面布置图、效果图
	企业标志		现场出入的大门应设有本企业标识
	场容场貌		1. 道路通畅； 2. 排水沟、排水设施通畅； 3. 工地地面硬化处理； 4. 绿化
	材料堆放		1. 材料、构件、料具等堆放时，悬挂有名称、品种、规格等标牌； 2. 水泥和其他易飞扬细颗粒建筑材料应密闭存放或采取覆盖等措施； 3. 易燃、易爆和有毒有害物品分类存放
	现场防火		消防器材配置合理，符合消防要求
	垃圾清运		施工现场应设置密闭式垃圾站，施工垃圾、生活垃圾应分类存放。施工垃圾必须采用相应容器或管道运输
临时设施	现场办公生活设施		1. 施工现场办公、生活区与作业区分开设置，保持安全距离； 2. 工地办公室、现场宿舍、食堂、厕所、饮水休息场所符合卫生和安全要求
	施工现场临时用电	配电线路	1. 按照 TN-S 系统要求配备无芯电缆、四芯电缆和三芯电缆； 2. 按要求架设临时用电线路的电杆、横担、瓷夹、瓷瓶等，或电缆埋地的地沟； 3. 对靠近施工现场的外电线路，设置木质、塑料等绝缘体的防护措施
		配电箱开关	1. 按三级配电要求，配电总配电、分配电箱、开关箱三类标准配电箱。开关箱应符合一机、一箱、一闸、一漏。三类电箱中各类电器应是合格品； 2. 按两级保护要求，选取符合容量要求和质量合格的总配电箱和开关箱中的漏电保护器
		接地保护装置	施工现场保护零钱的重复接地应不少于 3 处

（续）

类别	项目名称		具体要求
安全施工	临边、洞口、交叉、高处作业防护	楼板、屋面、阳台等临边防护	用密目式安全立网全封闭，作业层另加两边防护栏杆和18cm高的踢脚板
		通道口防护	设防护棚，防护棚应为不小于5cm厚的木板和两道相距50cm的竹笆。两侧应沿栏杆架设密目式安全网封闭
		预留洞口防护	用木板全封闭，短边超过1.5m长的洞口，除封闭外四周还应设有防护栏杆
		电梯井口防护	1. 设置定型化、工具化、标准化的防护门； 2. 在电梯井内每隔两层（不大于10m）设置一道安全网
		楼梯边防护	设1.2m高的定型化、工具化、标准化的防护栏杆，18cm高的踢脚板
		垂直方向交叉作业防护	设置防护隔离棚或其他设施
		高空作业防护	1. 有悬挂安全带的悬索或其他设施； 2. 有操作平台； 3. 有上下的梯子或其他形式的通道
其他			由各地自定

 # 课题2 施工现场环境保护

【导入案例】

某建筑工程的施工总承包二级企业，通过招标投标方式承建了城区 A 住宅楼工程，工程为框架-剪力墙结构，地上 17 层，地下 1 层，总建筑面积 16780m²。该工程采取施工总承包方式，合同约定工期 20 个月。工程中标后，施工企业负责人考虑到同城区的 B 工程已临近竣工阶段（正在进行竣工验收和编制竣工验收资料），经征得 A、B 工程建设单位同意，选派 B 工程项目经理兼任 A 工程的项目经理工作。在施工期间，为了节约成本，项目经理安排将现场污水直接排入临近的河流，在浇筑楼板混凝土工程中，进行24h 连续浇筑作业，引起了附近居民的投诉。

投诉原因分析：

（1）案例中发生的环境污染有水污染（污水直接排入河流）、噪声污染（施工噪声污染），工程中可能造成环境污染的形式还有大气污染（空气污染、粉尘污染、灰尘污染）、室内空气污染、土壤污染（土地污染）、光污染、垃圾污染（施工垃圾污染、生活垃圾污染、固体废物污染）。

（2）本案例中的噪声属于建筑施工噪声（施工机械噪声、混凝土浇筑噪声、振捣噪声）。预防此类投诉事件的措施如下：

1）在施工组织设计（方案）中应编制防治扰民措施，并在施工过程中贯彻实施。

2）在可能发生夜间扰民作业施工前，提前到相关部门办理审批手续。

3）对夜间施工，提前向邻近居民进行公示。

4）设专人到邻近居委会（居民）进行沟通、协商，采取必要的补偿措施。

7.2.1 环境管理体系的运行

1. 运行模式

环境管理体系建立在一个由"策划、实施、检查、评审和改进"等环节所构成的动态循环过程的基础上，其具体的运行模式如图7-1所示。

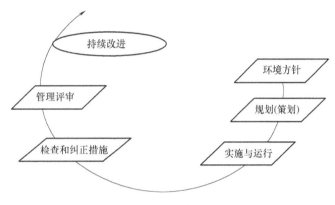

图 7-1 环境管理体系

2. 环境管理的程序

企业应根据批准的建设项目环境影响报告，通过对环境因素的识别和评估，确定管理目标及主要指标，并在各个阶段贯彻实施。项目的环境管理应遵循下列程序。

（1）确定项目环境管理目标。

（2）进行项目环境管理策划。

（3）实施项目环境管理策划。

（4）验证并持续改进。

7.2.2 施工现场环境保护的要求和内容

1. 施工现场环境保护的基本要求

（1）把环保指标以责任书的形式层层分解到有关单位和个人，列入承包合同和岗位责任制，建立一个懂行、善管的环保自我监控体系。

（2）要加强检查，加强对施工现场粉尘、噪声、废气的监测和监控工作。要与文明施工现场管理一起检查、考核、奖罚，及时采取措施消除粉尘、废气和污水的污染。

（3）施工单位要制定有效措施，控制人为噪声、粉尘的污染；采取技术措施控制烟尘、污水、噪声污染。建设单位应该负责协调外部关系，同当地居委会、村委会、办事处、派出所、居民、施工单位、环保部门等加强联系。

（4）要有技术措施，严格执行国家的法律、法规。在编制施工组织设计时，必须有环境保护的技术措施。在施工现场平面布置和组织施工过程中，都要贯彻执行国家、地区、行业和企业有关防止空气污染、水源污染、噪声污染等环境保护的法律、法规和规章制度。

（5）建筑工程施工由于技术、经济条件限制，对环境的污染不能控制在规定范围内的，建设单位应当同施工单位事先报请当地人民政府建设行政主管部门和环境行政主管部门批准。

2. 项目经理部环境管理的工作内容

由项目经理部负责环境管理工作，进行总体策划和部署，建立项目环境管理组织机构，制定相应制度和措施，组织培训，使各级人员明确环境保护的意义和责任。

项目经理部对环境管理的工作应包括以下几个方面：

（1）按照分区划块原则，搞好现场的环境管理，进行定期检查，加强协调，及时解决发现的问题，实施纠正和预防措施，保持现场良好的作业环境、卫生条件和工作秩序，做好污染预防。

（2）对环境因素进行控制，制订应急方案和相应措施，并保证信息通畅，预防可能出现非预期的损害。在出现环境事故时，应消除污染，并应制定相应措施，防止环境二次污染。

（3）应保存有关环境管理的工作记录。

（4）进行现场节能管理，有条件时应规定能源使用指标。

7.2.3 施工现场环境保护的措施

1. 大气污染的防治

（1）产生大气污染的施工环节：

1）引起扬尘污染的施工环节有①土方施工及土方堆放过程中的扬尘；②搅拌桩、灌注桩施工过程中的水泥扬尘；③建筑材料（砂、石、水泥等）堆场的扬尘；④混凝土、砂浆拌制过程中的扬尘；⑤脚手架和模板安装、清理和拆除过程中的扬尘；⑥木工机械作业的扬尘；⑦钢筋加工、除锈过程中的扬尘；⑧运输车辆造成的扬尘；⑨砖、砌块、石等切割加工作业的扬尘；⑩道路清扫的扬尘；⑪建筑材料装卸过程中的扬尘；⑫建筑和生活垃圾清扫的扬尘等。

2）引起空气污染的施工环节有①某些防水涂料施工过程中的污染；②有毒化工原料使用过程中的污染；③油漆涂料施工过程中的污染；④施工现场的机械设备、车辆的尾气排放的污染；⑤工地擅自焚烧废弃物对空气的污染等。

（2）防止大气污染的主要措施：

1）施工现场的渣土要及时清出现场。

2）施工现场作业场所内建筑垃圾的清理，必须采用相应容器、管道运输或其他有效措施，严禁凌空抛掷。

3）施工现场的主要道路必须进行硬化处理，并指定专人定期洒水清扫，形成制度，负责道路扬尘。

4）土方应集中堆放，裸露的场地和集中堆放的土方应采取覆盖、固化或绿化等措施。

5）渣土和施工垃圾运输时，应采用密闭式运输车辆或采取有效的覆盖措施，施工入口处应采取保证车辆清洁的措施。

6）施工现场应使用密目式安全网对在施工现场进行封闭，防止施工过程扬尘。

7）对于细粒散状材料（如水泥、粉煤灰等）进行遮盖、密闭，防止和减少尘土飞扬。

8）对进出现场的车辆应采取必要的措施，消除扬尘、抛洒和夹带现象。

9）许多城市已不允许现场搅拌混凝土。在允许搅拌混凝土或砂浆的现场，应将搅拌站封闭严密，并在进料仓上方安装除尘装置，采取可靠措施控制现场粉尘污染。

10）拆除既有建筑物时，应采用隔离、洒水等措施防止扬尘，并应在规定期限内将废弃物清理完毕。

11）施工现场应根据风力和大气湿度的具体情况，确定合适的作业时间及内容。

12）施工现场应设置密闭式垃圾站，施工垃圾、生活垃圾应分类存放，并及时清运。

13）施工现场的机械设备、车辆的尾气排放应符合国家环保排放标准要求。

14）城区、旅游景点、疗养区、重点文物保护区及人口密集区的施工现场应使用清洁能源。

15）施工时遇有有毒化工原料，除施工人员做好安全防护外，应按相关要求做好环境保护。

16）除设有符合要求的装置外，严禁在施工现场焚烧各类废弃物以及其他会产生有毒、有害烟尘和恶臭的物质。

2. 噪声污染的防治

（1）引起噪声污染的施工环节：

1）施工现场人员大声喧哗。

2）各种施工机具的运行和使用。

3）安装及拆卸脚手架、钢筋、模板等。

4）爆破作业。

5）运输车辆的往返及装卸。

（2）防治噪声污染的措施：

施工现场噪声的控制技术可从声源、传播途径、接收者防护等方面考虑。

1）声源控制：从声源上降低噪声，这是防止噪声污染的根本措施。具体要求：

① 尽量采用低噪声设备和工艺替代高噪声设备和工艺，如低噪声振动器、电动空压机、电锯等；

② 在声源处安装消声器消声，如在通风机、鼓风机、压缩机以及各类排气装置等进出风管的适当位置安装消声器。

2）传播途径控制：在传播途径上控制噪声的方法：

① 吸声：利用吸声材料或吸声结构形成的共振结构吸收声能，降低噪声；

② 隔声：应用隔声结构，阻止噪声向空间传播，将接收者与噪声声源分隔。隔声结构包括隔声室、隔声罩、隔声屏障、隔声墙等；

③ 消声：利用消声器阻止传播，如对空气压缩机、内燃机等；

④ 减振降噪：对来自振动引起的噪声，通过降低机械振动减少噪声，如将阻尼材料涂在制动源上，或改变振动源于其他刚性结构的连接方式等。

3）接收者防护：让处于噪声环境下的人员使用耳塞、耳罩等防护用品，减少相关人员在噪声环境中的暴露时间，以减轻噪声对人体的危害。

4）严格控制人为噪声：进入施工现场不得高声叫喊、无故打砸模板、乱吹口哨，限制高音喇叭的使用，最大限度地减少噪声扰民。

5）控制强噪声作业时间：凡在人口稠密区进行强噪声作业时，必须严格控制作用时间，一般在22时至次日6时期间停止强噪声作业。确系特殊情况必须昼夜施工时，建设单位和施工单位应于15日前，到环境保护和建设行政主管等部门提出申请，经批准后方可进行夜间施工，并会同居民小区居委会或村委会，公告附近居民，并做好周围群众的安抚工作。

6）施工现场噪声的限值：根据国家标准《建筑施工场界环境噪声排放标准》（GB 12523—2011）的要求，对不同施工作业规定的噪声限值见表7-2。在工程施工中，要特别注意不得超过国家标准的限值，尤其是夜间禁止打桩作业。

表7-2　建筑施工场界噪声限值

昼间/dB（A）	夜间/dB（A）
70	55

注：1. 夜间噪声最大声级超过限值的幅度不得高于15dB（A）。
　　2. 当场界噪声离敏感建筑物较近，其室外不满足测量条件时，可在噪声敏感建筑物室内测量，并将上表中相应的限值减10dB（A）作为评价依据。

由于该噪声限值是指与敏感区相对应的建筑施工场地边界线处的限值，因此实际需要控制的是噪声在边界处的声值。噪声的具体测量方法参见《建筑施工场界环境噪声排标准》（GB 12523—2011）。施工单位应对施工现场的噪声值进行监控和记录。

3. 水污染的防治

（1）引起水污染主要的施工环节：

1）桩基础施工、基坑护壁施工过程的泥浆。

2）混凝土（砂浆）搅拌机械、模板、工具的清洗产生的泥浆污水。

3）现场制作水磨石施工的泥浆。

4）油料、化学溶剂泄漏。

5）生活污水。

6）将有毒废弃物掩埋于土中。

（2）防治水污染的主要措施：

1）回填土应过筛处理，严禁将有害物质掩埋于土中。

2）施工现场应设置排水沟和沉淀池，现场废水严禁直接排入市政污水管网和河流。

3）现场存放的油料、化学溶剂等应设有专门的库房，地面应进行防渗漏处理。使用时，还应采取防止油料和化学溶剂跑、冒、滴、漏的措施。

4）卫生间的地面、化粪池等应进行抗渗处理。

5）食堂、盥洗室、淋浴间的下水管线应设置隔离网，并应与市政污水管线连接，保证排水通畅。

6）食堂应设置隔油池，并应及时清理。

4. 固体废弃物污染的防治

固体废弃物是指生产、建设、日常生活和其他活动中产生的固态、半固态废弃物质。固体废弃物是一个极其复杂的废物体系。按其化学组成可分为有机废弃物和无机废弃物；按其对环境和人类的危害程度可分为一般废弃物和危险废弃。固体废弃物对环境的危害是全方位的，主要会侵占土地、污染土壤、污染水体、污染大气、影响环境卫生等。

（1）建筑施工现场常见的固体废弃物：

1）建筑渣土。包括砖瓦、碎石、混凝土碎块、废钢铁、废屑、废弃装饰材料等。

2）废弃材料。包括废弃的水泥、石灰等。

3）生活垃圾。包括炊厨废物、丢弃食品、废纸、废弃生活用品等。

4）设备、材料等的废弃包装材料等。

（2）固体废弃物的处置：

固体废弃物处理的基本原则是采取资源化、减量化和无害化处理，对固体废弃物产生的全过程进行控制。固体废弃物的主要处理方法有以下几种。

1）回收利用。回收利用是对固体废弃物进行资源化、减量化的重要手段之一。对建筑渣土可视具体情况加以利用；废钢铁可按需要做金属原材料；对废电池应分散回收，集中处理。

2）减量化处理。减量化处理是对已经产生固体废弃物进行分选、破碎、压实浓缩、脱水等减少其最终处置量，降低处理成本，减少对环境的污染。在减量化处理的过程中，也包括和其他处理技术相关的工艺方法，如焚烧、解热、堆肥等。

3）焚烧技术。焚烧用于不适合再利用且不宜直接予以填埋处置的固体废弃物，尤其是对受到病菌、病毒污染的物品，可以用焚烧进行无害化处理。焚烧处理应使用符合环境要求的处理装置，注意避免对大气的二次污染。

4）稳定和固化技术。利用水泥、沥青等胶结材料，将松散的固体废弃物包裹起来，减小废弃物的毒性和可迁移性，使得污染减少。

5）填埋。填埋是固体废弃物处理的最终补救措施，经过无害化、减量化处理的固体废弃物残渣集中到填埋场进行处置。填埋场应利用天然或人工屏障，尽量使需处理的废物与周围的生态环境隔离，并注意废物的稳定性和长期安全性。

5. 照明污染的防治

夜间施工应当严格按照建设行政主管部门和有关部门的规定，对施工照明器具的种类、灯光亮度加以严格控制，特别是在城市市区、居民居住区内，必须采取有效的措施，减少施工照明对附近城市居民的危害。

 课题3　建筑职业病及其防治

【导入案例】

2003年1月某电镀厂1名员工因三氯乙烯中毒死亡。该名工人入厂不足一个月，从事三氯乙烯清洗作业，连续加班一周后（每天工作14小时），突然死亡。后经解剖和诊断，被确认为三氯乙烯化学源性猝死。死者有2个小孩和1位60多岁的父亲需要抚养。

社保部门首期支付其家属抚恤金 11.9 万元，另外每月支付 1081 元。本次事件历时 9 个多月，给厂方生产造成严重影响。

事故原因分析：

（1）长时间加班加点会使职业中毒风险加大，应尽量减少接触毒物的时间。

（2）购买工伤保险可减少事故损失。

职业病是指劳动者在工作中，因为接触粉尘、放射性物质和其他有毒、有害物质等因素而引起的疾病。产生职业病的危害因素包括各种有害的化学、物理、生物因素，以及在工作过程中产生的其他有害因素。

7.3.1　建筑职业病的种类

建筑行业中容易导致的职业病一般有以下几种。

（1）矽肺（随时装运作业、喷浆作业）。

（2）水泥尘肺（水泥搬运、搬料、拌和、浇捣作业）。

（3）电焊尘肺（手工电弧焊、气焊作业）。

（4）锰及其他化合物中毒（手工电弧焊作业）。

（5）氮氧化合物中毒（手工电弧焊、电渣焊、气割、气焊作业）。

（6）一氧化碳中毒（手工电弧焊、电渣焊、气割、气焊作业）。

（7）苯中毒（油漆作业）。

（8）甲苯中毒（油漆作业）。

（9）二甲苯中毒（油漆作业）。

（10）五氯酚中毒（装置装修作业）。

（11）中暑（高温作业）。

（12）手臂振动病（操作混凝土振动棒、风镐作业）。

（13）电光性皮炎（手工电弧焊、电渣焊、气割、气焊作业）。

（14）电光性眼炎（手工电弧焊、电渣焊、气割、气焊作业）。

（15）噪声聋（木工圆锯、平刨操作、无齿锯切割作业）。

（16）白血病（油漆作业）。

职业病危害因素种类繁多、复杂。建筑行业职业病危害因素来源多、种类多，几乎涵盖所有类型的职业病危害因素，既有施工工艺产生的危害因素，也有自然环境、施工环境产生的危害因素，还有施工过程产生的危害因素；既存在粉尘、噪声、放射性物质和其他有毒有害物质等的危害，也存在高处作业、密闭空间作业、高温作业、低温作业、高原（低气压）作业、水下（高压）作业等产生的危害；劳动强度大、劳动时间长的危害也相当突出。一个施工现场往往同时存在多种职业病危害因素，不同施工过程存在不同的职业病危害因素。

建筑施工类型有房屋建筑工程、市政基础设施工程、交通工程、通信工程、水利工程、铁道工程、冶金工程、电力工程、港湾工程等；建筑施工地点可以是高原、海洋、水下、室外、室内、箱体、城市、农村、荒原、疫区，小范围的作业点、长距离的施工线等；作业方式有挖方、掘进、爆破、砌筑、电焊、抹灰、油漆、喷砂除锈、拆除和翻修等。施工工程和施工地点的多样化，导致职业病危害的多变性，受施工现场和条件的限制，往往难以采用有效的工程控制技术设施。

近年来，急性职业中毒有增多的趋势，例如，某建筑工地以前是填埋垃圾的场地，打桩时放出的甲烷气会使人马上死亡；在挖地沟时，不小心挖破了污水管，里面的硫化氢突然冒出来，也会使人马上死亡。作业者尤其要注意这种情况的发生。

7.3.2 建筑职业危害因素

1. 职业危害因素

职业危害因素是指与生产有关的劳动条件，包括生产过程、劳动过程和生产环境中对劳动者健康和劳动能力产生有害作用的职业因素。职业危害因素主要有以下来源。

（1）与生产过程有关的职业性危害来源。主要来源于原料、中间产物、产品、机器设备的工业毒物、粉尘、噪声、振动、高温、电离辐射及非电离辐射、污染性因素等职业性危害因素。

（2）与劳动过程有关的职业性危害来源。作业时间过长、作业强度过大、劳动制度与劳动组织不合理、长时间强迫体位劳动、个别器官和系统的过度紧张均可造成对劳动者健康的损害。

（3）与作业环境有关的职业性危害来源。包括厂房布局不合理，厂房狭小、车间内设备位置不合理、照明不良等；生产过程中缺少必要的防护设施等；露天作业的不良气象条件。

2. 职业危害因素的分类

（1）化学危害因素：

1）工业毒物。如铅、苯、汞、锰、一氧化碳、氨、氯气等。

2）生产性粉尘。如沙尘、煤尘、石棉尘、水泥粉尘、有机性粉尘、金属粉尘等。

（2）物理危害因素：

1）异常气象条件。如高温（中暑）、高湿、低温、高气压（减压病）、低气压（高原病）等。

2）电离辐射。有 X、α、β、γ 射线和中子流等。

3）非电离辐射。如紫外线、红外线、高频电磁场、微波、激光等。

4）噪声。

5）振动。

（3）生物危害因素。皮毛的炭疽杆菌、蔗渣上的霉菌、布鲁杆菌、森林脑炎、病毒、有机粉尘中的真菌、真菌孢子、细菌等。如屠宰、皮毛加工、森林作业等。

3. 职业危害因素存在的状态

一般情况下，职业危害因素常以五种状态存在。

（1）粉尘。漂浮于空气中的固体微粒，直径大于 0.1mm，主要是机械粉碎、碾磨、开挖等作业时产生的固体物形成。

（2）烟尘。又称烟雾或烟气，悬浮在空气中的细小微粒，直径小于 0.1mm，多为某些金属熔化时产生的蒸汽在空气中氧化凝聚形成的。

（3）雾。悬浮在空气中的液体微滴，多为蒸气冷凝或液体喷散而形成。烟尘和雾又称为气溶胶。

（4）蒸气。由液体蒸发或固体物质升华而形成。如苯蒸气、磷蒸气等。

（5）气体。在生产场所的温度、气压条件下散发在空气中的气态物质。如二氧化硫、氮氯化物、一氧化碳、氨气、氯气等。

4. 职业病的范围

职业病通常是指由国家规定的在劳动过程中接触职业危害因素而引起的疾病。职业病与生活中的常见病不同，一般认为应具备下列三个条件。

（1）致病的职业性。疾病与其工作场所的生产性有害因素密切相关。

（2）致病的程度性。接触有害因素的剂量，已足以导致疾病的发生。

（3）发病的普遍性。在受到同样生产性有害因素作用的人群中有一定的发病率，一般不会只出现个别病人。

7.3.3　建筑职业病的防治

1. 建筑职业病危害因素的识别

（1）施工前识别：

1）施工企业应在施工前进行施工现场卫生状况调查，明确施工现场是否存在排污管道、化学废弃物填埋、垃圾填埋和放射性物质污染等情况。

2）项目经理部在施工前应根据施工工艺、施工现场的自然条件对不同施工阶段存在的职业病危害因素进行识别，列出职业病危害因素清单。职业病危害因素的识别范围必须覆盖施工过程中的所有活动，包括常规和非常规（特殊季节的施工和临时性作业）活动、所有进入施工现场的人员（供货方、访问者）的活动，以及所有物料、设备和设施（自有的、租赁的、借用的）可能产生的职业病危害因素。

（2）施工过程识别：项目经理部应委托有资质的职业卫生服务机构根据职业病危害因素的种类、浓度或强度、接触人数、频度及时间，以及职业病危害防护措施和发生职业病的危险程度对不同施工阶段、不同岗位的职业病危害因素进行识别、检测和评价，确定重点职业病危害因素和关键控制点。当施工设备、材料、工艺或操作规程发生改变时，并可能引起职业病危害因素的种类、性质、浓度或强度发生变化时，或者法律及其职业卫生要求变更时，项目经理部应重新组织进行职业病危害因素的识别、检测和评价。

同时还要对粉尘、噪声、高温、密闭空间、化学毒物，以及建筑施工活动中存在的此外紫外线作业、电离辐射作业、高气压作业、低气压作业、低温作业、高处作业和生物因素影响等进行识别。

2. 职业病危害因素的预防控制

（1）原则：项目经理部应根据施工现场职业病危害的特点采取以下职业病危害防护措施。

1）选择不产生或少产生职业病危害的建筑材料、施工设备和施工工艺；配备有效的职业病危害防护设施，使工作场所职业病危害因素的浓度或强度符合国家标准的要求。职业病防护设施应进行经常性的维护、检修，确保其处于正常状态。

2）配备有效的个人防护用品。个人防护用品必须保证选型正确、维护得当。建立、健全个人防护用品的采购、验收、保管、发放、使用、更换、报废等管理制度，并建立发放台账。

3）制定合理的劳动制度，加强施工过程职业卫生管理和教育培训。

4）可能产生急性健康损害的施工现场应设置检测报警装置、警示标识、紧急与撤离通道和泄险区域等。

（2）粉尘危害预防措施：

1）技术革新。采取不产生或少产生粉尘的施工工艺、施工设备和工具，淘汰粉尘危害严重的施工工艺、施工设备和工具。

2）采用无危害或危害较小的建筑材料。如不使用石棉、含有石棉的建筑材料。

3）采用机械化、自动化或密闭隔离操作。如挖土机、推土机、刮土机、铺路机、压路机等施工机械的驾驶室或操作室密闭隔离，并在进风口设置滤尘装置。

4）采取湿式作业。例如，凿岩作业采用湿式凿岩机；爆破采用水封爆破；喷射混凝土采用湿喷；钻孔采用湿式钻孔；隧道爆破作业后立即喷雾洒水；场地平整时，配备洒水车，定时喷水作业；拆除作业时采用湿法作业拆除、装卸和运输含有石棉的建筑材料。

5）设置局部防尘设施和净化排放装置。例如，焊枪配置带有排风罩的小型烟尘净化器；凿岩机、钻孔机等设置捕尘器。

6）劳动者作业时应在上风向操作。

7）建筑物拆除和翻修作业时，在接触石棉的施工区域设置警示标识，禁止无关人员进入。

8）根据粉尘的种类和浓度为劳动者配备合适的呼吸防护用品，并定期更换。呼吸防护用品的配备应符合《呼吸防护用品的选择、使用与维护》（GB/T 18664—2002）的要求，例如，在建筑物拆除作业中，可能接触含有石棉的物质（石棉水泥板或石棉绝缘材料），为接触石棉的劳动者配备正压呼吸器、防护板；在罐内焊接作业时，劳动者应佩戴送风头盔或送风口罩；安装玻璃棉、消音及保温材料时，劳动者必须佩戴防尘口罩。

9）粉尘接触人员，特别是石棉粉尘接触人员，应做好戒烟、控烟教育。

（3）噪声危害预防措施：

1）尽量选用低噪声施工设备和施工工艺代替高噪声施工设备和施工工艺。例如，使用低噪声的混凝土振动棒、风机、电动空压机、电锯等；以液压代替锻压，焊接代替铆接；以液压和电气钻代替风钻和手提钻；物料运输中避免大落差和直接冲击。

2）对高噪声施工设备采取隔声、消声、隔振降噪等措施，尽量将噪声源与劳动者隔开。例如，气动机械、混凝土破碎机安装消音器，施工设备的排风系统（压缩空气排放管、内燃发动机废气排放管）安装消音器，机器运行时应关闭机盖，相对固定的高噪声设施（混凝土搅拌站）设置隔声控制室。

3）尽可能减少高噪声设备作业点的密度。

4）噪声超过85dB的施工场所，应为劳动者配备有足够衰减值、佩戴舒适的护耳器，减少噪声作业，实施听力保护计划。

（4）高温危害预防措施：

1）夏季高温季节应合理调整作息时间，避开中午高温时间施工。严格控制劳动者加班，尽可能缩短工作时间，保证劳动者有充足的休息和睡眠时间。

2）降低劳动者的劳动强度，采取轮流作业方式，增加工间休息次数和休息时间。如实行小换班，增加工间休息次数，延长午休时间，尽量避开高温时段进行室外高温作业等。

3）当气温高于37℃时，一般情况应当停止施工作业。

4）各种机械和运输车辆的操作室和驾驶室应设置空调。

5）在罐、釜等容器内作业时，应采取措施，做好通风和降温工作。

6）在施工现场附近设置工间休息室和浴室，休息室内设置空调或电扇。

7）夏季高温季节为劳动者提供含盐清凉饮料（含盐量为0.1%~0.2%），饮料水温应低于15℃。

8）高温作业劳动者应当定期进行职业健康检查，发现有职业禁忌证者应及时调离高温作业岗位。

（5）振动危害预防措施：

1）应加强施工工艺、设备和工具的更新、改造。尽可能避免使用手持风动工具；采用自动、半自动操作装置，减少手及肢体直接接触振动体；用液压、焊接、粘接等代替风动工具的铆接；采用化学法除锈代替除锈机除锈等。

2）风动工具的金属部件改用塑料或橡胶，或加用各种衬垫物，减少因撞击而产生的振动；提高工具把手的温度，改进压缩空气进出口方位，避免手部受冷风吹袭。

3）手持振动工具（风动凿岩机、混凝土破碎机、混凝土振动棒、风钻、喷砂机、电钻、钻孔机、铆钉机、铆打机等）应安装防振手柄，劳动者应佩戴防振手套。挖土机、推土机、刮土机、铺路机、压路机等驾驶室应设置减振设施。

4）减少手持振动工具的重量，改善手持工具的作业体位，防止强迫体位，以减轻肌肉负荷和静力紧张；避免手臂上举姿势的振动作业。

5）采取轮流作业方式，减少劳动者接触振动的时间，增加工间休息次数和休息时间。冬季还应注意保暖防寒。

（6）化学毒物预防措施：

1）优先选用无毒建筑材料，用无毒材料替代有毒材料，低毒材料替代高毒材料。例如，尽可能选用无毒水性涂料；用锌钡白、钛钡白替代油漆中的铅白，用铁红替代防锈漆中的铅丹等；低毒的低锰焊条替代毒性较大的高锰焊条；不得使用国家明令禁止使用或者不符合国家标准的有毒化学品，禁止使用含苯的涂料、稀释剂和溶剂。尽可能减少有毒物品的使用量。

2）尽可能采用可降低工作场所化学毒物浓度的施工工艺和施工技术，使工作场所的化学毒物浓度符合《工作场所有害因素职业接触限值　第1部分：化学有害因素》（GBZ 2.1—2007）的要求，如涂料施工时用粉刷或辊刷替代喷涂。在高毒作业场所尽可能使用机械化、自动化或密闭隔离操作，使劳动者不接触或少接触高毒物品。

3）设置有效通风装置。在使用有机溶剂、稀料、涂料或挥发性化学物质时，应当设置全面通风或局部通风设施；电焊作业时，设置局部通风防尘装置；所有挖方工程、竖井、土方工程、地下工程、隧道等密闭空间作业应当设置通风设施，保证足够的新风量。

4）使用有毒化学品时，劳动者应正确使用施工工具，在作业点的上风向施工。分装和配制油漆、防腐、防水材料等挥发性有毒材料时，尽可能采用露天作业，并注意现场通风。

工作完毕后，有机溶剂、容器应及时加盖封严，防止有机溶剂的挥发。使用过的有机溶剂和其他化学品应进行回收处理，防止乱丢乱弃。

5）使用有毒物品的工作场所应设置黄色区域警示线、警示标识和中文警示说明。警示说明应载明产生职业中毒危害的种类、后果、预防以及应急救援措施等内容。使用高毒物品的工作场所应当设置红色区域警示线、警示标识和中文警示说明，并设置通讯报警设备，设置应急撤离通道和必要的泄险区。

6）存在有毒化学品的施工现场附近应设置盥洗设备，配备个人专用更衣箱；使用高毒物品的工作场所还应设置淋浴间，其工作服、工作鞋帽必须存放在高毒作业区域内；接触经皮肤吸收及局部作用危险性大的毒物，应在工作岗位附近设置应急洗眼器和沐浴器。

7）接触挥发性有毒化学品的劳动者，应当配备有效的防毒口罩或防毒面具；接触经皮肤吸收或刺激性、腐蚀性的化学品，应配备有效的防护服、防护手套和防护眼镜。

8）拆除使用防虫、防蛙、防腐、防潮等化学物（如有机氯666、汞等）的旧建筑物时，应采取有效的个人防护措施。

9）应对接触有毒化学品的劳动者进行职业卫生培训，使劳动者了解所接触化学品的毒性、危害后果，以及防护措施。从事高毒物品作业的劳动者应当经培训考核合格后，方可上岗作业。不得安排未成年工和孕期、哺乳期的女职工从事接触有毒化学品的作业。

10）劳动者应严格遵守职业卫生管理制度和安全生产操作规程，严禁在有毒有害工作场所进食和吸烟，饭前班后应及时洗手和更换衣服。项目经理部应定期对工作场所的重点化学毒物进行检测、评价。检测、评价结果存入施工企业职业卫生档案，向施工现场所在地县级卫生行政部门备案并向劳动者公布。

（7）紫外线预防措施：

1）采用自动或半自动焊接设备，加大劳动者与辐射源的距离。

2）产生紫外线的施工现场应当使用不透明或半透明的挡板将该区域与其他施工区域分隔，禁止无关人员进入操作区域，避免紫外线对其他人员的影响。

3）电焊工必须佩戴专用的面罩、防护眼镜，以及有效的防护服和手套。

4）高原作业时，使用玻璃或塑料护目镜、风镜，穿长裤长袖衣服。

（8）高气压预防措施：

1）应采用避免高气压作业的施工工艺和施工技术。例如，水下施工时采用管柱钻孔法替代潜涵作业，水上打桩替代沉箱作业等。

2）水下劳动者应严格遵守潜水作业制度、减压规程和其他高气压施工安全操作规定。

（9）高处作业预防措施：

1）重视气象预警信息，当遇到大风、大雪、大雨、暴雨、大雾等恶劣天气时，禁止进行露天高处作业。

2）劳动者应进行严格的上岗前职业健康检查，有高血压、恐高症、癫痫、晕厥史、梅尼埃病、心脏病及心电图明显异常（心律失常）、四肢骨关节及运动功能障碍等职业禁忌证者禁止从事高处作业。

3）妇女禁忌从事脚手架的组装和拆除作业，在特殊不方便时期及怀孕期间禁忌从事高处作业。

（10）生物因素预防措施：

1）施工企业在施工前应当进行施工场所是否为疫源地、疫区、污染区的识别，尽可能避免在疫源地、疫区和污染区施工。

2）劳动者进入疫源地、疫区作业时，应当接种相应疫苗。

3）在呼吸道传染病疫区、污染区作业时，应当采取有效的消毒措施，劳动者应当配备防护口罩、防护面罩。

4）在虫媒传染病疫区作业时，应当采取有效的杀灭或驱赶病媒措施，劳动者应当配备有效的防护服、防护帽，宿舍配备有效的防虫媒进入的门帘、窗纱和蚊帐等。

5）在介水传染病疫区作业时，劳动者应当避免接触疫水作业，并配备有效的防护服、防护鞋和防护手套。

6）在消化道传染病疫区作业时，采取"五管一灭一消毒"措施（管传染源、管水、管食品、管粪便、管垃圾，消灭病媒，饮用水、工作场所和生活环境消毒）。

7）加强健康教育，使劳动者掌握传染病防治的相关知识，提高卫生防病意识。

8）根据施工现场的具体情况，配备必要的传染病防治人员。

（11）应急救援：

1）项目经理部应建立应急救援机构或组织。

2）项目经理部应根据不同施工阶段可能发生的各种职业病危害事故制订相应的应急救援预案，并定期组织演练，及时修订应急救援预案。

3）按照应急救援预案的要求，合理配备快速检测设备、急救药品、通信工具、交通工具、照明装置、个人防护用品等应急救援装备。

4）可能突然泄漏大量有毒化学品或者易造成急性中毒的施工现场（如接触酸、碱、有机溶剂、危险性物品的工作场所等），应设置自动检测报警装置、事故通风设施、冲洗设备（沐浴器、洗眼器和洗手池）、应急撤离通道和必要的泄险区。除为劳动者配备常规个人防护用品外，还应在施工现场的醒目位置放置必需的防毒用具，以备逃生、抢救时应急使用，并设有专人管理和维护，保证其处于良好待用状态。应急撤离通道应保持通畅。

5）施工现场应配备受过专业训练的急救员，配备急救箱、担架、毯子和其他急救用品，急救箱内应有明了的使用说明，并由受过急救培训的人员进行定期检查和更换。超过200人的施工工地应配备急救室。

6）应根据施工现场可能发生的各种职业病危害事故对全体劳动者进行有针对性的应急救援培训，使劳动者掌握事故预防和自救互救等应急处理能力，避免盲目救治。

7）应与就近医疗机构建立合作关系，以便发生急性职业病危害事故时能够及时获得医疗救援援助。

（12）辅助设施：

1）办公区、生活区与施工区应当分开布置，并符合卫生要求。

2）施工现场或附近应当设置清洁饮用水供应设施。

3）施工企业应当为劳动者提供符合营养和卫生要求的食品，并采取预防食物中毒的措施。

4）施工现场或附近应当设置符合卫生要求的就餐场所、更衣室、浴室、厕所、盥洗设施，并保证这些设施处于完好状态。

5）为劳动者提供符合卫生要求的休息场所，休息场所应当设置男女卫生间、盥洗设施，设置清洁饮用水、防暑降温、防蚊虫、防潮设施，禁止在尚未竣工的建筑物内设置集体宿舍。

6）施工现场、辅助用室和宿舍应采用合适的照明器具，合理配置光源，提高照明质量，防止炫目、照度不均匀及频闪效应，并定期对照明设备进行维护。

7）生活用水、废弃物应当经过无害化处理后排放、填埋。

3. 防止职业危害的综合措施

（1）加强职业卫生管理工作：

1）各级建筑企业主管部门和建筑企业领导者，必须从思想上认识到职业危害是对职工的慢性杀害，后患严重。各级领导者，要把防止职业危害列入领导工作的重要议事日程，定期对职业卫生工作进行计划、布置、检查、总结，不断改善劳动条件，使劳动条件更合乎卫生要求，使职工免除烟雾、灰尘和泥垢之苦，能很快把肮脏的让人厌恶的工作间变成清洁明净的适合人们工作的实验室。

2）企业安全部门、人员，应高度重视职业危害工程技术治理工作，会同有关部门研究、制订职业工程技术措施，并组织监督实施。其所需费用，应列入企业安全技术措施费中予以解决。

3）企业要设置职业卫生专业人员，定期对职业危害场所进行测定，为改善劳动条件、治理作业环境提出数字依据。从事有职业危害的职工，要定期进行职业体检，早期发现职业病，早期治疗，减少职工的痛苦，要建立健全职业卫生档案，收集职业卫生的各种数据，为职业危害的防治提供信息资料。

4）建立健全职业卫生管理制度，并认真贯彻执行。如职业体检制度，职业危害点测定制度，有关危害物质的领取、保管、储藏和运输制度，职业卫生宣传教育制度，职业卫生档案管理制度，消除职业危害的防护设备、装置检查维修制度，有害工种个人卫生保健制度等。

5）加强职业卫生宣传教育工作，使广大职工充分认识到搞好职业卫生的重要性和迫切性。既要实事求是向职工讲清各种危害的严重性，又要说明职业危害是可以防止的，发动广大职工群策群力，共同搞好职业卫生工作，保护职工生命安全和身体健康，同时还要对有害作业人员进行急性中毒急救知识的教育。

（2）个人卫生和个人防护。 采取科学技术措施，是防止职业危害的治本措施。但是，由于科学技术水平或经济条件的限制，目前仍有一些工作场所的危害因素超过国家标准界限值，直接或间接危害着职工的身体健康。因此，做好个人卫生和个人防护，也是一项极为重要的防护措施。

1）根据危害的种类、性质、环境条件等，有针对性的发给作业人员有效的防护用品、用具。例如，配合电焊作业的辅助人员，必须佩戴有色护眼镜，防止电光性眼炎；在噪声环境下作业的人员必须戴护耳塞（器）；从事有粉尘作业的人员须戴纱布口罩，当纱布口罩达不到滤尘目的时，必须佩戴过滤式防尘口罩；从事苯、高锰作业的人员，必须佩戴供氧式或送风式防毒面具；从事有机溶剂、腐蚀剂等有害皮肤的作业，应使用橡皮或塑料专用手套，不能用粉尘过滤器代替防毒过滤器，因为有机溶剂蒸气可以直接通过粉尘过滤器。

2）对于从事粉尘、有毒作业的人员，应在工地（车间）设置淋浴设施，工人下班必须淋浴后再换上自己的服装，以防止工人将头发和衣服上的粉尘、毒物、辐射物带回家中，危害家人健康。有条件的单位，还应将有危害作业人员的防护服，每天集中洗涤干净，使作业人员每次从事有害作业前均能穿上干净的防护用品。

3）定期对有害作业职工进行体检，凡发现有不适宜某种有害作业的疾病患者，应及时调换工作岗位。

4. 全面预控建筑行业最常见的五大职业病

在我国，建筑业一直是职业危害极高的行业，许多建筑工人患有不同程度的职业病。究其原因，是由于建筑工人每天在环境恶劣的施工场所工作，接触并吸入各种有毒有害物质。有效地预防建筑行业职业病，应从这些职业病的危害因素着手。

（1）电焊工尘肺、眼病的预防控制措施：

1）作业场所防护措施。为电焊工提供通风良好的操作空间。

2）个人防护措施。电焊工必须持证上岗，作业时佩戴有害气体防护口罩、眼睛防护罩，杜绝违章作业，采取轮流作业，杜绝施工操作人员超时工作。

3）检查措施。在检查项目工程安全的同时，检查落实工人作业场所的通风情况，个人防护用品的佩戴，8 小时工作制，及时制止违章作业。

（2）油漆工、粉刷工接触有机材料散发不良气体引起的中毒预防控制措施：

1）作业场所防护措施。加强作业区的通风排气措施。

2）个人防护措施。相关工种持证上岗，给作业人员提供防护口罩，采取轮流作业，杜绝作业人员超时工作。

3）检查措施。在检查工程安全的同时，检查落实作业场所的良好通风，工人持证上岗，佩戴口罩，工作时间不超时，并指导提高中毒事故中职工救人与自救的能力。

（3）各种粉尘引起的尘肺病预防控制措施：

1）作业场所防护措施。加强水泥等易扬尘材料的存放处、使用处的扬尘防护，任何人不得随意拆除，在易扬尘部位设置警示标志。

2）个人防护措施。落实相关岗位的持证上岗，给施工作业人员提供扬尘防护口罩，杜绝施工操作人员超时工作。

3）检查措施。在检查项目工程安全的同时，检查工人作业场所的扬尘防护措施的落实，检查个人扬尘防护措施的落实，每月不少于一次，并传授给施工作业人员减少扬尘的操作方法和技巧。

（4）直接操作振动机械引起的手臂振动病的预防控制措施：

1）作业场所防护措施。在作业区设置防职业病警示标志。

2）个人防护措施。机械操作工要持证上岗，提供振动机械防护手套，采取延长换班休息时间，杜绝作业人员超时工作。

3）检查措施。在检查工程安全的同时，检查落实警示标志的悬挂，工人持证上岗，佩戴防震手套，工作时间不超时。

（5）接触噪声引起的职业性耳聋的预防控制措施：

1）作业场所防护措施。在作业区设置防职业病警示标志，对噪声大的机械加强日常保养和维护，减少噪音污染。

2）个人防护措施。为施工操作人员提供劳动防护耳塞，采取轮流作业，杜绝施工操作人员超时工作。

3）检查措施。在检查工程安全的同时，检查落实作业场所的降噪音措施，工人佩戴防护耳塞，工作时间不超时。

【基础与技能训练】

一、单选题

1. 安全生产责任制检查评分表中应得分（　　　）。

A. 5分　　　　　　B. 10分　　　　　　C. 15分　　　　　　D. 20分

2. 建筑施工安全检查的评定结论分为优良标准：①分项检查评分表无零分；②汇总表得分值应在（　　　）及以上。

A. 75分　　　　　　B. 80分　　　　　　C. 85分　　　　　　D. 90分

3. 建筑施工安全检查的评定结论分为不合格标准：①当汇总表得分值不足（　　　）时；②当有一分项检查评分表为零。

A. 60分　　　　　　B. 65分　　　　　　C. 70分　　　　　　D. 75分

4. 文明施工检查评分表中保证项目应得分小计（　　　）分。

A. 40分　　　　　　B. 50分　　　　　　C. 60分　　　　　　D. 70分

5. 在建筑施工安全检查评定时，评分应采用扣减分值的方法时，扣减分值总和不得（　　　）该检查项目的应得分值。

A. 超过　　　　　　B. 等于　　　　　　C. 低于　　　　　　D. 超过或等于

6. 安全检查的要求首先应有明确的（　　　），内容及检查标准，重点、关键部位。对大面积或数量多的项目可采取系统的观感和一定数量的测点相结合的检查方法。

A. 检查人员和检测工具　　　　　　B. 检查人员和检查时间

C. 检查人员和检查项目　　　　　　D. 检查目的和检查项目

7. 施工现场经常性的安全检查方式包括现场（　　　）及安全值班人员每天例行开展的安全巡视、巡查。

A. 项目经理　　　　　　　　　　　B. 专业工长

C. 专（兼）职安全生产管理人员　　D. 项目技术负责人

8. 下列（　　　）不属于建筑工程施工安全检查的主要形式内容。

A. 专项检查　　　　　　　　　　　B. 专业性安全检查

C. 设备设施安全验收检查　　　　　D. 质量检查

9. 建筑工程施工应经常开展（　　　）的安全检查工作，以便及时发现并消除事故隐患，保证施工生产正常进行。

A. 经常性　　　　B. 预防性　　　　C. 专项　　　　D. 全面

10. 查安全措施主要是检查现场安全措施计划及（　　　）的编制、审核、审批及实施情况。

A. 施工组织设计

B. 各项安全专项施工方案

C. 施工组织设计和各项安全专项方案

D. 施工组织设计和各项安全技术方案

二、多选题

1. 安全检查是安全生产管理工作的一项重要内容,是安全生产工作中发现不安全状况和不安全行为的有效措施,是(　　)的重要手段。

A. 消除事故隐患

B. 改善劳动条件

C. 落实整改措施

D. 做好安全技术交底

E. 防止伤亡事故发生

2. 安全检查的主要形式包括(　　)。

A. 定期安全检查

B. 经常性安全检查

C. 专项(业)安全检查

D. 季节性、节假日安全检查

E. 三级安全检查

3. 下列属于《建筑施工安全检查标准》(JGJ 59—2011)中所指的"四口"防护的有(　　)。

A. 通道口

B. 管道口

C. 预留洞口

D. 楼梯口

E. 电梯井口

4. 下列属于安全检查隐患整改"三定"原则的有(　　)。

A. 定计划

B. 定人

C. 定时间

D. 定措施

E. 定落实

5. 安全管理目标的主要内容包括(　　)。

A. 生产安全事故控制目标

B. 质量合格目标

C. 安全达标目标

D. 文明施工实现目标

E. 施工进度目标

三、案例题

为落实预防为主的方针,及时发现问题,治理隐患,保障安全生产顺利进行,建筑行政主管部门、施工企业安全生产管理部门和项目经理部要对施工企业、工程项目经理部贯彻落实国家安全生产法律法规的情况、安全生产的情况、劳动条件、事故隐患等进行安全检查。请根据有关规定,回答下列问题:

　问题1(单选题):《施工企业安全生产评价标准》(JGJ/T 77—2010)是一部(　　)。

A. 推荐性行业标准

B. 推荐性国家标准

C. 强制性行业标准

D. 强制性国家标准

　问题2(单选题):在安全生产工作中,通常所说的"三违"现象是指(　　)。

A. 违反作业规程、违反操作规程、违反安全规程

B. 违章指挥、违章作业、违反劳动纪律

C. 违规进行安全培训、违规发放劳动防护用品、违规削减安全技措经费

D. 违反规定建设、违反规定生产、违反规定销售

　问题3(多选题):安全检查的方法包括(　　)。

A. 看   B. 量   C. 测

D. 现场操作   E. 触摸

❓ 问题4（判断题）:《中华人民共和国安全生产法》规定，安全生产监督检查人员应当将检查的时间、检查的地点、检查的内容、检查中发现的问题及其处理情况，做出书面记录，并由检查人员和被检查单位的负责人签字。(　　　)

❓ 问题5（判断题）: 安全检查的方法包括看、量、测、触摸。(　　　)

建筑工程安全资料管理

【学习目标】

1. 了解建筑工程安全资料的主要内容和重要性，安全资料分类的基本要求和主要方式。
2. 熟悉建筑工程安全资料的编制。
3. 掌握建筑工程安全资料的管理。

【能力目标】

1. 能结合工程实际分析安全管理各方的责任。
2. 能根据工程实际组建施工安全管理机构。
3. 能分析某一工程项目符合有关安全生产法律、法规和规章的情况。

课题 1　安全资料分类

【导入案例】

某工程项目施工现场安全生产实施全过程管理的主要记录表如下：

1. 施工现场安全资料检查表

建筑工程安全过程资料的主要内容，施工现场安全资料检查表格按照《建筑施工安全检查标准》（JGJ 59—2011）中"建筑施工安全检查评分汇总表"的内容可分为安全管理、文明施工、脚手架工程、基坑支护与模板工程、"三宝""四口"防护、施工用电、物料提升机与外用电梯、起重机、起重吊装和施工机具等十个项目。安全检查评分按照《建筑施工安全检查标准》（JGJ 59—2011）进行阶段评价检查，应由总监理工程师签署意见。

2. 安全管理检查评分表

安全管理检查评分表中检查内容分为保证项目和一般项目。保证项目检查内容有安全生产责任制、安全目标管理、施工组织设计、分部（分项）工程安全技术交底、安全检查、安全教育等。一般项目检查内容有班前安全活动、特种作业持证上岗、工伤事故处理、安全标志等。

3. 文明施工检查评分表

表中检查内容分为保证项目和一般项目。保证项目主要检查内容有现场围挡、封闭管理、施工场地、材料堆放、现场住宿、现场防火等。一般项目检查内容有班前安全活动、特种作业持证上岗、工伤事故处理、安全标志、社区服务等。

4. 脚手架工程检查表

（1）落地式钢管脚手架检查表中检查内容分为保证项目和一般项目。保证项目检查内容有施工方案、立杆基础、架体与建筑结构拉结、杆件间距与剪刀撑、脚手板与防护栏杆、交底与验收等。一般项目检查内容有小横杆设置、杆件搭接、架体内封闭、脚手架材质、通道、卸料平台等。

（2）悬挑式脚手架检查表中检查内容分为保证项目和一般项目。保证项目检查内容有施工方案、悬挑梁及架体稳定、脚手板、荷载、交底与验收等。一般项目检查内容有杆件间距、架体防护、层间防护、脚手架材质等。

（3）门式脚手架检查表中检查内容分为保证项目和一般项目。保证项目检查内容有施工方案、悬挑梁及架体稳定、脚手板、荷载、交底与验收、杆件间距等。一般项目检查内容有架体防护、材质、通道等。

（4）吊篮脚手架检查表中检查内容分为保证项目和一般项目。保证项目检查内容有悬挑机构、吊篮平台、操控系统、安全装置、钢丝绳等。一般项目检查内容有技术资料、防护等。

（5）附着升降脚手架（整体提升架或爬架）检查表中检查内容分为保证项目和一般项目。保证项目检查内容有使用条件、支承结构与工程结构连接处混凝土强度、附墙支座设置情况、升降装置设置情况、防坠落装置设置情况、防倾覆设置情况等。一般项目检查内容有建筑物的障碍物清理情况、架体结构上的连墙件、起重机或电梯等附属装置、操作人员、运行指挥人员、监督检查人员、电缆线路和开关箱等。

5. 基坑支护与模板工程检查表

（1）基坑支护工程检查表中检查内容分为保证项目和一般项目。保证项目检查内容有施工方案、临边防护、坑壁支护、排水措施、坑边荷载等。一般项目检查内容有上下通道、土方开挖、基坑支护变形监测、作业环境等。

（2）模板工程检查表中检查内容分为保证项目和一般项目。保证项目检查内容有施工方案、支撑系统、立柱稳定、施工荷载、模板存放和支拆模板等。一般项目检查内容有模板验收、混凝土强度、运输道路、作业环境等。

6. "三宝""四口"防护检查表

表中检查内容主要有安全帽、安全网、安全带、楼梯口电梯井口防护、预留洞口坑井口防护，通道边、阳台楼板屋面等临边防护等。

7. 施工用电检查表

表中检查内容分为保证项目和一般项目。保证项目检查内容有外电防护、拉地与拉零保护系统、配电箱、开关箱和现场照明等。一般项目检查内容有配电线路、电器装置、变配电装置、用电档案等。

8. 物料提升机与外用电梯检查表

（1）物料提升机（龙门架、井字架）检查表中检查内容主要有架体制作、限位保险装置、架体稳定（缆风绳、连墙杆等）、钢丝绳、楼层卸料平台防护、吊篮、安装验收、架体、传动系统、联络信号、卷扬机操作棚和避雷装置等。

（2）外用电梯（人货两用电梯）检查表中检查内容分为保证项目和一般项目。保证项目检查内容有安全装置、安全防护、司机、荷载、安装与拆卸、安装验收等。一般项目检查内容有架体稳定、联络信号、电气安全、避雷装置等。

9. 起重机、起重吊装检查表

（1）塔式起重机中检查表内容分为保证项目和一般项目。保证项目检查内容有力矩限位器、限位器、保险装置、附墙装置与夹轨钳、安装与拆卸、起重机指挥等。一般项目检查内容有路基与轨道、电器安全、多塔作业和安装验收等。

（2）起重吊装安全检查表内容分为保证项目和一般项目。保证项目检查内容有施工方案、起重机械、钢丝绳与地锚、吊点、司机和指挥等。一般项目检查内容有地耐力、起重作业、高处作业、作业平台、构件堆放、警戒和操作工等。

10. 施工机具检查表

表中检查内容主要有平刨、圆盘锯、手持电动工具、钢筋机械、电焊机、搅拌机、气瓶、翻斗车、潜水泵、打桩机械等。

安全管理资料是企业根据国家或行业相关法律规定，证明企业履行责任、义务，保障各项项目操作符合规则制度的文件。但是由于建设工程涉及的内容较多，资料的安全管理也就相对困难，因此有必要对这些资料进行分类整理，以此保证项目管理工作的正常、高效开展，为建设工程的归档提供必要支持。近年来施工资料管理需要明确管理职责，规范施工资料的形成、编制、收集、整理和归档工作，提高计算机应用水平，保证工程文件真实、完整、准确、系统的归档，使施工资料管理工作贯穿工程全过程。企业要对建筑工程施工安全管理工作的现状进行分析，研究安全管理资料在安全管理工作事前控制、事中控制和事后控制的重要性，为企业规范化管理，今后的工程管理、项目管理提供借鉴和参考。

安全管理资料是项目部对施工现场安全生产实施全过程管理的主要记录，是安全监督部门对工程项目进行安全检查、安全生产管理考核的主要内容，是平时安全监督活动中的具体对象，也是处理安全生产事故、分清责任必不可少的资料。一般安全管理资料分为安全生产责任管理资料、安全目标管理资料、安全施工组织设计管理资料、安全技术交底管理资料、安全检查管理资料、安全教育管理资料、班组安全活动管理资料、特种作业管理资料、工伤事故管理资料、安全标志管理资料等十个方面。

8.1.1　安全生产责任管理资料

建筑工程施工中，要贯彻落实党和国家有关安全生产的政策法规，明确施工项目各级人员的安全生产责任制度，有施工项目安全生产责任制度并有落实情况记录。安全生产责任管理资料主要内容及要求如下：

1. 项目经理安全生产责任制度

（1）执行国家安全生产方针政策、法令、规章制度和上级的安全生产指令的情况记录，组织编制并监督实施相关的施工组织设计和施工方案的相关情况。

（2）领导所属项目部搞好安全生产，组织项目班子人员学习安全技术操作规程和安全管理知识的情况记录，对特殊作业人员按规定送出培训，坚持有证操作规定的执行情况。教育工人正确使用防护用品的实施情况。

（3）全过程安全管理的记录，在计划、布置、检查、总结、评比生产活动中，如何把安全工作贯穿到每个具体环节中去，督促各施工工序要做到有针对性的书面安全交底。

（4）项目安全生产管理计划的制定和执行情况。

（5）经常组织相关人员检查施工现场的机械设备、安全防护装置、工具、材料、工作地点和生活用房的安全卫生，制止违章作业、冒险蛮干，消除事故隐患，保证安全生产等方面的记录情况。

（6）发生重大事故、重大未遂事故，要保护现场并立即上报，参加事故的调查、处理工作，拟定整改措施，督促检查贯彻实施的材料。

2. 工程项目技术负责人安全生产责任制度

（1）贯彻上级有关安全生产方针、政策、法令和规章制度的资料，负责组织制订本单位安全技术规程并认真贯彻执行的情况。

（2）在采用新技术、新工艺时，研究和采取安全防护措施的资料。督促技术部门对新产品、新材料的使用、储存、运输等环节提出安全技术要求，组织有关部门研究解决生产过程中出现的安全技术问题的情况。

（3）对职工进行经常性的安全技术教育的情况。

（4）定期主持召开技术、质量、安全组负责人会议，分析本单位的安全生产形势，研究解决安全技术问题的会议纪要。

（5）定期布置和检查安全部门的工作，协助组织安全大检查的材料，对检查中发现的重大隐患，负责制订整改计划，组织有关部门实施的情况。参加重大事故调查，并做出技术方面鉴定的资料。

3. 安全经理安全生产责任制度

（1）认真贯彻国家的安全生产方针政策和劳动保护法规及项目经理对安全生产方面的指示，协助项目经理把好安全生产关等情况。

（2）有完善的项目安全生产各项管理制度、章程、各责任制及规程，督促检查各制度、规程完善与实施，有组织专题安全会议，协调各部门和基层的安全生产工作。

（3）建立有安全机构和配备符合标准的专职安全员，指导专职安全员的日常工作。指导有关部门做好新工人"三级教育"、特殊工程安全技术培训，提高安全的可靠性，保障安全生产。

（4）安全经理安全生产责任制度能体现技术措施经费专款专用并组织力量保证安全技术措施实施。

（5）对重大事故、重大未遂事故及时组织调查情况，分析事故原因，按"四不放过"的原则进行处理，拟定整改方案，落实整改措施的相关记录。

（6）各种安全检查活动资料，掌握安全生产情况，总结推广安全生产先进经验，及时表彰安全生产成绩突出者。

4. 项目专职安全员安全生产责任制度

（1）制度要体现并落实国家有关劳动保护、安全生产方针政策及上级领导指示，协助领导组织和推动公司的安全生产和监督检查。

（2）工伤事故统计、分析、报告，参加工伤事故的调查和处理工作的情况记录。对违反安全条例和安全法规行为，经说服劝阻无效，有权处理或越级上报等方面的材料。

（3）新工人的安全生产"三级教育"，特殊工种安全技术培训、考核、复审工作。协助有关部门制订安全生产制度和安全操作规程，并对制度、规程的执行情况进行检查。协助有关部门制订安全生产措施，参加编制施工组织设计或施工方案，参与制订安全技术交底，督促有关部门实施。

（4）组织定期、不定期安全生产检查，制止违章指挥、违章作业，遇到严重险情，有权暂停生产，并报告主管领导，进行处理的要有记录。

（5）深入基层指导下级安全员工作情况，调研生产中不安全因素，提出改进措施，总结推广安全生产经验的相关资料。

5. 施工员（项目工长）安全生产责任制度

（1）认真执行国家安全生产方针、政策、规章制度和上级批准的施工组织设计、安全施工方案，方案变更的原由和变更程序等方面资料。

（2）在计划、布置、检查、总结、评比的全过程生产活动中如何体现并贯彻安全工作的，特别是要做好有针对性的书面安全技术交底。

（3）坚持科学指挥，坚持生产服从安全，坚持有证操作规定。

（4）事故处理和上报符合相关规定，并采取相应措施。

（5）做好所管辖的施工现场环境卫生工作，以及一切安全防护设施，严格遵守、执行各项安全技术交底。

（6）负责所属班组搞好安全生产，组织班组学习安全技术操作规程，并检查执行情况；教育工人正确使用安全防护用品。

6. 班组长安全生产责任制度

（1）开好班前、班后的安全会议。对新工人进行现场教育，并使其熟悉施工现场工作环境。组织本班组职工学习规程、规章制度，组织安全活动、检查执行规章制度的落实情况。

（2）认真遵守生产规程和有关安全生产制度，根据本班组的技术、思想等情况，合理安排工作，对本班组在生产中的安全负责。听从专职安全员的指挥，教育班组职工坚守岗位，做好交接班和自检工作。及时采纳安全员的正确意见，发动班组共同搞好文明施工工作。

（3）检查施工场地的安全情况，发现问题及时处理或上报，检查机械设备等是否处于良好状态，并消除一切可能引起事故的隐患，采取有效的安全防范措施。

（4）发生重大事故时，保护好现场，及时上报，并组织全班组人员认真分析，吸取教训，提出防范措施。

8.1.2　安全目标管理资料

安全生产目标管理计划要有项目分管领导审查同意，由主管部门与实行安全生产目标管理的单位签订责任书，将安全生产目标管理纳入各单位的生产经营或资产经营目标管理计划，主要领导人应对安全生产目标管理计划的制订与实施负第一责任。安全生产目标管理还要与安全生产责任制挂钩。企业要对安全责任目标进行层层分解，逐级落实，逐级考核，考核资料要完整，考核结果应和各级领导及管理人员工作业绩挂钩，列入各项工作考核的主要内容。

1. 安全责任考核制度

各级管理人员安全责任考核制度文件的具体内容就是企业建立各级管理人员安全责任的考核制度，旨在实现安全目标分解到人，安全责任落实、考核到人。

2. 项目安全管理目标

（1）根据上级安全管理目标的条款规定，制定项目部安全管理目标。

（2）下级不能照搬照抄上级的目标，无论从定量或定性上讲，下级的目标总要严于或高于上级的目标，其保证措施要严格得多，否则将起不到自下而上的层层保证作用。

（3）安全管理目标的主要内容包括伤亡事故控制目标：杜绝死亡重伤，一般事故应有控制指标；安全达标目标：根据工程特点，按部位制定安全达标的具体目标；文明施工目标：根据作业条件的要求，制定文明施工的具体方案和实现文明工地的目标。

3. 项目安全管理目标责任分解资料

项目安全管理目标责任分解的具体内容就是把项目部的安全管理目标责任按专业管理层层分解到人，安全责任落实到人。

4. 项目安全目标责任考核办法

项目安全目标责任考核办法文件的具体内容：依据公司的目标责任考核办法，结合项目的实际情况及安全管理目标的具体内容，对应按月进行条款分解，按月进行考核，制定详细的奖惩办法。

5. 项目安全目标责任考核资料

项目安全目标责任考核的具体内容及记录：按项目安全目标责任考核办法文件规定，结合项目安全管理目标责任分解，以评分表的形式按责任分解进行打分，奖优罚劣和经济收入挂钩，及时兑现。

8.1.3　安全施工组织设计管理资料

安全施工组织设计是以施工项目为对象，用以指导工程项目管理过程中各项安全施工活动的组织、协调、技术、经济和控制的综合性文件。安全施工组织设计与项目技术部门、生产部门相关文件相辅相成，是用以规划、指导工程从施工准备贯穿到施工全过程直至工程竣工交付使用的全局性安全保证体系文件。

1. 安全施工组织设计方案的内容要求

（1）编制依据和工程概况。

（2）现场危险源辨识及安全防护重点。主要内容有现场危险源清单、现场重大危险源及控制措施要点、项目安全防护重点部位。

（3）安全文明施工控制目标及责任分解资料。

（4）项目部安全生产管理机构及相关安全职责。

（5）项目部安全生产管理计划。主要有项目安全管理目标保证计划、安全教育培训计划、安全防护计划、安全检查计划、安全活动计划、安全资金投入计划、季节性施工安全生产计划、特种作业人员管理计划等。

（6）项目部安全生产管理制度。主要有安全生产责任制度、安全教育培训制度、安全事故管理制度、安全检查与验收制度、安全物资管理制度、安全文明施工资金管理制度、劳务分包安全管理制度、现场消防保卫管理制度、生活区安全管理制度、职业健康管理制度等。

（7）现场重大危险源控制措施。主要有物体打击事故控制措施、高处坠落事故控制措施、触电事故控制措施、机械伤害事故控制措施、坍塌事故控制措施。

（8）工程重点部位安全技术措施。主要有土石方工程专项安全技术措施、基坑支护与降水工程安全技术措施、高大模板工程安全技术措施、脚手架工程安全技术措施、起重吊装垂直运输作业安全技术措施、施工用电安全措施、施工机械安全管理措施、"四口""五临边"安全防护措施、季节性施工安全管理制度等。

（9）各分部分项工程安全控制要点。主要有地基与基础施工、主体结构施工、装饰装修施工、设备安装施工阶段等安全控制要点。

（10）文明施工保证措施。主要有职工生活区安全、现场、料具、环境保护、防污染、防扬尘等管理措施和不扰民施工的保证措施。

（11）现场紧急事故应急预案。主要有物体打击、高处坠落、触电、机械伤害、坍塌、大面积中暑、食物中毒、火灾等事故应急预案。

（12）相关附图等。

2. 安全施工组织设计的审批资料

安全施工组织设计的审批资料要完整、准确。审批流程原则上由负责施工的工程项目部负责。应由项目经理主持，项目技术负责人组织有关人员完成其文本的编写工作，项目经理部有关部门参加。安全施工组织设计应在项目工程正式施工之前编制完成。施工组织设计应报上一级总工程师或经总工程师授权的专业技术负责人审批，之后报送项目监理部审批，并签署"项目工程安全技术文件报审表"。

8.1.4 安全技术交底管理资料

1. 安全技术交底资料的分类

安全技术交底资料主要分为建筑工程施工现场各岗位工种安全技术交底资料、各分项（部）工种施工操作安全技术交底资料、施工机械（具）操作安全技术交底资料等。另外，针对采用新工艺、新技术、新设备、新材料施工的特殊项目，需结合建筑施工有关安全防护技术进行单独交底。就安全技术交底内容而言，除各操作人员及各施工流程常规防护措施外，还包含照明及小型电动工机具防触电措施，梯子及高凳防滑措施；易燃物防火及有毒涂料、油漆等防护措施，立体交叉作业防护措施等内容。

2. 安全技术交底及资料要求

（1）分部（分项）工程施工前，项目经理要组织施工员向实际操作的班组成员将施工方法和安全技术措施作详细讲解，并以书面形式下达班组。交底人和接受交底人应履行交接签字手续，责任落实到班组、个人。

（2）安全技术交底必须在该交底对应项目施工前进行，并应为施工留出足够的准备时间。安全技术交底不得后补，安全技术交底资源应及时归档。

（3）班组长要在施工生产过程中认真落实安全技术交底，每天要对工人进行施工要求、作业环境的安全交底。

（4）两个以上施工队或工种配合施工时，施工员（工长）要按工程进度向班组长进行交叉作业的安全技术交底，履行签认手续。

（5）安全技术交底应根据施工过程的变化，及时补充新内容。施工方案、方法改变时也要及时进行重新交底。施工现场的生产组织者，不得对安全技术措施方案私自变更，如有合理的建议，应书面报总工程师批准，未批之前，仍按原方案贯彻执行。

（6）安全职能部门要以施工安全技术措施为依据，以安全法规和各项安全规章制度为准则，经常性地对工地实施情况进行检查，并监督各项安全技术措施的落实。

（7）分包单位应负责其分包范围内安全技术交底资料的收集整理，并应在规定时间内向总包单位移交。总包单位负责对各分包单位安全技术交底工作进行监督检查。

3. 安全技术交底情况记录要求

（1）安全技术交底人进行书面交底后应保存安全技术交底记录和交底人与所有接受交底人员的签字。交底人及安全员应在施工生产过程中随时对安全技术交底的落实情况进行检查，发现违章作业应立即采取相应措施。

（2）安全技术交底完成后，交到项目安全员处，由安全员负责整理归档。

（3）安全技术交底记录应一式三份，分别由交底人、安全员、接受交底人留存。

8.1.5 安全检查管理资料

1. 安全检查的种类

（1）安全检查按层级可划分为社会安全检查、公司级安全检查、分公司级安全检查、项目安全检查。

（2）安全检查按检查形式可划分为定期安全检查、季节性安全检查、临时性安全检查、专业性安全检查、群众性安全检查。

（3）各级安全检查必须按文件规定进行，安全检查的结果必须形成文字记录。安全检查的整改必须做到"四定"，即定人、定时间、定措施、定复查人。

2. 安全检查及资料要求

（1）企业应接受社会监督和主管部门的检查，集团公司每个季度要对项目进行一次安全检查，分公司要每个月检查一次，项目部要每周组织一次检查，专职安全管理人员应每日巡查。

（2）开展安全生产检查，必须有明确的目的、要求和具体计划，并且必须建立由企业领导负责、有关人员参加的安全生产检查组织，以加强领导，做好这项工作。

（3）安全检查的主要内容是"六查"，即查思想、查制度、查管理、查领导、查违章、查隐患。

（4）对查出的隐患不能立即整改的，要建立登记、整改、检查、销项制度。要制定整改计划，定人、定措施、定经费、定完成日期。在隐患没有消除前，必须采取可靠的防护措施，如有危及人身安全的紧急险情，应立即停止作业。

（5）安全生产检查应该始终贯彻领导与群众相结合的原则，边检查、边改进，并且及时总结和推广先进经验，抓好典型。

3. 安全用电及资料要求

施工现场临时用电必须建立安全技术档案，主要内容有用电组织设计的全部资料，修改用电组织设计的资料，用电技术交底资料，用电工程检查验收表，电气设备的试、检验凭单和调试记录，接地电阻、绝缘电阻和漏电保护器漏电动作参数测定记录表，定期检查表，电工安装、巡检、维修、拆除工作记录等。

安全技术档案应由主管该现场的电气技术人员负责建立与管理。其中，电工安装、巡检、维修、拆除工作记录可指定电工代管，每周由项目经理审核认可，并应在临时用电工程拆除后统一归档。

临时用电工程应定期检查。定期检查时，应复查接地电阻值和绝缘电阻值。临时用电工程定期检查应按分部、分项工程进行，对安全隐患必须及时处理，并应履行复查验收手续。

8.1.6 安全教育管理资料

1. 安全教育的种类

（1）工程项目经理、项目执行经理、项目技术负责人。 工程项目主要管理人员必须经过上级部门组织的安全生产专业培训，经过考核合格后，持证上岗。

（2）工程项目基层管理人员。 施工项目基层管理人员每年必须接受公司安全生产年审，经考试合格后上岗。

（3）分包负责人、分包队伍管理人员。 此类人员必须接受政府主管部门或总包单位的安全培训，经考试合格后上岗。

（4）特种作业人员。 此类人员必须经过专门的安全理论培训和安全技术实际训练，经理论和实际操作的双项考核合格后持《特种作业操作证》上岗作业。

（5）操作工人。 新入场工人必须经过三级安全教育，变换工种和应用新材料、新工艺、新设备要经过对新岗位和操作方法进行培训后上岗。

2. 安全教育及资料要求

（1）各级安全教育必须按文件规定进行，安全教育的实施和结果必须形成文字记录。

（2）对职工进行安全思想教育，奠定安全生产思想基础，从思想上、理论上认识搞好安全生产的重要意义，以增强关心人、保护人的责任感，树立牢固的群众观点。

（3）对职工进行劳动纪律教育，贯彻安全生产方针，严格执行安全操作规程、遵守企业劳动纪律。

（4）对职工进行安全知识教育，主要学习和掌握企业的基本生产概况；施工流程；企业施工危险区域及其安全防护的基本知识和注意事项；机械设备、厂内运输的有关安全知识；有关电气设备的基本安全知识；高处作业安全知识；生产中使用的有毒、有害物质的安全防护基本知识；消防制度及灭火器材应用的基本知识；个人防护用品的正确使用知识等。

（5）对职工进行安全技能教育，结合各工种专业特点，培养安全操作、安全防护所有必须具备的基本技能要求。每个职工都要熟悉本工种、本岗位专业安全技术知识。安全技能知识是比较专门、细致和深入的知识，它包括安全技术、劳动卫生和安全操作规程。国家规定建筑登高架设、起重、焊接、电气、爆破、压力容器、锅炉等特种作业人员必须进行专门的安全技术培训。

(6) 对职工进行安全法制教育，从而提高职工遵纪守法的自觉性，以达到安全生产的目的。

3. 三级安全教育及资料要求

三级安全教育是新工人必须进行的基本教育制度，对新工人必须进行公司、项目、作业班组三级安全教育，时间不少于40小时。三级安全教育由安全、教育和劳资等部门配合组织进行，经教育考试合格才准许进入生产岗位，不合格者必须补课、补考。对新工人的三级安全教育情况要建立档案，印制职工安全生产教育卡。新工人工作一个阶段后还应进行重复性的安全教育，加深对安全感性、理性知识的理解。

(1) 公司安全教育。进行安全基本知识、法规、法制教育，主要内容有党和国家的安全生产方针、政策；安全生产法规、标准和法制观念；本单位施工过程健全生产制度、安全法律；本单位安全生产形势及历史上发生的重大事故及应吸取的教训；发生事故后如何抢救伤员、排险、保护现场和及时进行报告。

(2) 项目安全教育。进行现场规章制度和遵法守纪教育，主要内容有本项目施工特点及施工安全基本知识；本项目安全生产制度、安全注意事项；本工种安全技术操作规程；高处作业、机械设备、电气安全基本知识；防火、消毒、防尘、防暴知识及紧急情况安全处置和安全疏散知识；防护用品发放标准及使用基本知识。

(3) 班组安全教育。进行本工种安全操作及班组安全制度、纪律教育，主要内容有本班组作业特点及安全操作规程；班组安全活动制度及纪律；爱护和正确使用安全防护装置及个人劳动防护用品；本岗位易发生事故的不安全因素及防范对策；本岗位作业环境及使用的机械设备、工具的安全要求。

8.1.7 班组安全活动管理资料

班组安全活动资料主要包括班组安全活动制度、班组安全生产过程资料和班组安全活动记录等。

1. 班组安全活动制度

(1) 班组长应根据班组承担的生产和工作任务，科学地安排好班组生产日常管理工作。

(2) 班前班组全体成员要提前15min到达岗位，在班组长的组织下，进行交接班，召开班前安全会议，清点人数，由班组长安排工作任务，针对工程施工情况、作业环境、作业项目交代安全施工要点。

(3) 班组长和班组兼职安全员负责督促检查安全防护装置。

(4) 全体组员要在佩戴好劳动保护用品后，上岗交接班，熟悉上一班生产管理情况，检查设备和工况完好情况，按作业计划做好生产的一切准备工作。

(5) 班组必须经常性地在班前开展安全活动，形成制度，并做好班前安全活动记录。

(6) 班组不得寻找借口，取消班前安全活动；班组组员决不能无原因不参加班前安全活动。

(7) 项目经理及其他项目管理人员应分为定期不定期地检查或参加班组班前安全活动

会议，以监督其执行或提高安全活动会议的质量。

（8）项目安全员应不定期地抽查班组班前安全活动记录，看是否有漏记，对记录质量状态进行检查。

2. 班组安全生产过程资料

班组安全生产过程资料主要包括当前作业环境应掌握的安全技术操作规程；岗位安全生产责任制；设立、明确安全监督岗位；季节性施工作业环境、作业位置安全资料；检查设备安全装置资料；检查施工机具状况情况记录；个人防护用品穿戴的检查情况；危险作业的安全技术的检查与落实情况；作业人员身状况、情绪的检查情况；禁止乱动、损坏安全标志，乱拆安全设施的检查情况；不违章作业，拒绝违章指挥的情况记录；材料、物资整顿情况记录；工具、设备整顿情况记录；工完场清工作的落实情况记录等。

3. 班组安全活动记录

班组所有安全生产活动必须形成文字记录，根据工程中各工种安排的需要，按工种不同分别填写班组班前安全活动记录。技术交底要有书面记录。

8.1.8 特种作业管理资料

特种作业管理资料主要指特种作业人员证书管理的情况记录。特种作业是指容易发生人员伤亡事故，对操作者本人、他人的生命健康及周围设施的安全可能造成重大危害的作业。直接从事特种作业的人员称为特种作业人员。特种作业人员必须接受与本工种相适应的、专门的安全技术培训、经安全技术理论考核和实际操作技能考核合格，取得特种作业操作证后方可上岗作业；未经培训，或培训考核不合格者，不得上岗作业。

特种作业操作证，由国家安全生产监督管理局统一制作，各省级安全生产监督管理部门、煤矿安全监察机构负责签发。特种作业操作证在全国通用。特种作业操作证不得伪造、涂改、转借或转让。

特种作业人员每年必须参加不少于 24 学时的安全继续教育培训。

8.1.9 工伤事故管理资料

安全事故是指生产经营单位在生产经营活动（包括与生产经营有关的活动）中突然发生的，伤害人身安全和健康，或者损坏设备设施，或者造成经济损失的，导致原生产经营活动（包括与生产经营活动有关的活动）暂时中止或永远终止的意外事件。

1. 工伤事故管理资料

工伤事故管理资料主要包括应急预案、事故处理办法、工伤事故处理情况记录等。

（1）项目部应编制有相应的应急预案，对重大危险源应进行分类编制处置措施。

（2）项目部应定期组织事故演习和演练，明确责任人。

（3）制定有完善的事故处理办法，与相关部门衔接顺畅，程序规范，信息完备。

（4）所有工伤事故处理有完整的记录，对重大事故还应保护好现场，保全所有材料。

（5）责任人应在规定时间内向上级部门汇报。

2. 安全事故处理的要求

（1）重大事故、较大事故、一般事故，负责事故调查的人民政府应当自收到事故调查报告之日起 15 日内做出批复；特别重大事故，30 日内做出批复，特别情况下，批复时间可以适当延长，但延长的时间最长不超过30日。

（2）有关机关应当按照人民政府的批复，依照法律、行政法规规定的权限和程序，对事故发生单位和有关人员进行行政处罚，对负有事故责任的国家工作人员进行处分。

（3）事故发生单位应当按照负责事故调查的人民政府的批复，对本单位负有事故责任的人员进行处理。负有事故责任的人员涉嫌犯罪的，依法追究刑事责任。

（4）事故发生单位应当认真吸取事故教训，落实防范和整改措施，防止事故再次发生。防范和整改措施的落实情况应当接受工会和职工的监督。

（5）安全生产监督管理部门和负有安全生产监督管理职责的有关部门应当对事故发生单位落实防范和整改措施的情况进行监督检查。

（6）事故处理的情况由负责事故调查的人民政府或者其授权的有关部门、机构向社会公布，依法应当保密的除外。

8.1.10 安全标志管理资料

1. 安全标志的分类

安全标志，是指由安全色、几何图形或图形符号构成，以此表达特定的安全信息。其目的是引起人们对不安全因素的注意，预防发生事故。安全标志分为禁止标志、警告标志、指令标志和提示标志四类。

(1) 禁止标志：禁止人们进行不安全行为。

(2) 警告标志：提醒人们注意周围环境，避免可能发生的危险。

(3) 指令标志：强制人们必须做出某种动作或采用某种防范措施。

(4) 指示标志：向人们提供某一信息，如标明安全设施或安全场所。

2. 安全标志的设置要求

（1）安全标志应设置在与安全有关的明显地方，并保证人们有足够的时间注意其所表示的内容。

（2）设立于某一特定位置的安全标志应被牢固地安装，保证其自身不会产生危险，如有的标志应具有坚实的结构。

（3）当安全标志被置于墙壁或其他现存的结构上时，背景色应与标志上的主色形成对比色。

（4）对于那些所显示的信息已经无用的安全标志，应立即由设置部门卸下，这对于警示特殊的临时性危险的标志尤其重要，否则会导致观察者对其他有用标志的忽视与干扰。

 课题2 安全资料编制

【导入案例】

2008年1月3日上午10点左右，某公司承包商管工6人在安装地管。10点20分左右，6人将一段地管放入刚开挖好的管沟内（地管沟深2.92m，宽1.7m，管子为φ200钢骨架塑料管），此后队长赵某安排陈某、张某两人下到地管沟安装接管，刘某和张某在上面监护。10点40分左右，陈某、张某两人下到管沟，陈某开始打磨管口，张某站在旁边协助（站在靠塌方沟壁前）。10点45分左右，东侧管沟壁突然塌方，张某被掩埋下面，陈某因靠前仅左腿被压，后拔腿跑出。刘某看见塌方后，急忙赶去刨土救人，大约1min后，刘某刨出张某头部，发现张某身体被一石块挤压并掩埋，就和旁边施工的人员喊来不远处的挖掘机前来挖土救人。11点5分左右，张某被挖出，经人工呼吸急救无效死亡。事故发生后，承包商没能提供有效安全管理资料。

事故原因分析：

（1）未编制专项施工方案，以及应急处理措施。不放坡、不支护、不验收、不交接。负责管沟开挖的承包商沿南北向横穿马路开挖形成一完整的地管沟，但没有按施工方案要求采取放坡、支护等防护措施，也没有通知施工员检查验收，而是直接口头通知地管施工单位现场施工负责人交接，给下道工序留下事故隐患导致塌方，是事故的直接主要原因。

（2）管沟边违规堆放施工材料。事发前，施工人员吊运8根$\phi 400 \times 6000$的铸铁管，违规堆放在距塌方管沟壁侧边缘约1m左右处（同时旁边还躺有一电线水泥杆基础），对管沟壁造成挤压，是导致塌方的直接重要原因。

（3）沟坑稳定性差。塌方处沟坑土上下层为黏土，中间为砂土，致使土壤开挖后沟壁稳定性低。同时开挖马路造成先前的沟坑稳定性减小，是事故的直接次要原因。

（4）无作业风险分析和措施。地管安装单位没有进行作业危险性分析，没有针对管沟内作业存在的危险进行相应工作安排，作业人员在不具备安全条件的情况下作业，是事故的间接重要原因。

8.2.1　安全资料编制要求

施工现场安全技术资料主要包括安全生产管理制度、安全生产责任与目标管理、施工组织设计包括各类专项施工方案、分部（分项）工程安全技术交底、安全检查、安全教育、班组安全活动、工伤事故处理、安全日记、施工许可证和产品合格证、文明施工、分项工程安全技术要求和验收。在编制的过程中应满足以下要求：

（1）施工现场安全资料的收集、整理应随工程进度同步进行，应真实反映工程的实际情况。

（2）施工现场安全资料应保证字迹清晰，不乱涂乱改，不缺页或无破损。签字、盖章手续齐全。计算机形成的工程资料应采用内容打印、手写签字的方式。

（3）资料表格中各类名称、单位等应采用全称，不宜使用简称，资料表格应填写完整。

（4）施工现场安全资料应使用原件，因各种原因不能使用原件的，应在复印件上加盖原件存放单位的公章，注明原件存放处，并有经办人签字及经办时间。

8.2.2　安全资料编制的基本原则

（1）施工现场安全资料必须按相关标准规范的具体要求进行编制。

（2）卷内资料排列顺序依次为封面、目录、资料部分和封底，也可以根据卷内资料构成具体确定。组成的案卷应美观、整齐。

（3）案卷页号的编写应以独立卷为单位，在按卷内资料材料排列顺序确定后，对有书写内容的页面进行页号编写。

（4）可根据卷内资料分类进行分册，但是各分册资料材料的顺序编号应在本卷内连续编排。

（5）案卷封面要包括卷名、案卷题名、编制单位、安全主管、编制日期。

 ## 课题3 安全资料处理

【导入案例】

2007年4月27日，A公司基地边坡支护工程施工现场发生一起坍塌事故，造成3人死亡、1人轻伤，直接经济损失60万元。该工程拟建场地北侧为东西走向的自然山体，坡体高12～15m，长145m，自然边坡坡度1:0.5～1:0.7。边坡工程9m以上部分设计为土钉喷锚支护，9m以下部分为毛石挡土墙，总面积为2000m²。其中毛石挡土墙部分于2007年3月21日由施工单位分包给私人劳务队（无法人资格和施工资质）进行施工。4月27日上午，劳务队5名施工人员人工开挖北侧山体边坡东侧5m×1m×1.2m毛石挡土墙基槽。16时左右，自然地面上方5m处坡面突然坍塌，除在基槽东端作业的1人逃离之外，其余4人被坍塌土体掩埋。事故发生后，调查组要求施工方提供相应工程安全资料等供调查组查阅。

事故原因分析：

1. 直接原因

（1）施工地段地质条件复杂，经过调查，事故发生地点位于河谷区与丘陵区交接处，北侧为黄土覆盖的丘陵区，南侧为河谷地2级及3级基座阶地。上部土层为黄土层及红色泥岩夹变质沙砾，下部为黄土层黏土。局部有地下水渗透，导致地基不稳。

（2）施工单位在没有进行地质灾害危险性评估的情况下，盲目施工，也没有根据现场的地质情况采取有针对性的防护措施，违反了自上而下的分层修坡、分层施工工艺流程，从而导致了事故的发生。

2. 间接原因

（1）建设施工单位在工程建设过程中，未作地质灾害危险性评估，并且未办理工程招投标、工程质量监督、工程安全监督、施工许可证的情况下组织开工建设。

（2）施工单位委派不具备项目经理资格的人员负责该工程的现场管理，项目部未编制挡土墙施工方案，没有对劳务人员进行安全生产教育和安全技术交底。在山体地质情况不明、没有采取安全防护措施的情况下冒险作业。

（3）监理单位在监理过程中，对施工单位资料审查不严，对施工现场落实安全防护措施的监督不到位。

8.3.1 安全资料整理

（1）安全资料是施工现场安全管理的真实记录，是对企业安全管理检查和评价的重要依据，可以是纸张、图片、录像、磁盘等。

（2）项目经理部应建立证明安全管理系统运行必要的安全记录，其中包括台账、报表、原始记录等。资料的整理应做到现场实物与记录符合，行为与记录符合，以便更好地反映出安全管理的全貌和全过程。

（3）项目设专职或兼职安全资料员，应及时收集、整理安全资料。安全记录的建立、收集和整理，应按照国家、行业、地方和上级的有关规定，确定安全记录种类、格式。

（4）当规定表格不能满足安全记录需要时，安全保证计划中应制定记录。

（5）确定安全记录的部门或相关人员，实行按岗位职责分工编写，按照规定收集、整理包括分包单位在内的各类安全管理资料的要求，并装订成册。

（6）对安全记录进行标识、编目和立卷，并符合国家、行业、地方或上级有关规定。

8.3.2 安全资料保管

（1）安全资料的归档和完善有利于企业各项安全生产制度的落实和强化施工全过程、全方位、动态的安全管理，对加强施工现场管理，提高安全生产、文明施工管理水平起到积极的推动作用。

（2）有利于总结经验、吸取教训，为更好地贯彻落实"安全第一、预防为主"的安全生产方针，保护职工在生产过程的安全和健康，预防事故发生提供理论依据。

8.3.3 计算机安全资料管理系统简介

建筑工程安全管理资料是记载建筑工程施工活动的一项重要内容，目前国内建筑工程资料档案管理相对落后，资料表格的填写又是施工中的难点。由于填写不规范，不完整，使表格不能真正反映建筑工程的实际情况，给施工单位在工程竣工移交和评优时带来很多不必要的麻烦。计算机安全资料管理系统软件的应用为解决这一问题提供了很好的途径和极大的方便。

目前市场上已经有相关企业开发的"施工现场安全资料管理系统"是《建设工程安全管理规程》《建设工程施工现场安全资料管理规程》《建筑施工安全检查标准》的配套软件，这些软件一般包含如下内容：

（1）《建设工程安全管理规程》全部配套表格、《建设工程施工现场安全资料管理规程》全部配套表格、《建筑施工安全检查标准》全部配套表格。

（2）建筑安装工程技术、安全交底范例。

（3）丰富的施工素材资料库。

（4）大量的建筑工程施工安全方案。

（5）电子版建筑工程常用安全规范。

该软件的功能特点：

（1）基础信息自动导入功能。表格中所有的基础信息（施工单位、监理单位等）都可以自动导入及刷新。

（2）安全表自动评分功能。可以自动根据国家有关标准对安全表格进行评分。

（3）填表范例功能。提供规范的填表示例，资料管理无师自通。用户可编辑示例资料形成新资料，提高资料填写效率。

（4）图形编辑器功能。打印当天的资料，打印某一时间段的资料，可以根据需要预设不同资料的打印份数。

（5）导入、导出功能。实现移动办公，可以将数据从一台电脑导出到另一台电脑，不同专业资料管理人员填写的资料，可以导入同一个工程，实现了网络版的功能。

（6）编辑扩充表格功能。允许用户自行修改原表，添加新表格并进行智能化设置。

（7）安全交底、方案编制功能。软件中提供了安全交底、安全方案编制模块和大量的相关素材，使用户在交底、方案编制过程中更加方便。

【基础与技能训练】

一、单选题

1. 安全检查评分按照《建筑施工安全检查标准》进行阶段评价检查，应由（   ）签署意见。

A. 项目负责人　　　B. 技术负责人　　　C. 总监理工程师　　D. 专职安全员

2. 下列属于"四口"防护检查表中检查内容的是（   ）。

A. 阳台临边防护、电梯井口防护、预留洞口防护等

B. 楼梯口防护、电梯井口防护、预留洞口防护等

C. 楼梯口防护、管井边防护、防护棚边防护等

D. 阳台临边防护、电梯井口防护、预留洞口防护等

3. 下列关于施工场地划分的叙述，不正确的是（   ）。

A. 施工现场的办公区、生活区应当与作业区分开设置

B. 办公生活区应当设置于在建建筑物坠落半径之外，否则，应当采取相应措施

C. 生活区与作业区之间进行明显的划分隔离，是为了美化场地

D. 功能区的规划设置时还应考虑交通、水电、消防、卫生和环保等因素

4. 生产、经营、储存、使用危险物品的车间、商店、仓库不得与员工宿舍在同一座建筑物内，并应当与员工宿舍保持（   ）。

A. 安全距离　　　B. 一定距离　　　C. 100m　　　D. 50m

5. 生产经营单位应当教育和督促从业人员严格执行本单位的安全生产规章制度和安全（   ）。

A. 责任制　　　B. 注意事项　　　C. 管理目标　　　D. 操作规程

6. 《建设工程安全生产管理条例》规定，对于达到一定规模的危险性较大的分部分项工程，施工单位应当编制（   ）。

A. 单项工程施工组织设计　　　　　B. 安全施工方案

C. 专项施工方案　　　　　　　　　D. 施工组织设计

7. 根据《建设工程安全生产管理条例》规定，设计单位应当考虑施工安全操作和防护的需要，对涉及施工安全的（   ）在设计文件中注明，并对防范生产安全事故提出指导意见。

A. 危险源和重点部位　　　　　　　B. 重点部位和环节

C. 关键部位和危险源　　　　　　　D. 危险部位和环节

8. 某建筑工地，在使用起重机起吊模型时，发生钢模板坠落，模板从5m高空落下，地面一位工作人员躲闪不及，被砸成重伤，根据《企业职工伤亡事故分类标准》，这起事故类型是（　　）。

A. 机械伤害　　　B. 物体打击　　　C. 起重伤害　　　D. 高处坠落

9. 劳务分包企业在建设工程项目的施工人员有55人，应当设置（　　）。

A. 1名专职安全生产管理人员

B. 2名兼职安全生产管理人员

C. 2名专职安全生产管理人员

D. 1名专职和1名兼职安全生

10. 根据《建设工程安全生产管理条例》规定，安装、拆卸施工起重机械和整体提升脚手架、模板等自升式架设设施，应当编制拆装方案、制定（　　）措施，并由专业技术人员现场监督。

A. 安全施工　　　B. 质量保证　　　C. 安装安全　　　D. 人员安全

二、多选题

1. 下列说法正确的有（　　）。

A. 安全管理资料是项目部对施工现场安全生产实施全过程管理的主要记录

B. 安全管理资料是安全监督部门对工程项目进行安全检查、安全生产管理考核的主要内容

C. 安全管理资料是平时安全监督活动中的具体现象

D. 安全管理资料是处理安全生产事故，分清责任不可少的资料

E. 安全管理资料是企业职工领取绩效工资的依据之一

2. "三宝"防护检查表中检查内容主要有（　　）。

A. 安全帽　　　B. 安全网　　　C. 安全带

D. 安全服　　　E. 安全眼镜

3. 施工现场安全网的使用（　　）。

A. 是为了防止高处作业的人或者处于高处作业面的物体发生坠落

B. 是为了美观，展现文明施工的风采

C. 为了节约，体现绿色施工，安全网可以混用

D. 安全网都必须有国家制定的监督检验部门批量检验证和工厂检验合格证

E. 安全网使用必须符合有关技术性能要求

4. 突发事件应急管理强调的是全过程管理，涵盖突发事件发生前、中、后的各个阶段，主要包括（　　）几个阶段，体现出"预防为主、常抓不懈"的应急理念。

A. 预防　　　B. 准备　　　C. 响应

D. 恢复　　　E. 检查

5. 施工现场安全资料编制的基本原则有（　　）。

A. 施工现场安全资料必须根据企业需求进行编制

B. 卷内资料排列顺序依次为封面、目录、资料部分和封底，也可以根据卷内资料构成具体排列顺序。组成的案卷应美观、整齐

C. 案卷页号的编写应以独立卷为单位，在按卷内资料材料排列顺序确定后，对有书写

内容的页面进行页号编写

D. 可根据卷内资料分类进行分册，但是各分册资料材料的顺序编号应在本卷内连续编排

E. 案卷封面要包括卷名、案卷题名、编制单位、安全主管、编制日期

三、案例分析题

某施工现场，4 人检修物料升降机，请来电工甲配合。电工甲按下停车按钮停止物料升降机电源接触器，并用小竹片清洁按钮。电工甲失手误合上开关，物料升降机启动。4 名检修人员中，其中 1 人正准备进入物料升降机，急忙缩腿幸免受伤，另外 3 人已经进入物料升降机内。结果：1 人跳起抓住附近水平横向钢管，幸免于难；1 人多处骨折，当日死亡；1 人内脏破裂，次日死亡。

调查既有安全资料发现，原配电方式的设计不符合安全要求，留有严重的隐患。在分路接触器的上方应装有分路刀闸开关，以便检修时隔离电源。电工甲严重缺乏安全意识，即使在原配电方式情况下，关停接触器后拔下控制回路的保险（熔断器），物料升降机也不会突然起动。再者，像这样的检修工作，应严格执行停电制度、监护制度等保证检修安全的制度。请根据以上背景资料，回答下列问题。

问题 1（单选题）：低压刀闸开关与接触器串联安装时，停电操作的顺序是（　　）。

A. 先停接触器，后拉开刀闸开关

B. 先拉开刀闸开关，后停接触器

C. 同时停接触器和拉开刀闸开关

D. 无先后顺序，无要求

问题 2（单选题）：下列（　　）低压开关电器有明显可见的断开点。

A. 交流接触器　　　B. 低压断路器　　　C. 刀闸开关　　　D. 万能转换开关

问题 3（多选题）：电动机在下列（　　）情况下将会产生危险温度。

A. 绕组相间短路　　　　　　　　B. 三相电源线断一相

C. 三相电源线断两相　　　　　　D. 严重过载

E. 外风扇损坏

问题 4（判断题）：设备检修工作，应严格执行停电制度、监护制度等保证检修安全的制度。（　　）

问题 5（判断题）：设备检修前，应进行安全技术交底，进行检修情况分析，设置应急措施，确保所有参与检修人员明确各自任务，保障检修工作的正常开展。（　　）

参考文献

［1］钟汉华. 施工项目质量与安全管理［M］. 北京：北京大学出版社，2012.

［2］胡进洲，刘春娥. 建筑工程质量与安全管理［M］. 北京：国防科技大学出版社，2013.

［3］宋健，韩志刚. 建筑工程安全管理［M］. 北京：北京大学出版社，2011.

［4］张瑞生. 建筑工程安全管理［M］. 武汉：武汉理工大学出版社，2009.

［5］黄春蕾，李月娟. 建筑施工安全管理［M］. 北京：科学技术文献出版社，2015.

［6］张瑞生. 建筑工程质量与安全管理［M］. 北京：科学出版社，2011.

［7］孙丽娟，徐英. 建筑工程质量与安全管理［M］. 北京：人民邮电出版社，2015.